| 简明量子科技丛书

量子比特

一场改变世界观的信息革命

成素梅 —— 主编

戎思淼 —— 著

上海科学技术文献出版社
Shanghai Scientific and Technological Literature Press

图书在版编目（CIP）数据

量子比特：一场改变世界观的信息革命 / 戎思淼著.
—上海：上海科学技术文献出版社，2023（2025.1重印）
（简明量子科技丛书）
ISBN 978-7-5439-8781-4

Ⅰ．①量… Ⅱ．①戎… Ⅲ．①量子计算机
Ⅳ．①TP385

中国国家版本馆CIP数据核字（2023）第037322号

选题策划：张　树
责任编辑：王　珺
封面设计：留白文化

量子比特：一场改变世界观的信息革命
LIANGZI BITE: YICHANG GAIBIAN SHIJIEGUAN DE XINXI GEMING
成素梅　主编　戎思淼　著
出版发行：上海科学技术文献出版社
地　　址：上海市淮海中路1329号4楼
邮政编码：200031
经　　销：全国新华书店
印　　刷：商务印书馆上海印刷有限公司
开　　本：720mm×1000mm　1/16
印　　张：18.25
字　　数：311 000
版　　次：2023年4月第1版　2025年1月第2次印刷
书　　号：ISBN 978-7-5439-8781-4
定　　价：98.00元
http://www.sstlp.com

总序

成素梅

当代量子科技由于能够被广泛应用于医疗、金融、交通、物流、制药、化工、汽车、航空、气象、食品加工等多个领域，已经成为各国在科技竞争和国家安全、军事、经济等方面处于优势地位的战略制高点。

量子科技的历史大致可划分为探索期（1900—1922），突破期（1923—1928），适应、发展与应用期（1929—1963），概念澄清、发展与应用期（1964—1982），以及量子技术开发期（1983—现在）等几个阶段。当前，量子科技正在进入全面崛起时代。我们今天习以为常的许多技术产品，比如激光器、核能、互联网、卫星定位导航、核磁共振、半导体、笔记本电脑、智能手机等，都与量子科技相关，量子理论还推动了宇宙学、数学、化学、生物、遗传学、计算机、信息学、密码学、人工智能等学科的发展，量子科技已经成为人类文明发展的新基石。

"量子"概念最早由德国物理学家普朗克提出，现在已经衍生出三种不同却又相关的含义。最初的含义是指分立和不连续，比如，能量子概念指原子辐射的能量是不连续的；第二层含义泛指基本粒子，但不是具体的某个基本粒子；第三层含义是作为形容词或前缀使用，泛指量子力学的基本原理被应用于不同领域时所导致的学科发展，比如量子化学、量子光学、量子生物学、量子密码学、量子信息学等。[①]量子理论的发展不仅为我们提供了理解原子和亚原子世界的概念框架，带来了前所未有的技术应用和经济发展，而且还扩展到思想与文化领域，导致了对人类的世界观和宇宙观的根本修正，甚至对全球政治秩序产生着深刻的影响。

但是，量子理论揭示的规律与我们的常识相差甚远，各种误解也借助网络的力量充斥各方，甚至出现了乱用"量子"概念而行骗的情况。为了使没有物理学基础

[①] 施郁. 揭开"量子"的神秘面纱 [J]. 人民论坛·学术前沿，2021，（4）：17.

的读者能够更好地理解量子理论的基本原理和更系统地了解量子技术的发展概况，突破大众对量子科技"知其然而不知其所以然"的尴尬局面，上海科学技术文献出版社策划和组织出版了本套丛书。丛书起源于我和张树总编辑在一次学术会议上的邂逅。经过张总历时两年的精心安排以及各位专家学者的认真撰写，丛书终于以今天这样的形式与读者见面。本套丛书共由六部著作组成，其中，三部侧重于深化大众对量子理论基本原理的理解，三部侧重于普及量子技术的基础理论和技术发展概况。

《量子佯谬：没有人看时月亮还在吗》一书通过集中讲解"量子鸽笼"现象、惠勒延迟选择实验、量子擦除实验、"薛定谔猫"的思想实验、维格纳的朋友、量子杯球魔术等，引导读者深入理解量子力学的基本原理；通过介绍量子强测量和弱测量来阐述客观世界与观察者效应，回答月亮在无人看时是否存在的问题；通过描述哈代佯谬的思想实验、量子柴郡猫、量子芝诺佯谬来揭示量子测量和量子纠缠的内在本性。

《通幽洞微：量子论创立者的智慧乐章》一书立足科学史和科学哲学视域，追溯和阐述量子论的首创大师普朗克、量子论的拓展者和尖锐的批评者爱因斯坦、量子论的坚定守护者玻尔、矩阵力学的奠基者海森堡、波动力学的创建者薛定谔、确定性世界的终结者玻恩、量子本体论解释的倡导者玻姆，以及量子场论的开拓者狄拉克在构筑量子理论大厦的过程中所做出的重要科学贡献和所走过的心路历程，剖析他们在新旧观念的冲击下就量子力学基本问题展开的争论，并由此透视物理、数学与哲学之间的相互促进关系。

《万物一弦：漫漫统一路》系统地概述了至今无法得到实验证实，但却令物理学家情有独钟并依旧深耕不辍的弦论产生与发展过程、基本理论。内容涵盖对量子场论发展史的简要追溯，对引力之谜的系统揭示，对标准模型的建立、两次弦论革命、弦的运动规则、多维空间维度、对偶性、黑洞信息悖论、佩奇曲线等前沿内容的通俗阐述等。弦论诞生于20世纪60年代，不仅解决了黑洞物理、宇宙学等领域的部分问题，启发了物理学家的思维，还促进了数学在某些方面的研究和发展，是目前被物理学家公认为有可能统一万物的理论。

《极寒之地：探索肉眼可见的宏观量子效应》一书通过对爱因斯坦与玻尔之争、贝尔不等式的实验检验、实数量子力学和复数量子力学之争、量子达尔文主义等问题的阐述，揭示了物理学家在量子物理世界如何过渡到宏观经典世界这个重要问题上展开的争论与探索；通过对玻色-爱因斯坦凝聚态、超流、超导等现象的描述，阐明了在极度寒冷的环境下所呈现出的宏观量子效应，确立了微观与宏观并非泾渭分明的观点；展望了由量子效应发展起来的量子科技将会突破传统科技发展的瓶颈和赋能未来的发展前景。

《量子比特：一场改变世界观的信息革命》一书基于对"何为信息"问题的简要回答，追溯了经典信息学中对信息的处理和传递（或者说，计算和通信技术）的发展历程，剖析了当代信息科学与技术在向微观领域延伸时将会不可避免地遇到发展瓶颈的原因所在，揭示了用量子比特描述信息时所具有的独特优势，阐述了量子保密通信、量子密码、量子隐形传态等目前最为先进的量子信息技术的基本原理和发展概况。

《量子计算：智能社会的算力引擎》一书立足量子力学革命和量子信息技术革命、人工智能的发展，揭示了计算和人类社会生产力发展、思维观念变革之间的密切关系，以及当前人工智能发展的瓶颈；分析了两次量子革命对推动人类算力跃迁上新台阶的重大意义；阐释了何为量子、量子计算以及量子计算优越性等概念问题，描述了量子算法和量子计算机的物理实现及其研究进展；展望了量子计算、量子芯片等技术在量子人工智能时代的应用前景和实践价值。

概而言之，量子科技的发展，既不是时势造英雄，也不是英雄造时势，而是时势和英雄之间的相互成就。我们从侧重于如何理解量子理论的三部书中不难看出，不仅量子论的奠基者们在 20 世纪 20 年代和 30 年代所争论的一些严肃问题至今依然没有得到很好解答，而且随着发展的深入，科学家们又提出了值得深思的新问题。侧重概述量子技术发展的三部书反映出，近 30 年来，过去只是纯理论的基本原理，现在变成实践中的技术应用，这使得当代物理学家对待量子理论的态度发生了根本性变化，他们认为量子纠缠态等"量子怪物"将成为推动新技术的理论纲领，并对此展开热情的探索。由于量子科技基本原理的艰深，每本书的作者在阐述各自的主题时，为了对问题有一个清晰交代，在内容上难免有所重复，不过，这些重复恰好让读者能够从多个视域加深对量子科技的总体理解。

在本套丛书即将付梓之前，我对张树总编辑的总体策划，对各位专家作者在百忙之中的用心撰写和大力支持，对丛书责任编辑王珺的辛勤劳动，以及对"中国科协 2022 年科普中国创作出版扶持计划"的资助，表示诚挚的感谢。

2023 年 2 月 22 日于上海

目录

· Contents ·

前言
何为信息?

在 20 世纪中叶,继蒸汽技术革命和电力技术革命之后,人类文明史迎来了又一次重大科学技术革命。这场新科学技术革命是以原子能技术、航天技术、电子计算机技术的应用为代表的,还包括人工合成材料、分子生物学和遗传工程等高新技术,它被人们称为"第三次科技革命"。

第三次科技革命的出现,既是由于科学理论出现重大突破,是在一定的物质和技术发展的基础上形成的;也是由于社会发展的客观需要,特别是两次世界大战期间和第二次世界大战之后,世界各国对高科技发展的迫切需要。第三次科技革命不仅极大地推动了人类在科学技术、社会经济、政治文化等领域的变革,更深深地影响着人类生活方式和思维方式。随着科技的不断进步,人类的衣、食、住、行、用等日常生活的各个方面,都发生了重大的变革。

在第三次科技革命的诸多成果中,电子通信技术的发展和电子计算机的发明是人类历史上至关重要的科技事件,它为人类文明开启了一个全新的时代,这个时代被后人称为"信息时代"。信息技术彻底地改变了人们的生活,由它引发的计算机技术、传感技术、微电子技术、航空航天技术、卫星通信和移动通信技术、广播电视技术、密码与保密技术等诸多成果极大地提升了人们的生产和生活水平。随着信息技术的不断发展,很多问题的解决依赖着物理学的理论创新,尤其是有关量子力学的新理论在很大程度上对技术更新给予了不可替代的指导。例如,电子计算机的产生依赖着晶体管的发明,而晶体管的发明与半导体在器件层面上的应用,离不开量子力学对凝聚态物理的指导。从电子管到大规模集成电路,从电磁波通信到光纤通信,从磁盘、磁带到全息存储,信息技术的每一次发展都意味着指导信息技术革命的理论已经从经典物理学向量子力学迈出重要的一步。

在这个时代,"信息"这个词可以说已经高度地融入了每个现代人的生活。从无线电到广播电视，从互联网到移动通信，从密码通信到电子支付，信息技术正在一点一点地推进着人类生产生活方式的革新，而今天的我们既面临着信息科技飞速发展给我们的生活带来无限的便捷，同时也充分意识到信息技术自身的发展面临着新的瓶颈。信息科学与技术正在从传统的经典物理学指导下的电子信息技术向以量子物理学指导下的量子信息技术跨越，为了能够系统地、完整地理解信息科学与技术发展的脉络，我们有必要好好地追溯信息科学与技术的发展历程，以及它是如何同量子力学相结合产生了新的量子信息技术的。

关于"信息"一词的辞源考据。在1979年出版的《辞海》中并没有将"信息"作为一个单独的词条，而仅仅提到"信"有"信息"之意。而据1986年出版的《辞源》考据，中国最早使用"信息"一词的是南唐诗人李中，在他所著的《碧云集》中收录了《暮春怀故人》一诗，其中有"梦断美人沉信息，目穿长路倚楼台"的诗句。之后，1986年出版的《汉语大词典》中，除了引用上面的一个例子外，还提到了宋朝陈亮所写的《梅花》一诗中有"欲传春信息，不怕雪埋藏"的表述。在此之后的明清小说中，"信息"一词等同于"音信""消息"，被广泛用于书面语和口语。

语种	动词	名词
英语	inform	information
俄语	infomirovtsi[a]	infomtsisia
德语	informieren	information
法语	informer	information
西班牙语	informar	información
意大利语	informare	informazione
丹麦语	informere	information
波兰语	inforwac	informacja
匈牙利语	informal	informació

[a]非拉丁字母文字已做对应转换，下同。

◎图1 "信息"一词在不同拼音文字中的拼写形式

我们再来看外文中的"信息"一词，虽然在不同语种中的拼写方式有些许不同（见图1），但是所有使用拼音文字的语种中，"信息"一词的辞源几乎都来自拉丁语"informatio"。拉丁语中的这个词有"描述、陈述、概要"等涵义，它最早可以追溯到西塞罗（Cicero）以及奥古斯丁（Augustine）等人的著作中，在这些作品中，作者用这个词来表达柏拉图（Plato）及其后继者关于理念（ideas）或者型相（forms）的理论。[①]

---

① CAPURRO R, HJØRLAND B. The concept of information [J]. Annual Review of Information Science and Technology, 2003, 37（1）: 343-411.

说完了"信息"的词汇溯源，我们再来谈谈人们对"信息"这个概念的认识。在人类的认知历史中，"信息"概念的存在方式一直与人们如何对"信息"中包含的内容进行传播相关联。所以在公共话语体系中，"信息"一词本身就是通过使用自然的语言或者其他的各种传递手段对信息中包含的内容进行传递、传播的行为而实现的，"信息"既是传递的过程，同时也是传递的结果。所以，人们对信息的概念的研究，一直同研究传递信息的语言以及信息通信编码等问题密切相关。在信息概念发展的历史上，具有标志性意义的事件，就是古罗马的著名君主尤里乌斯·恺撒大帝（Julius Caesar）使用最早的密码系统与他的将领进行保密通信，这种最早的密码系统也被称为"恺撒密码"[1]。恺撒密码的出现意味

◎图2 可量化信息概念提出者：英国数学家罗纳德·艾尔默·费希尔（1890—1962）

着人类开始有意识地谋求在技术上对"信息"中所蕴含的内容进行加密。其实，在恺撒密码出现的公元前 1 世纪之前，人类已经有一些保密通信的意识，例如早在西周时期中国的上古兵书《六韬》（又名《太公六韬》或者《太公兵法》）[2]和大约在公元前 700 年的古希腊军队就有关于各种保密编码的方法记载[3]，但是这些加密方式远远没有"恺撒密码"对后世的影响巨大，所以恺撒密码作为最早的，也是最简单的替代型密码，在信息编码和保密通信的发展历史上具有里程碑的意义，它也成为

---

[1] 罗马历史家苏托尼厄斯（Suetonius）在公元 2 世纪写的《恺撒传》中对恺撒用过的一种替换密码作了详细的描写。"恺撒密码"是一种利用替代技术进行编码的密码术，其中明文是将密文中的字母用其所在字母表中后面第 3 个字母所代替，从而形成对信息的加密。

[2] 《六韬》第三卷《龙韬·阴符》一篇就记载了用八种长度不同的"阴符"来表示两军交战的战果，而这每种长度的含义是在外将领和君主事先约定好的。

[3] 古希腊军队用一种叫"Scytale"的圆木棍加密信息，大体方法是把一根羊皮纸带紧密缠绕在一根圆木棍上，然后沿木棍书写情报，再将羊皮纸带解下，羊皮纸带方向的文字混乱无意义，从而实现信息加密。

今天信息编码和保密通信的思想源头。

真正使信息学成为一门专门的科学，要从对"信息"的科学定义开始。关于信息的科学定义的起源，国内外流行的说法不下百余种，它们从不同的侧面和不同的层次来诠释信息的本质。目前，学术界公认的"信息"作为一个科学名词可以追溯到 1922 年，美国通信系统理论学者卡森（John Renshaw Carson）在对调频信号的数学处理中首次强调了信息的科学性[①]。信息概念最早出现在数学领域则是 1925 年，英国数学家罗纳德·艾尔默·费希尔（Ronald Aylmer Fisher）从古典概率统计理论的视角定义了可量化的信息，这种被量化后的信息被后人称为"费希尔信息"（Fisher Information）[②]。费希尔在定义"费希尔信息"时，运用了概率论中的一些数学概念来讨论信息，提出了"主观概率相比于客观概率更加接近理性人类主体所使用的信息"的概念，它将事件发生的所有概率视为信息论的一种可度量的形式，为后面的科学家提出信息的科学解释奠定了非常重要的思想基础。有关现代信息的科学概念的产生，同信息技术发展密切相关，它来源于现代通信技术革新发展的需要。1924 年美国 AT&T 公司与贝尔实验室的物理学家奈奎斯特（Harry Nyquist）[③]和德国的物理学家屈普夫米勒（Kupfmuller）[④]同时独立地提出了一个定理：

在速率一定的情况下传输电报信号需要一定的频带，并进而证明了信号传输速率与信道带宽成正比。

在他们的表述中，并没有使用"information"，而是用了"intelligence"这个词。这个定理提出后，启发了美国电气工程师拉尔夫·哈特莱（Ralph V. L. Hartley）。1927 年夏天，在意大利的科莫湖畔，为了纪念亚历山德罗·伏特（Alessandro Volta）逝世 100 周年，世界各地的科学家济济一堂，召开了著名的

---

① CARSON J R. Notes on the Theory of Modulation [J]. Proceedings of the Institute of Radio Engineers, 1922, 10（1）: 57-64.

② FISHER R A. Theory of Statistical Estimation [J]. Mathematical Proceedings of the Cambridge Philosophical Society, 1925, 22（5）: 700-725.

③ NYQUIST H. Certain factors affecting telegraph speed [J]. The Bell System Technical Journal, 1924, 3（2）: 324-346.

④ KUPFM ULLER K. Uber die Dynamik der selbsttatigen Verstarkungsregler [J]. Elektrische Nachrichtentechnik, 1928, 5（11）: 459-467.

"科莫会议",哈特莱在会议报告中对奈奎斯特的理论做了进一步拓展,其中他使用了"information"这个词汇。后来,他在 1928 年 7 月发表了名为《信息传输》(*Transmission of Information*)的文章,文章中他率先提出了科学的"信息"概念,即:

> 发信者所发出的信息就是他在通信符号表中选择符号的具体方式。

之所以我们认为哈特莱第一个提出了"信息"的科学概念,是因为他第一次利用公式化的方式给出了对信息的度量方法。他将奈奎斯特等人的理论用数学公式进行了表达。他假设由符号组成一条信息,由于这个符号又是从多个符号中选出来的,可以有很多种可能性,所以他主张用信息传递中所选择的自由度来度量信息。这样的信息量就可以表示为

$$H = N \log S$$

这个公式开启了科学度量和定量研究信息的先河。不过,哈特莱提出的这一信息概念和度量方法存在着严重的局限性:首先,用这种方式所定义的信息不涉及信息的价值和具体内容,只考虑对某种符号选择的方式;其次,即使考虑选择的方式,也没有考虑各种可能选择方式的统计特性。这些缺陷严重地限制了这个概念的适用范围。

1948 年,控制论的创始人之一,美国数学家诺伯特·维纳(Norbert Wiener)出版了《控制论:或关于在动物和机器中控制和通信的科学》(*Cybernetics, or Control and Communication in the Animal and the Machine*),该书首先将信息在科学界的地位直接上升到成为与物质、能量同等重要的最基本的概念,在书中他写道:

◎图 3 控制论提出者:诺伯特·维纳
(1894—1964)

> 信息就是信息,不是物质,也不是能量。不承认这一点的唯物论,

在今天就不能存在下去。①

维纳这里所说的信息，是从信息与机器和思维的关系角度来讨论信息本质的，所以它使用的是广义信息的概念，它可以与心理学、认识论中的一些概念相联系，讨论的是信息与客观实在的关系。这个问题本身就是同哲学的基本问题相联系的，从此，关于信息的实在性问题的研究，引起了哲学界的广泛关注。

之后，维纳在《人有人的用处——控制论和社会》（*The Human Use of Human Beings*）一书中提出：

> 信息是人们适应外部世界并且使这种适应反作用于外部世界的过程中，同外部世界进行互相交换的内容的名称。接受信息和使用信息的过程，就是我们适应外部世界环境的偶然性变化的过程，也是我们在这个环境中有效地生活的过程。②

这个说法突出了信息在科学哲学中的重要地位，从某一侧面反映出信息的本质。但是信息并不仅仅与人类有关，客观地说一切生物体都在与外部世界交换信息，所以这个定义也是不全面、不完整的。

截至目前对信息的概念进行了最有效的科学定义，并对信息进行定性和定量的完整描述者是美国数学家克劳德·艾尔伍德·香农（Claude Elwood Shannon），他在 1948 年 6 月和 10 月的《贝尔系统技术杂志》（*Bell System Technical Journal*）第 27 卷上连载发表了两篇影响深远的论文《通信的数学原理》（*A Mathematical Theory of Communication*）。③ 在这两篇论文中，香农用概率测度和数理统计的方法系统地讨论了通信的基本问题，并通过对通信问题的讨论重

① WIENER N. Cybernetics, or, Control and communication in the animal and the machine［M］. 2nd. M.I.T. Press, 1965. 中译本：《控制论：或关于在动物和机器中控制和通信的科学》［M］. 郝季仁，译. 北京：科学出版社，1962. p.133.

② WIENER N. The Human Use of Human Beings: cybernetics and society［M］. Houghton Mifflin, 1950.

③ SHANNON C E. A Mathematical Theory of Communication［J］. Bell System Technical Journal, 1948, 27（3）：379-423 & 27（4）：623-666.

新思考信息的基本概念。他借鉴了 1929 年由美国核物理学家利奥·西拉德（Leo Szilard）对麦克斯韦妖（Maxwell's demon）的解释[①]，针对信息在通信过程所产生的效应，用定量度量的方法谋求测量出一次通信中人们到底传递了多少信息。在文章中香农将"信息"这个概念从日常使用的普遍语义概念中抽象出来，将它与经典热力学中所使用的"熵"的概念相联系，进行了严密的逻辑推导和严格的数学的处理，最终定义了信息的度量值——"信息熵"的概念，他在文章中写道：

> 通信的基本问题是在通信线路的一端精确地或者近似地重复另一端选择的信息，通常这些信息都是带有意义的。也就是说，它们根据某种与特定的物理实体或概念相互关联。但通信的这些语义因素，与其工程学上的问题是无关的，重要的方面是一个实际消息从一组可能的消息集合里面选择出来的，系统必须被设计成对所有可能的选择都进行操作，而不是只适合某一种选择。[②]

香农对信息的科学定义是建立在其对信源、发送器、信道、接收器、信宿、噪声等概念的科学定义基础上，对信息在整个通信过程中作为一串离散符号来进行传输，借鉴了物理学中研究随机过程所用的方法论和术语，将信息的研究同随机性事件的发生的概率相联系，研究了上一条信息的出现可能会对下一条信息出现的概率产生多大的影响，从而引出了信息编码等问题，得出了诸多在后来的信息学研究中至关重要的结论，从而奠定了现代信息论的基础。从香农的文章中我们可以得到一个对"信息"最为科学和严谨的定义：

> 信息是实物运动状态或存在方式的不确定性的描述。

本书就是试图带领大家一起沿着人类对信息本质不断追求的道路，共同来见证从经典信息到量子信息的奇妙之旅。

[①] SZILARD L. Uber die Entropieverminderung in einem thermodynamischen System bei Eingriffen intelligenter Wesen. [J]. Zeitschrift Fur Physik, 1929, 53（11）: 840-856.

[②] SHANNON C E. A Mathematical Theory of Communication [J]. Bell System Technical Journal, 1948, 27（3）: 379-423.

这场探索信息发展的奇妙之旅，将从人类诞生的那一刻开始。在第一章中，我们追溯了人类最早的信息载体——语言的诞生，介绍了语言作为人类最早，也是最直接的信息沟通方式，从它出现、发展、逐渐成熟，再到不断改进、不断丰富的过程。之后，我们介绍了人类在远古时期，不同文明中对信息的记录方式，比如，最早的结绳记事，以及后来出现的文字符号；不同的文明几乎同时发展出不同的文字，而印刷术的出现又为不同文明之间的信息传播建立起了更加广泛的方式和渠道。随着科技手段的进步，信息可以跨越时间的限制和空间的阻隔，广泛地传播各种知识和文化，对人类文明的发展做出了巨大的贡献。而相比于广而告之的信息传播，对信息的另一条研究路径就是信息的定向传播，即通信技术的发展。从烽火戏诸侯中的狼烟，到飞鸽传书和快马驿报，人们对通信的快捷性、保密性、便利性的追求，已经逐步体现出通信技术的价值。如果说法国大革命时的通信塔开启了人类的信息编码时代，那么莫尔斯用点划创造出的莫尔斯电码就为人类带来了电报通信的信息革命。真正开启现代信息时代的，就是电子计算机的发明，而这个过程并不是一蹴而就的。我们将从现代计算机逻辑运算的数学基础入手，介绍布尔代数的基本规律，再沿着历史发展的时间脉络，带着大家一起见证人类是如何从继电器开关时代到第二次世界大战对加密和解密技术的蓬勃发展中，一步一步地建立起完整的、严密的、科学的现代信息理论。至此，人类正式宣布我们的世界进入了以电子计算机技术为代表的经典信息时代。

电子计算机的发明给人类文明带来的震撼是革命性的。在本书第二章中，我们详细地回顾了人类对于信息处理的探索过程，从最早的算盘到计算尺，再到手摇计算机，最后发展成电子计算机。然而，人们所掌握的计算技术永远无法满足人们对海量信息的处理需求。在电子计算机的发展过程中，一直有一个令人恐惧的"魔咒"萦绕在科学家头上，那就是电子芯片发展的"摩尔定律"（Moore's Law），当电子计算机的芯片越做越小时，人类必然会遇到如何面对微观理论与宏观现象的不和谐，这就是量子效应的影响，经典计算机的硬件发展遇到了瓶颈。与此同时另一场危机也悄然而至，那就是对于算法的研究，简单地说就是一个问题："人类依靠着电子计算机到底能够解决多么困难的计算问题？"这个问题看似简单，实则非常复杂。无数的数学难题吸引着大量数学家孜孜不倦地去探索，而当这些难题遇到电子计算机，很多问题迎刃而解。但是，还有一些问题，想要解决可能要经过相当长的时间进行计算，这时间长得也许是与宇宙诞生至今的长度一样的数量级。那么，这种问题我们认为在目前的条件下是不可解的。可是这并不能让人类放弃对解决这些问题的执着追求，这种情况在 20 世纪末出现了转机，那就是量子算法的诞生。当然，它的应用是基于对超越电子计算机的量子计算机而开发的，虽然成熟的量子计算机还有待进一步研发，但是科学家们已经证明了这种量子算法具有绝对的优势，它具有"化腐朽为神奇"的本领。这种本领也给我们带来新的问题，那就是对信息加密算法安全性的担忧。人类对于加密方法的执着追求，也是有着悠久历史的，关于加密和破解的故事在人类历史上一直流传诸多，可以说，人类发展的历史就是一部人们对秘密的加密和破解的历史。随着时代和技术的发展，各个时代的人们研发出了愈来愈复杂的加密算法。直到现代，人类的加密方法可以说登峰造极。但是随着量子计算机研发成功，再配上新的量子算法，这种所谓的"最先进的加密方法"可能再也不安全了，信息传递的安全性期待着新的加密方法。

新的危机带来了新的发展机遇，信息科学与技术在蓬勃发展了半个多世纪后，终于迎来了新的增长点，那就是量子信息的诞生。在本书第三章中，我们将为大家介绍量子力学给人类认识微观世界带来的革命性的震撼，而如何将量子力学同信息科学相结合，更是摆在物理学家和信息工程师面前的艰巨任务。科学家们沿着经典信息的思路，构造了基于量子体系来表达量子信息方式，叫作"量子比特"，它是在微观世界中对信息的抽象表达。在对于量子比特的特点进行深入研究后，人们发现由于量子力学所描述的微观世界具有不同于经典物理体系的特殊性质，量子比特以及由量子比特组成的处理信息的新工具，就具有很多新特征。比如它可以是多个可能存在的状态的叠加，再比如多个量子比特之间存在着一种经典信息中不存在的强关联——量子纠缠等。这些特性注定了量子比特身份的特殊，由它引发的信息科学与技术的革命将是触及信息学底层理论结构的，为信息学的发展带来了华丽的转身，同时这些特殊的性质也注定了量子比特会比经典比特带来更多的发展机会。

相比于经典信息的表达方式，量子比特到底有哪些高强的本领？第四章中我们将选择人们对量子信息特别关注的三个问题进行深入讨论。这三个问题涉及物理学对世界描述过程中的三个热点。第一个是关于速度极限的问题。根据爱因斯坦的相对论理论，宇宙间一切物体运动都是有一个上限的速度，那就是光速，而对光速的执着追求又是物理学家们一直感兴趣的话题。爱因斯坦还告诉我们，当运动速度越来越快时，甚至接近光速时，会发生一些奇特的效应，这些效应之神奇程度令无数物理学家们想尽办法接近光速，一些科学家一直梦想着谋求超越光速。而量子力学中的一些理论似乎让人们找到了在这方面有所突破的希望，人们开始思考量子力学到底是不是可以实现超越光速的信息传播。第二个是关于超距作用的问题。这个问题从牛顿力学的提出到电磁相互作用引发的思考，一直是人们关注的对象，在这个问题中涉及一个很重要的概念——定域性。而量子纠缠中一个很奇特的特征就是它在关联坍缩中表现出的非定域性特征，于是这个现象又掀起了人们对定域性和超距作用的热烈讨论。第三个是关于信息复制的问题。这个问题对于经典信息学而言不是问题。我们每天都在复制着各种信息。然而，在量子信息中对一个未知的信息进行有效的复制却是不可能实现的任务。物理学家们用了一个生物学中用到的词来形容它，那就是量子不可克隆定理的提出。那么，到底为什么未知量子信息是不可克隆的？如果未知量子态不可克隆，我们将如何传播其中加载的信息？这就是我们要探讨的问题。这些问题赋予了量子比特独特的本领，助力它在信息革命中发挥强大的能力。

能够实现跨时空的瞬间转移，一直是人类的美好梦想，无论是中国还是外国，无论是古代的神话故事还是现代的科幻小说，人们都设想了无数个能够瞬间转移的人物和情节。当然，直到今天我们也没有发现如何能够让物体瞬间转移的法门，但是我们发现，借助量子力学的神奇性质，可以让量子信息进行瞬间转移，那就是著名的量子隐形传态（quantumteleportation）实验。第五章中我们将从神话故事讲起，带领大家一起领略现代量子信息中的量子隐形传态，从思维假设到具体方案，从理论设计到实践应用的发展历程。我们还会集中讨论一下这个神奇的现象，为我们解开量子信息是如何具备经典信息所没有的超级本领的谜题。

在量子信息的理论发展和技术应用中，最为成熟的要数量子保密通信了。量子保密通信是一个复杂的系统工程，已经经历了从理论设想到实践应用的各个发展阶段，它在通信领域的实际应用给信息学这门学科带来了新的生机。在第六章中，我们介绍了人类在追求保密通信的各种加密技术方面发展的几个阶段，详细解读了经典信息学中目前应用最广、最为先进的密钥加密方式，同时也指出了随着新的量子算法的提出，那些看似牢不可破的加密算法背后，隐藏着潜在的安全危机。要想破除这种危机就必须建立更为先进的加密方法。就在这时，量子密码技术正式登场了。我们将为大家介绍1984年由美国IBM公司的研究员查尔斯·本内特（Charles Bennett）和加拿大蒙特利尔大学学者吉列斯·布拉萨德（Gilles Brassard）共同提出的利用光子偏振态来传输信息的量子密钥分发协议，即著名的"BB84 协议"，包括它的基本思想、方案设计和实验实现。自"BB84 协议"的理论方案付诸实践之后，世界各国都开启了对量子保密通信的新一轮开发热潮，我们为大家介绍了世界各国在量子保密通信方面做出的努力和取得的最新进展。在这场技术竞赛中，中国科学家经过不懈努力已经站在了技术的前沿，能够引领全世界在该领域进一步发展。最后，我们结合身边的生活，介绍一些量子保密通信在金融、政务、数据中心、医疗卫生、基础设施建设等方面的应用实例。

在讨论了量子力学给信息技术带来的新发展之后，我们静下心来，回顾一下在这如火如荼的技术发展背后，量子信息究竟给我们的思维方式带来了哪些改变。在最后一章中，我们不再纠结于技术细节，而是试图站在更高的角度来理解信息时代思维方式的转变。随着信息爆炸式的激增，我们的社会面临着大数据时代的挑战，海量数据给人们带来的并非全是繁冗复杂，更多的是新机会。面对大数据时代，人们必须改变思考世界的思维方式，转变原来的一些想法，用崭新的模式去理解未来。而大数据时代的到来，更让人们开始思考"信息"这个词对于理解物理世界的重要地位。也许过去我们在研究物理规律时，更多地关注物质、关注能量。而今天，我们发现无论是困扰物理学家几百年的传统物理难题，如"麦克斯韦妖""热力学耗散"等问题；还是量子力学产生之后给我们带来的新问题，如"薛定谔猫悖论""量子测量坍缩"等；抑或是现代很多相关科学发展中的独特问题，如生物学中的基因密码问题、金融学中的混沌理论问题等等，归根结底可能都是关于"信息"的问题。所以如何看待和挖掘"信息"在现代科学中的价值，将是未来包括物理学家在内的各领域科学家共同努力的方向。人们逐步发现，对信息的追求将成为一种信息的世界观。它让人类重新审视我们生活中的形形色色、林林总总，也许未来人们在谈到我们对世界的理解的时候，可以轻松地说一句："那无非就是一些信息罢了！"这也许就是由量子信息给人们带来的超越技术之外的新信念：一场改变世界观的信息革命。

第一章

前世今生：
信息伴随人类一同成长

QIANSHI JINSHENG

XINXI BANSUI RENLEI YITONG CHENGZHANG

一、最早编码：从"语言诞生"到"结绳记事"

对于信息认识的溯源，几乎可以追溯到人类作为一个物种的诞生。大约 250 万年前，最早的森林古猿从树上栖息、双足行走转变为在陆地上生活并直立行走的人；距今 150 万年到 250 万年前，人类开始使用木器，成为会使用工具的动物；距今 20 万年到 200 万年前，人类开始懂得使用火，并且开始具备基本的语言沟通能力。关于通信这件事，不仅是人类，其实所有动物自诞生那天起都在谋求各种方式进行通信。动物之间的交流手段基本是靠各种各样的肢体动作，简单地说就是动物能"动"，并且这种"动"是有目的、有意义的"动"。

◎图 1-1　蝙蝠、海豚可以发出超声波进行通信

随着物种演化的不断深入，某些动物开始发声了。当然这里的发声是广义上的，既包括嘴巴发出的声音，也包括肢体某些部位振动发出的声音，比如知了和蚂蚱的"鸣叫"。另外，动物发出的声波能覆盖很宽泛的频率范围，有些是人类能够听到的，有些则是超出人类听觉范围的，比如蝙蝠、海豚发出的超声波，大象、鳄鱼等发出的次声波。但是从人类的角度看，我们并不能把这些简单的叫声算作是语

言，它们只能作为一种有声的通信方式而已。相比于其他形式的交流方式，人类语言是最为独特的，除了人类以外的其他动物，如蜂和猿所使用的交流系统都是封闭系统，其可表达的思想和传递的信息往往非常有限。而人类所使用的语言则恰恰相反，它所传达的信息量可能是没有上限的，且极富创造性，它通过一些可以遵循的规律，允许人类用有限元素构建产生大量的有意义的、能传递有效信息的词语和句子。

什么是语言，或者说具有哪些特征才能被称为语言？真正的语言是需要遵循某种一定的语法结构，并且可以通过对语言元素进行排列组合，能够得以逻辑推广从而构造出能够表达更为复杂含义的声音符号。在语言学家的眼中，语言作为研究对象，初始有两种含义：一种是作为抽象的概念，是以声音符号为物质外壳，以含义为内涵，由词汇和语法构成并能表达人类思想的指令系统；一种是指特定的某种语言系统，如汉语、英语、西班牙语、俄语、阿拉伯语、法语等体系。

其实，人类利用语言进行信息沟通这一行为的出现、发展、成熟和改进的过程在自然界中一直在进行着，即使到了今天也没能停止。这也是人类个体之间最为重要、应用最广的信息沟通方式，它也注定成为人与动物之间最根本的区别之一。

在现当代语言研究中，有一种关于语言的定义就是指人们从事语言行为学习、表达并理解心智的过程，偏向语言对于人类的通用性，这种观点认为语言是人类与生俱来的能力，所有认知能力正常的儿童只要在成长环境中能够接触到语言，即使没有人引导和刺激，也可以习得语言；而另一种对于语言的定义则是指人类在交流时所采用的一种口头上或符号上的信息交流系统，人类是用语言去表达或控制周围的客体，该理论强调了语言的社会功能。

人类语言的独特性在于其具有很强的递归性，正是由于语言所拥有的这种递归性，即语言结构层次和言语生成中相同结构成分的重复或相套，才形成了语言组织的基本逻辑。这就好像我们小时候听到的"从前有座山，山里有座庙，庙里有个老和尚，老和尚对小和尚说，从前有座山……"这种递归性赋予了人类语言无限的创造性——说话者可以创造出自己从未听过或者讲过的新的话语。

关于"说话"这件事儿，现在人们几乎每天都在做，但是很少有人去想，语言到底是怎么来的。那么语言到底是怎么演变成为今天这个样子的？对这个话题的讨论众说纷纭。最近世界著名的科研杂志《自然》(Nature)上发表了一篇中国科学

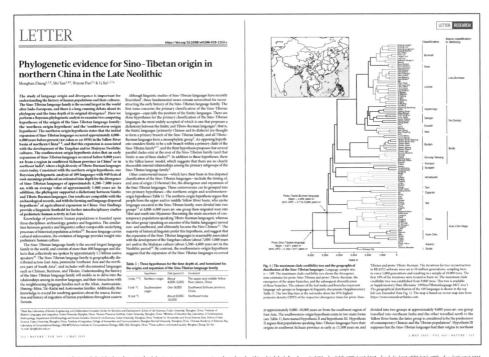

◎图 1-2　中国科学家在《自然》(*Nature*)杂志上发表的论文《语言谱系证据支持汉藏语系在新石器时代晚期起源于中国北方》

家的最新研究成果①，他们利用统计学分析的方法，结合遗传学、语言学、考古学等研究手段，首次确认了包含汉语在内的汉藏语系起源于 4000—6000 年前的中国北方黄河流域。这对国人来讲，无疑是个好消息。然而，尽管汉藏语系的起源找到了，但人类语言究竟是如何起源的，却依然是个谜。

　　从古至今人类一直对语言的起源问题兴趣浓厚，并提出了多种多样的解释。语言的起源问题是迄今为止具有高度争议性的话题，关于语言在何时何地起源有很多假说，并且没有统一的说法。

　　研究者认为，对于语言起源的研究可以依托基因研究的成果。从生理结构上看，人类大约在 30 万年前就具备了清晰发出多音节语音的器官结构，即人类喉结下移到第 4~7 节颈椎，声带上方就形成一个扩大的咽腔。利用这个空间，人类可

---

① Zhang M, Yan S, Pan W, Jin L. Phylogenetic evidence for Sino-Tibetan origin in northern China in the Late Neolithic. Nature. 2019 May; 569 (7754): 112–115. doi: 10.1038/s41586-019-1153-z. Epub 2019 Apr 24. PMID: 31019300.

以对想发出的各种复杂的声音进行适当的调整，从而发出超过 200 种的声音。而每种语言体系所需用到的声音单位不过区区几十种而已。这就是为什么许多语种听起来完全不同的原因。而其他的哺乳动物的喉结都很高，不能发出较为复杂的声音，它们只能用口腔对发声进行简单的调节，不具备产生语言的生理功能。其实人类在刚出生的时候，其喉结位置跟黑猩猩也差不多，不过到了 2 岁左右，喉结便降低到正常的位置了，此时人类已经拥有了产生语言功能的"硬件"条件。

除了具备产生语言的"硬件"条件，如何形成语言的"软件"程序也很重要。这就要进一步讨论人类语言体系形成的历史。最早关于语言起源的解释是"神授说"。那是在人类科学知识并不发达的时候，人类的祖先用宗教中的神灵赐予了人类沟通的能力来解释语言的起源。古希腊哲学家苏格拉底曾断言，上帝给地上万物和众生赐予了名称，所以语言是神圣之物，富有魔力。语言是上帝创造的，这种解释在教权时代具有不可挑战的权威性，但随着近代思想启蒙，人们开始用更加科学的思维方式看待语言的起源。

语言起源理论可以根据它们前提假设的不同分为两大类：连续性假说与非连续性假说。

连续性假说认为，语言不可能突然之间就形成最终的形式，它一定是由人类的灵长类祖先所拥有的早期语言系统演变而来；非连续性假说则持相反的意见，认为语言有着独一无二的特征，只能是在人类演化历程中的某一时间点上相对突然地出现。不同理论间的另一区别是，有些认为语言是一种先天的能力，由遗传因素决定；另一些则认为语言具有文化性，是通过社交接触而习得的。非连续性假说支持者认为："在研究语言起源的很长历史中，人们一直想要知道它是如何从猿类的叫声中演变而来的。然而对非连续性假说支持者来说这完全是浪费时间，因为人类的语言是基于与任何其他动物沟通方式都截然不同的原则产生的。"

目前，大部分学者还是倾向于连续性假说，只不过大家对于演变过程有各自的看法。比如"劳动起源说"认为，语言是劳动创造文明过程中的必然产物，最初的语言是在劳动中由号子发展而来；"拟声说"认为，原始人听了自然界的声音进行模仿，并用这种声音代表能发出这种声音的事物，例如原始人看到荒野中的狗在叫，就会学狗的叫声"汪汪"，以后慢慢便用"汪汪"声来指代狗；"感叹说"认为，人类在愤怒、愉快等情感冲击下，人体内产生的强大气流通过声带产生语言，这种观点认为人类因为一些喜怒哀乐的基本感情发出了不同的声音，形成了最基本的词汇；等等。遗憾的是，由于人类语言历史悠久、语言本身又极其复杂，导致我们现在缺少有力科学证据支持任何一种假说，近 20 年来在语言演化方面的探究进展不大，至今还没有令人信服的解释。

接下来的一个问题是语言的发源地问题，根据德国出版的《语言学及语言交际工具问题手册》中说，世界上查明的有 5651 种语言，再加上一些不是很成体系的语言，目前世界上共有 7000 多种语言。这么多种语言是来自同一个发源地，还是有独立的发源地呢？

19 世纪，欧洲的比较学派研究了世界上近百种语言，发现有些语言之间的某些语音、词汇、语法规则之间有对应关系，彼此都有些相似之处，他们便把这些语言归为一类，称为"同族语言"；再根据有的族与族之间又有些对应关系，又可以归在一起，称为"同系语言"，这就是所谓"语言间的谱系关系"。世界上主要的语系有七大类：

印欧语系是最大的语系，下分印度、伊朗、日耳曼、拉丁、斯拉夫、波罗的等语族。印度语族包括梵语、印地语、巴利语等。伊朗语族包括波斯语、库尔德语、普什图语等。日耳曼语族包括英语、德语、荷兰语、斯堪的纳维亚半岛各主要语言。拉丁语族包括法语、意大利语、西班牙语、葡萄牙语和罗马尼亚语。斯拉夫语族有俄语、保加利亚语、波兰语。波罗的语族包括拉脱维亚语和立陶宛语。

汉藏语系下分汉语和藏缅、壮侗、苗瑶等语族，包括汉语、藏语、缅甸语、克伦语、壮语、苗语、瑶语等。

阿尔泰语系下分突厥语族、蒙古语族、通古斯语族三个语族。突厥语族包括乌兹别克语、维吾尔语、哈萨克语、阿塞拜疆语和楚瓦什语等，蒙古语族包括蒙古语和达斡尔语等，通古斯语族包括满语、锡伯语及俄罗斯境内的埃文基语。

闪 - 含语系又称"亚非语系"，下分闪米特语族和含语族。前者包括阿拉伯语、希伯来语等，后者包括古埃及语、豪萨语等。

德拉维达语系又称"达罗毗荼语系"。印度南部的语言都属于这一语系，包括比哈尔语、泰卢固语、泰米尔语、马拉雅兰语等。

高加索语系分布在高加索一带，主要的语言有格鲁吉亚语、车臣语等。

乌拉尔语系下分芬兰语族和乌戈尔语族。前者包括芬兰语、爱沙尼亚语等，后者包括匈牙利语、曼西语等。

除了七大类外，此外还有一些语系，如非洲的尼日尔 - 刚果语系、沙里 - 尼罗语系（尼罗－撒哈拉语系）、科依散语系，美洲的爱斯基摩－阿留申语系以及一些印第安语系，大洋洲的马来－波利尼西亚语系和密克罗尼西亚语系（也有将两者合为南岛语系的），中南半岛的南亚语系。需要指出的是，世界上有些语言，从谱系上看，不属于任何语系，如日语、朝鲜语等，就是独立的语言。

还有一些语言至今系属不明，如分布于西班牙北部和法国西南部与西班牙接壤地区的巴斯克语、古代两河流域使用的苏美尔语等。

当然，这种说法也有不同意见，语言学界还有九大语系的说法，分别是汉藏语系（亚洲东南部）、印欧语系（欧洲、亚洲、美洲）、乌拉尔语系（乌拉尔山脉北部地区）、阿尔泰语系（巴尔干半岛、亚洲中北部、蒙古、俄边界、中国）、闪－含语系（北非、西亚）、高加索语系（高加索山脉）、达罗毗荼语系（印度南部、东南部）、马来－波利尼西亚语系（即南岛语系，在东南亚和大洋洲）、南亚语系（亚洲南部）。这种划分方法在某种程度上也有一定道理。

此前，有研究表明，人类语言可能全部起源于非洲西南部地区，产生时间大约在 15 万年前洞穴艺术开始阶段。这种判断的依据是非洲各地方言往往含有的音素较多，而南美洲和太平洋热带岛屿上的语言所含音素较少；一些非洲方言音素超过100 个，而夏威夷当地土语音素仅 13 个，英语的音素 46 个。一种语言离非洲越远，它所使用的音素就越少。

对于这种语言起源于非洲的说法，有不少中国学者表示质疑。他们提出如果全世界的语言有一个扩散中心的话，不应该在非洲，而是最可能出现在亚洲，确切地说，是在中亚的里海南岸。然而，直至现在，这两者都没有充分而确凿的证据来证明自己的假说是对的，"公说公有理，婆说婆有理"。在语言起源方式和发源地的争论上，目前依然是一笔糊涂账。

前面说了，人类的语言之所以不同于其他哺乳动物发出的声音，主要是因为语言是需要有某种一定的语法结构且能排列组合后得以逻辑推广，从而构造出更为复杂含义的声音符号。这就意味着在语言起源的过程中，语法逻辑占有非常重要的地位，它可以称为这次信息编码最重要的"密码本"。然而，语法是最先出现的，还是最后经过总结才形成的，这是语言学研究的大问题。

目前比较流行的是美国著名语言学家艾弗拉姆·诺姆·乔姆斯基（Avram Noam Chomsky）的观点。乔姆斯基是一位富有探索精神的语言学家，他的父亲是希伯来语学者，受父亲影响，乔姆斯基最初把兴趣点放在希伯来语上。他最开始用结构主义的方法研究希伯来语，后来发现这种方法有很大的局限性，转而探索新的方法，逐步建立起"转换－生成"的语法学说。乔姆斯基的《生成语法》（*Generative Grammar*）被认为是 20 世纪理论语言学研究上最伟大的著作。他提出了"普遍语法"理论，并认为语言的诞生是由于大约 5 万年前到 10 万年前的单个基因突变而产生的，这种突变使得智人拥有了建构复杂句子的能力。

◎图 1-3　美国著名语言学家乔姆斯基

　　不过，相当一部分语言学家反对普遍语法论，认为在尚未对所有人类语言进行研究之前就假设所有人类语言有共同的"底层语法"，这样做太冒进；而且在应用普遍语法研究未知语言时，不得不假设许多"空白词类"，在研究基本语法为"谓主宾"的语言时，更不得不假设这些语言的"底层基本结构"为主谓宾，这种做法本身可能已经违反了描述性原则。也有语言学家主张，普遍语法是基于种族中心主义而得出的假设，而这会对认知科学造成不良的影响。美国语言学家、人类学家丹尼尔·埃弗里特（Daniel L. Everett）就是反对者之一。在其撰写的《语言的诞生》（*How Language Began*）一书中，他认为，语言起源于符号发展。语言是逐渐发展起来的，从标引符号逐渐演变成图像符号，最后演变成象征符号。这些象征符号和其他象征符号结合起来产生语法，构建出更复杂的象征符号。在这个阶段，手势、语调和意义最终会结合形成完整的人类语言，而这种整合可以传递突显说话者要告诉听话者的信息，这在语言起源的过程中极为重要，却一直备受忽视。

　　相对于乔姆斯基对语法和语言形式的关注，埃弗里特更强调人类的文化是如何促进语言发展的。埃弗里特曾经对美洲原始部落进行了近 40 年的实地考察，他发现语言不是我们这个物种的固有本领。语言是距今 100 多万年前的直立人发明的，文化的发展促使他们需要这样的交流工具。在这 100 多万年中，语言与人类生理、心理和文化共同进化，互相影响，最终形成了今天我们使用的语言，并使得人类凭借语言的优势逐步站上了食物链的顶端。在埃弗里特看来，语言来源于人类历史上对物质的认知发展，以及对新事物的发明创造。将人类引向今天所说的语言的第一个发明是图像符号，然后是象征符号。

将交流视为语言的主要目的，有助于理解语言最有趣的地方——语言的社会应用。因此，对于许多研究者来说，在对语言研究中，比如对会话交互模式、语篇主题跟踪、语言隐喻、基于使用的语法形式解释、词语的文化影响以及它们的组合方式等一系列问题的研究中，语法被置于次要地位。沿着这些想法，同时基于此前关于人作为一个物种的进化理论的讨论，学者们对于人类语言的语法起源提出了三个假设。对于语法在人类语言进化中的相对重要性，这些观点有不同的看法。

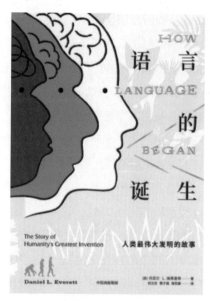

◎图1-4 丹尼尔·L.埃弗里特的著作《语言的诞生》的中译本

第一种假设在学界非常受欢迎，那就是"语法最先出现"。根据这一假设，语言的进化主要是由于语言中计算属性的起源，引起的比如句法的产生等。没有这些属性就没有语言。最原始的象征符号、手势表达和其他组成元素其实在语言产生以前可能已经以某种形式存在了，但是语法的出现使它们第一次作为一种语言结合在一起。这种观点认为，所有语言都具有特定的计算法则。但是还有一个更简单的观点，那就是把单词或符号"打包"成更大的单位（比如短语、句子、故事和对话）的能力是所有语言具有计算属性的基础。

第二种假设被称为"语法最后出现"。根据这种观点，语言进化中最重要的步骤，同时也是最初的步骤，是象征符号的发展。语法只不过是一个附加产物，语言在语法出现之前就存在了。根据这种说法，语言的其他元素先于语法而存在，这时候语法才能产生效果。换句话说，语言首先需要象征符号、话语和对话，然后才创造出语法结构，从而更方便于我们的交流。

第三种假设介于前两者之间，那就是"语法稍后出现"。虽然象征符号是最先出现的，但语言的发展需要语法、象征符号和文化的协同作用。在这种观点看来，结构、象征符号和文化是相互依存的，它们共同产生意义、手势、词语结构和语调，从而形成语言的每一种表达。

不管怎样，客观上具有一套较为完善的语法逻辑结构是语言产生的必要条件，而建立这套系统并加以灵活运用并非易事，这至少需要数万年的时间。在人际交流并不频繁的智人时代，仅仅对语言进行约定俗成的规范过程就相当漫长。到底人类花了多长时间创造了语言？答案是不超过 12 万年，因为大约在 7 万年前，人类就开始认知革命了，而认知的主要载体就是语言，更准确地说是具有一定信息编码意义的语言符号系统。

语言符号系统是由声音和思想构成的一体两面。在交流过程中，只要不发生某种技术障碍（比如说话的人发音准确与否），那么听者的注意力就会集中在对方所表达的思想上，而不会去刻意注重音色、音高、语速等声音本身的物理属性，这便是所谓的"语言透义性"。对于语言符号而言，这种透义性不仅不需要翻译成其他符号就能被理解，而且不会像其他符号那样受到信息载体介质材料的限制。语言具有其他信息表达符号不可比拟的优势，那就是它的抽象能力达到了高度精确化的水平。所以，以语言作为信息的载体是人类有史以来"最先进和最令人震惊"的伟大创造。可以说，语言的产生是人类在信息传递过程中的巨大成就。

语言的产生解决了人们之间跨空间进行信息传播的问题，那么如何能够让信息跨越时间的限制而更广泛地流传下去，是一项更加重要的任务。它不仅仅能够解决人与人之间信息沟通的问题，更是决定了人类是否能够在原有的文化基础上进一步认知新的信息，这是形成知识积累的关键。

能够让信息跨越时空的工具，人们最先想到的当然是文字。可以说，文字和语言是天生一对。文字的出现很好地解决了语言在信息传承过程中的痛点问题——信息的留存与传播。文字对于信息的传播意义毋庸置疑，我们后面还会详细地展开，但是在介绍文字之前我们先来介绍一种在文字出现前人们解决信息记录问题的方法，这就是"结绳记事"。

结绳记事是文字发明前人们所使用的一种记录信息的方法。从字面意义上来理解，就是通过系绳子结来记载事件中的信息，这是一种很原始的信息记录方式。在古代，人们根据一些特殊的约定规则在绳子上打结，用不同的打结方式来记录信息。上古时期的中国及秘鲁的印第安人皆有此习惯，即使到了近代，在偏远地区一些尚没有文字的少数民族，仍然采用着结绳记事的方法来记载信息。

在漫长的远古时期，人类先祖在沟通交流、生产生活乃至繁衍生存上都存在一定的信息记录的需求。因此"结绳记事"应运而生，成为远古时代人类记录事实、传播信息的手段之一。

作为一种有效的记录和交流信息的方式，远古时代的人类最早就是通过在绳索或类似物件上打结的方法记录一些重要的数字，再后来通过按一定规则打结来表达某种特定的意思，用以传达更复杂的信息，进而利用它处理事件。这种记录形式曾经广泛存在于世界上许多民族的史前阶段，是当时人类社会所共有的一种历史文化现象。

既然叫"结绳记事"，首先就得有绳；有了绳，还得掌握一定的结绳技能；掌握了结绳技能，还得有一定的象形约定，从而实现以形表意的能力。只有这三者都具备了，才能象形

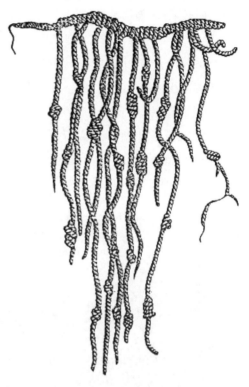

◎图 1-5　古代的结绳记事

结绳，以形表意，用以记事。这是结绳记事的重要条件，也是结绳记事的衍进规律。今天的学者由于缺乏对上古时期人们使用结绳记事的直接文字记载，同时因为年代久远，结绳易朽，许多原始人类用来记事的结绳实物没能被保留下来，因此目前对结绳记事现象的研究大多是建立在人类学理论的基础之上，即从远古人类的发展水平和发展阶段的角度来进行大致的推测。

历史上，不同的地区和民族有着各自不同的结绳文化，最值得一提的是古老而神秘的印加帝国。大约在 12 世纪，在今天秘鲁利马附近的库斯科谷地中的印第安部落逐渐强盛起来，并开始向外扩张，兼并周边地区。"印加"为其最高统治者的尊号，意为"太阳之子"。印加最开始只是一个位置在库斯科的小国，公元 14 世纪末，印加王图帕克·印卡·尤潘基（Tupaq Inka Yupanki）将印加帝国的版图扩大到哥伦比亚的帕斯托，以及阿根廷的图库曼和智利的毛雷河边。到了 15 世纪，印加势力强盛，进入极盛时期，其疆界以今秘鲁和玻利维亚为中心，北抵哥伦比亚和厄瓜多尔，南达智利中部和阿根廷北部。16 世纪初，印加开始衰落，于

1532 年被西班牙殖民者灭亡。

经人类学家考证，古代印加人的祖先是在大约距今 1.1 万年前越过白令海峡从欧亚大陆步行来到美洲大陆的。印加人到达美洲后的几十个世纪里，与欧亚大陆上的其他居民接触很少。

与其他文明不同的是，这个伟大的古代文明在西班牙人入侵之前是没有文字的，他们就是靠复杂的结绳方式来记录一切信息。他们的结绳，有着一个神圣的名字——奇普，这是单词 quipu 或 khipu 的音译，在印加帝国所用的盖丘亚语（Quechua）中就是"绳结"和"打结"的意思。

◎图 1-6　古印加人结绳记事的奇普

奇普是印加人结绳记事用的绳子。一直以来，科学家们对这些绳结困惑不已——大多数早期文明都使用象形文字或图像来表达信息，然而，印加人表达信息的方法却是借助棉线和绳结，难道印加帝国真的没有任何形式的书写方式？若是这样，那么这个国家大量的数据信息将如何保存和传递？这些看似简单的绳结仅仅是像算盘一样的计算工具还是可以表达更为复杂的信息，或者它本身就是一种比记数形式更加复杂的信息书写形式——一种基于绳索的三维空间书写方式？

考古学家和科学家们正在努力尝试解密印加人是如何用奇普对信息进行记录的。这些神秘的绳结是用棉线、骆驼或羊驼毛线制成的。它是由一根主绳串着上千根副绳组成的。主绳通常直径为 0.5~0.7 厘米，上面系着很多更细一些的副绳，一般都超过 100 根，有时甚至多达 2000 多根。每根副绳上都结有一串令人眼花缭乱的绳结，副绳上又挂着第二层或第三层，甚至更多的绳索，编织形式类似古代中国人用于防雨的蓑衣。在目前所发现的 700 个左右的奇普中，大多数都是在公元 1400—1500 年间打的结。相关历史专家说，奇普在美洲的历史最早可以追溯到公元 1000 年前，但真正将奇普作为一种文字系统发扬光大的还是印加帝国。

一套完整的奇普大都是由棉线或者毛线编织而成的，依照使用者的身份、地位可以随意选择，随之对应的奇普可简单也可复杂。

奇普最基本的功能为计数和记事，最基本的绳结类型分为反手结、长结和八字结，除此之外还有一些相对来说比较复杂的绳结类型，每一种绳结类型代表着某种代码的含义，多种绳结类型互相组合可以组成多种不同含义的新的代码。

虽说"奇普"大致被解释为是用来结绳记事的一种方法，但在印加文明中的奇普作用更为复杂，且还有实物流传下来，可惜的是关于奇普所传递信息的破解和具体制作奇普时的操作方法，因为西班牙的殖民掠杀早已随着原住民文化的消失而失传了。

在幅员广阔的印加帝国中，奇普作为人们记事的一种重要的信息表达和记录系统，帝国的税收、人口普查、征兵、军队编制，食品记录、历法、税收、家谱，甚至是与其他政府之间政治往来的"公文"，都选择用奇普作为信息沟通的载体，在其广泛的应用中也可见奇普在印加帝国文明中具有重要的地位。

一直以来，许多科学家拒绝承认奇普是一种书面文件，而认为这些绳子是一种保存记忆的设备，即一种个人化的记忆辅助工具，顶多是一种纺织品算盘，而没有任何统一的含义。然而，随着研究的深入，一些研究学者越来越怀疑这个结论的正确性。

哈佛大学的考古学家格里·乌尔顿（Gary Urton）及其同事、数学家兼编织专家凯利·布热利（Carrie J. Brezine）通过电脑对这些绳索的各种元素进行长期的分析和研究，结果发现了奇普代表的数字记录方式，并成功破译了第一个印加文字——印加的宫殿所在地：普鲁楚柯城（Puruchuco）。此发现发表在 2005 年 8

月 12 日出版的《科学》（*Science*）杂志上。[①]

　　按照这篇文章的说法，奇普是一种与众不同的三维立体的书写体系，科学家为每一块"奇普"都创建了相应的数据库，详细记录了它们的各种情况，如绳索的大小、长度与颜色，垂挂的穗的数量，绳结数目，每股绳的旋转方向与次数，年代等，第一次系统地对奇普进行分解与分析，并希望通过数据分析找到某些规律。

　　在现存的 700 个左右的奇普中，科学家目前共收录有 300 件奇普的目录。当他们在这个数据库中搜寻到 1956 年学者们在印加重要的政治中心普鲁楚柯附近发现的 21 个奇普绳结时，发现了令人震惊的共同点，人们发现了一个至关重要的数学联系——某些奇普的副绳上的绳结结合起来后，正好和另一个更为复杂的奇普上的数字相同。这表明，奇普曾被用来记录这个纵宽达 5500 千米的帝国的重要信息。

　　乌尔顿说，奇普代表的数字通常有三种：八字结代表 1；长结依据其扭转的次数依次代表数字 2 至 9；单结代表 10、100 和 1000 等等。0 结当然就简单了，根本不用打结，只在绳索上留一空段绳子就行。单根绳子代表的几个数字，可能是小计或总和。假设一根绳子从上到下有一组 4 个单结串，再有一组 5 个单结串，还有一组扭了两圈的长结，这一绳子将表示数字 452。

　　我们试想，在几百年前的印加古国，每一个当地的会计师将从下级得来的账目总和通过绳结的形式表现在奇普上，并将这些数据汇总在一根主绳上，然后层层递交上去，最终交给最高统治机关。这种方式可能曾被用在国家最重要的信息记录上，包括农作物的产量、国库的收入账目以及其他与人口、财政和军事相关的数据。经过进一步的深入研究，考古学家们还成功破译了第一个用"奇普"记载的印加文字。他们认为既然不同的奇普表示从不同区域收集到的数据，那么，一个单一的绳结位于其他结之上就可能是一个单词，表示的是这个地方自身或财政数据。其中，一种绳结的组合模式可能表示印加的宫殿所在地就是普鲁楚柯城，这很可能是从印加的奇普上认出的第一个重要的信息。

　　乌尔顿表示，这一发现有助于理解那些绳子中所蕴含的文字信息。乌尔顿先前的研究还发现，在陵墓中的奇普还被用作记录日期的日历。有 730 根绳子吊在 24 个位置上，表示两年中的月份和日子。乌尔顿说："可以充分相信'奇普'是印加人的三维书写系统。如果它们只是为了帮助主人记住数字，是不必要那么复杂的。"

[①] URTON G., BREZINEC. Khipu accounting in ancient Peru. Science. 2005; 309: 1065-1067.

在乌尔顿看来，"奇普"这一书写体系应包括：所用材料的类型（棉线或毛线），绳索的缠绕方向和结的方向（向前或向后）等。利用奇普记录，印加统治者凭借广大的道路系统和政府体制就可以将食物、人力和原料从安第斯山脉的首都库斯本运送到其他众多下级城市。印加人的"奇普"属于"会意文字"。

至今我们所知道的所有用于日常交流的文字体系都是书写、绘制或者雕刻在平面上，而奇普与这些文字完全不同，是由一些三维立体的绳结组成的。如果乌尔顿他们是对的，那么，奇普将是世界上唯一一种三维立体的"文字"。除此之外，它还可能属于少数几种"会意文字"。会意文字中的字就像数字或者图画一样的符号用来表示意思，而不像英文一样表示读音，比如玛雅文字和汉语。在我们看来，虽然用结绳进行交流非常陌生，但是在安第斯文化中却有很深的根源。在安第斯文化中，从固定式样的包和束腰外套，到弹弓投掷的炮弹以及吊桥，都是"人们交流各种信息和制造工具"的方式。

破解奇普密码对于了解在16世纪统治当时地球上最大的、至今还是谜一样的印加帝国，可能是一个"获得内幕的巨大的潜在资源"。但遗憾的是，目前还没有

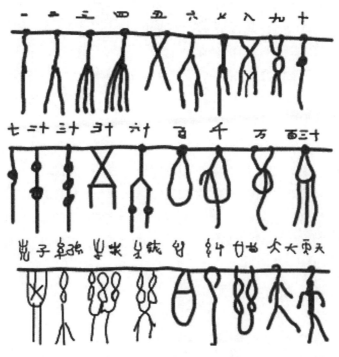

◎图1-7 中国古代结绳记数的样式

其他更令人信服的证据去证明"奇普"其有同其他文明中类似"文字"一样的信息沟通功能。对奇普的深入分析将有助于揭开古印加人的生活细节。不过，要破解印加人在"奇普"中保存的信息，需要付出类似解读古埃及象形文字一样的努力。

另一个结绳记事的典型案例，就在中国。我国古代文献对此有所记载。中国先秦时期传统经典之一，相传系周文王姬昌所作的卜辞《周易》中就有关于结绳记事的记载。《周易·系辞》云："上古结绳而治，后世圣人易之以书契，百官以治，万民以察，盖取诸夬。"意思就是上古无文字，结绳以记事，以后不敷使用了，圣人便发明文书契据，百官也利于治理，万民也赖于此书契，而有所稽察，不致于误事，是取象于夬卦。《春秋左传集解》中有云："古者无文字，其有约誓之事，事大大其绳，事小小其绳，结之多少，随物众寡，各执以相考，亦足以相治也。"这句话就是说，古时候没有文字，人们遇到需要记录的事情就通过系绳子来记忆，大事情就系个大结，小事情就系个小结。打结的多少是根据事情的多少而定的，事多结就多，反之亦然，大家拿着绳节为证来行事，也是可以满足相互的要求的。

从新中国成立前一些少数民族仍然沿袭着结绳记事的传统来看，结绳记事方法在我国也有一定的发展历史。例如，独龙族在早期没有文字，他们常用结绳来记事和传递信息。出远门时，走一天就打一个绳结，用来记日期；亲友间互相邀请，则用两根细绳，打上相等的结子，各保存一根，过一天或走了一天，就解一个结，等全部绳结解完，双方便会准时在相约的地点相会。普米族除了用绳结表示天数及联系点外，还常在结绳上拴两块小木板，中间夹着鸡毛、辣椒、木炭与骨头，分别表示迅速、激烈、炽热及坚硬。还有一些民族用不同颜色的绳子，并列地系在一条主要的绳子上，依据所打的结或环在绳上的位置和结、环的数目，来记录不同性别、不同年龄的人口数。据说有的地方还能用结绳记一些历史传说。

总之，结绳记事这种借助于实物进行传播交流和记载信息的方式是生产力和生产关系发展的结果。它的出现，比之前的口语传播有着更强的稳定性和对时空的超越性，有助于人类积累、传播和交流新经验、新技术，从而促进了社会的发展。

二、时空印记：从"文字诞生"到"活字印刷"

如果说语言的出现使人类摆脱了蒙昧时代，那么，文字的出现就必然是将人类带入文明时代的标志。文字是继语言之后人类在信息处理和传播方面的又一次彻底的革命。

在文字出现之前，口语通信是信息传播的最主要方式，它的优点是表达比较直接，便于及时、快速地沟通。利用口语，人与人之间既能面对面地通信，也可以通过口口相传将信息做更广泛的传播。对于一些较为专业的知识传承，比如，我们经常说的"独门秘籍"或者"独家秘方"，也可以通过口传心授的方式代代相传。但是，口语对信息的表达有很大的缺陷，比如在没有做好某些信息的传递前，信息的持有者就意外去世；或者因为种种原因，口信没能被真实地、准确地传承；抑或是要传递的信息内容和内在逻辑非常复杂，仅仅靠某些人的个人记忆很难承载全部信息，加上个人表达能力的优劣，使得通过口口相传这种方式很难让信息得到充分理解和传播。在这个时候，文字的优势就凸显出来了。

文字既可以克服口语通信带来的种种弊端，也可以使得信息的传播不至于随着时间的流逝和人类理解的偏差而逐渐失真、损失，文字在跨越空间阻隔进行传播的过程中可以更大程度地保证信息的准确度。同时，文字也可以让信息以更高保真度的方式流传于更加漫长的历史长河中。除了跨越时空的信息传播外，文字还为信息处理带来了一些更加独特的优势。从理论上说，只要有足够的空间进行文字记录，人们能够记载的信息容量是没有上限的，这就弥补了语言通信中信息受限于传信者记忆力的缺憾。同时文字通信又能够使人类在信息传递、知识传承方面更容易形成体系化的通信结构。这就为人类提升自身的智慧、促进知识文化的传播和积累奠定了基础，正因为这个原因，我们前面说：文字将人类带入了文明时代。人类利用文字将听觉信号转化为视觉信号，把时空影像编码为符号系统，让后人能够通过这些成体系化的视觉符号系统，再现语言所要表达的丰富信息。甚至在某些时候，文字相比于语言可以更加清晰、更加客观地再现信息原貌，从而保证在信息跨越时空的传播过程中不再受人为的故意曲解和因为理解能力不同而造成的误解导致失真。

那么，在人类对信息表达方式的发展历程中，文字到底是在何时出现的，又是怎样出现的呢？根据古文字学家的研究成果，文字的发展可以分为三个阶段，即原始阶段、古典阶段、字母阶段。古文字学家认为，公元前 8000 年到公元前 3500 年左右是文字出现的原始阶段。在这个阶段，很多的原始文字来源于古代原始巫术中的一些符咒记号。这些记号大多是以图画的形式存在的。那时候的文字既包括没有跟上下文相互连接成词的单个符号，比如，刻在岩壁上的一些象形符号；也包括一些具有一定意义的文字性图画和图画性文字，更出现了一些具有如连环画一样的记录某一过程的连续性图画文字。

这时候的人类开始使用的是较为原始的文字，我们说这些文字是原始的文字，是因为它处于文字发展的初级阶段，往往只是一些零星散落的原始符号，或者是一幅无法分割成某一单元符号的简单图形。它们一般只能表示某些单个的简单事物，不能连接成为句子，但是它们不同于原始的岩洞壁画，其突出特点是它们已经开始具有一定的符号特征。这些符号特征既可以表示形态，也可以表达意义，比如汉语里用象形文字表达休息的"休"字，它既可以理解为表达一个人靠在一棵大树上的情形，也可以抽象地表达出人们为了解除疲劳而进行的一种精神和身体上的整理。

从公元前 3500 年开始到公元前 1100 年的这段时期，人类经过了长期的信息沟通，逐步对原始的文字进行了改进和完善，并在一定范围内形成了约定俗成的古典文字系统，其中比较有名的主要包括四大古老文字。它们分别是古埃及人使用的象形文字，苏美尔人所创造的楔形文字，美洲玛雅人发明的玛雅文字，还有我们中国的甲骨文。

距今 5000 多年前，古埃及出现了象形文字，即埃及文字。埃及文字是世界上最古老的文字，从古法老王那默尔的铠甲关节板上最早期的象形刻记起（公元前 3100 年），到现在用在教堂内的古埃及文字，埃及象形文字流传了几千年。

◎图 1-8　古埃及的象形文字

这种象形文字，后来被欧洲人称作"Hiérpglyphe"——这是希腊语"神圣"与"铭刻"组成的复合词，意思是"神的文字"，即"神碑体"。它们通常书写在一种称作"纸草"（papyrus）的纸张上。古埃及人认为他们的文字是月神、计算与学问之神图特（Thoth）创造的。古埃及语属于闪 – 含语系埃及 – 科普特语族。这个语族最早的语言是古埃及语，就是我们见到的象形文字所记载的语言，到大约 4 世纪，它演变为科普特语。现在，科普特语还用于宗教仪式中。

◎图 1-9　苏美尔人的楔形文字

两河流域的苏美尔人使用的是楔形文字。楔形文字的雏形大约产生于公元前 3500 年的幼发拉底河和底格里斯河流域农业和手工业发展的初期，当时的楔形文字多表现为一些图像。公元前 3000 年左右，楔形文字系统逐步成熟，其字形简洁，并且逐渐具备符号化、抽象化特征。文字数目由青铜时代早期的约 1000 个，减至青铜时代后期的约 400 个。已被发现的楔形文字多写于泥板上，少数写于石头、金属或蜡板上。书吏使用削尖的芦苇秆或木棒在软泥板上刻写，软泥板经过日晒或火烤后变得坚硬，不易变形。由于多在泥板上刻画，所以线条笔直形同楔子，故称为"楔形文字"。楔形文字被许多古代文明用来书写他们的语言，但这些语言之间并不一定属于相同的语系，例如，赫梯人和波斯帝国也同苏美尔人一样使用楔

◎图1-10　中国殷商时期的甲骨文

形文字来记录他们的语言，但这两种语言是属于印欧语系的，与苏美尔语毫无关联。此外，阿卡德人虽然也采用楔形文字作为书写工具，但阿卡德语和苏美尔语差异相当多。楔形文字的字形也随着文明演变，由多变的象形文字逐渐统一固定为音节符号。在之后的2000年间，楔形文字一直是美索不达米亚平原唯一的文字体系。到公元前500年左右，这种文字甚至成了西亚大部分地区通用的信息交往媒介。楔形文字一直被使用到公元元年前后，使用情景如同现今的拉丁文。之后因为种种原因，楔形文字失传，直到19世纪以来才被陆续译解。对楔形文字的研究甚至逐渐形成一门研究古西亚史的重要学科——亚述学。

中国的文字大约可以追溯到公元前1300年，在黄河流域的中国人制造的甲骨文，它是汉字的祖先，后来汉字传播到四周邻国，成为越南、朝鲜、日本等国文字的基础。

◎图1-11　美洲的玛雅文字

还有一种我们目前已经无法解读的文字——美洲玛雅文字。玛雅文字是美洲玛雅民族在公元元年前后创造的一种文字。玛雅人是美洲唯一留下文字记录的民族，他们留下的这种独特的文字至今都还没有被完全破译。树皮、鹿皮等通常被玛雅人当作文字的载体，再之后就是在玉器、陶器和日常用品上也有一些玛雅文字的记载情况。据估计，玛雅文字最早出现于公元前 600 年前后，目前出土的第一块记载着日期的石碑是公元 292 年的产物，它被考古学家发现于南美洲危地马拉的提卡尔附近，古文字学家们基于此推断，玛雅文字大约只流行于以贝登和提卡尔为中心的小范围地区。

除了上面提到的四大古文字体系，其实世界上还有很多各种各样的文字，比如，大约在公元前 2000 年出现于古代印度的印章文字等，有兴趣的读者可以找来相关文献作更多了解。

下面，我们来讨论一下古典文字作为信息载体的发展演变。古典文字的特点是，它们都以符号的方式表示一定的语词和音节，它们都由基本符号以及这些基本符号组成的复合符号组成，这就可以用较少的基本符号组合出大量的复合符号。其中楔形文字的基本符号原本很多，但是发展到古巴比伦后期就只有 640 个了，到亚述时代就剩下 570 个了。玛雅文字的基本符号大约有 270 个。中国的汉字，据《广韵声系》记载有 947 个基本声旁；《康熙字典》中有 214 个部首，共计 1161 个基本符号；而到了现代的《新华字典》中，只有 189 个部首和 545 个基本声旁，共计 734 个基本符号。总而言之，文字的基本符号随着时间的推移不断地减少是意音文字发展的共同趋势。

从公元前 1500 年开始，字母文字逐渐出现，人类进入了字母文字时期。与古典文字不同，字母不是为贵族准备的，最早的字母文字出现时多用于底层劳动人民自己书写自己看的，并不是提供给别人阅读，更不期待着能够流传。所以，字母文字并不在意是否简陋，反而是越简单、越实用越好。由于楔形文字、象形文字都实在太过繁杂，很难被普通民众掌握，所以在信息交流需求的推动下，字母文字以其简化易学的特征得到了迅速的传播。字母文字最大的特点就是将口语的基本因素用符号表示出来，然后按照口语的表达顺序记录下来就好了。这使得很多没有文字的语言，也可以借助字母文字进行记录。字母文字的基本单元就是字母表，无论文字如何演变，其字母很难变化。当然，这也并不意味着字母的数量绝对不变，比如人类语言中几乎所有的字母都来源于 3000 多年前的 24 个闪族字母，并通过各种发展变化而形成的。其实，拼音文字是先从腓尼基文字借用埃及象形文字中的形来表音，再经过一系列演变分化出希腊字母、罗马字母、阿拉伯字母、西里尔字母、满文字母等。另外，在东亚，日本从中国汉字的草书和楷体形态中演化出平假名、片假名，用来表音；15 世纪朝鲜王朝世宗大王借用汉字创造了朝鲜拼音文字——谚文，用来记录朝鲜的语言。表音文字可以根据其记录的语音单位，分为音节文字和音素文字，比如日语的假名就是音节文字，每个字代表一个音节；而英文则是音素文字，例如由三个字母组成的单词包括三个音素。

早期的每一种文字都有它的使用"地盘"。实际上某一地区一旦形成了较为完善的文字体系后，该文字就会在有效信息沟通范围内消除其他文字的影响，这既是省时省力的方法，更是为了信息交流的方便。从文字的演变发展来看，文字从原始形态发展到成熟属于成长期，文字不断生成、发育、定型，最后形成约定俗成的符号，形成一定的使用规律。之后，文字的发展便侧重于稳定性，在文字成熟后就会进入传播期，发挥其积累文化和传播文化的作用，把文化从源头传播到新兴地区，形成一个新的文字通信域。同时文字的发展也要考虑不同文化的融合，一种文字融入或者取代另一种文字，不但发生符号形体的变化，甚至引发文字体制的改变，比如，汉字在传播到日本后出现了假名，传播到朝鲜后出现了谚文，原本的象形文字逐步演变成拼音文字。

从语言到文字，作为人类对信息的最早的载体，可以说人类至此已经找到了信息的表现形式，语言和文字的诞生已经实现了跨越空间的信息传递。接下来需要做的事情，就是如何实现信息的传播。人类在过去的 6000 多年的文明史无非就是在为如何将信息更准确、更及时、更广泛或者更保密地传播出去而不断努力。

文字是语言出现后最具有革命性的通信手段，在文字出现以后可以说所有的人类间所有的信息沟通就再也离不开文字书写系统了。相比于语言系统，文字书写系统中最为重要的是需要有记录文字的"笔"和"纸"，当然这里所谓的"笔"和"纸"并非从来就有的，它们在某种程度上说是人类生产力进步的标志。比如说记录文字的"纸"，其实在广义上说，它包含着十分丰富的内涵，例如石板、木片、竹简、骨片、泥板、瓷器、草叶、树叶、羊皮、布帛，或者现代的胶卷、磁盘、屏幕等。而书写文字的"笔"也有多种形式，比如最早的树枝、木棍、小刀、针尖、羽毛、铁皮，后来的毛笔、钢笔，再到后来的打印机、镜头、键盘等。总之，绝大多数的人类之间的信息沟通都是通过文字的形式进行的。

　　从文字的发展历程可以看到，最早的文字大多数都是雕刻的——古埃及人刻在墙壁上、苏美尔人刻在石碑上、中国人刻在龟壳兽骨上。这时候的文字基本上是要用刀笔进行刻写的，那个时代的读书人想要把自己的著作留存下来，就需要一个刻写匠随时侍候，才能更方便记录自己的思想。春秋以前，中国历史上虽然不乏有大政治家、大思想家，但没有一人亲自著书，也许原因就在这里。

　　大约在公元前 3000 年，古埃及人就开始使用莎草纸，并将这种特产出口到古希腊等地中海文明地区，甚至遥远的欧洲内陆和西亚地区。这种纸用当时盛产于尼罗河三角洲的纸莎草的茎制成。英文"纸"的拼写"paper"，就是来源于拉丁文中莎草纸的拼写"papyrus"。但是，莎草纸不是现代概念的纸，它是先将莎草茎的硬质绿色外皮削去，把浅色的内茎切成 40 厘米左右的长条，再切成一片片薄片。切下的薄片要在水中浸泡至少 6 天，以除去其所含的糖分，之后，将这些长条并排放成一层，然后在上面覆上另一层，两层薄片要互相垂直。将这些薄片平摊在两层亚麻布中间趁湿用木槌捶打，将两层薄片压成一片并挤去水分，再用石头等重物压，干燥后用浮石磨光就得到莎草纸的成品。这种书写介质与其说是纸，不如说它更类似于竹简的概念，只是比竹简的制作过程复杂。

　　造纸术作为中国的四大发明之一，客观上推动了文字的发展。造纸术最早出现于西汉晚期。根据考古发现，西汉时期（公元前 206 年至公元前 8 年），中国已经有了麻质纤维纸，但那时的纸张纤维粗糙，着墨性能差，且数量少，成本高，主要是代替布用作包裹、衬垫之物，也有偶尔在包装纸上写字记事的现象，如在悬泉（或者是居延）遗址发现写有药名的纸张。中国是世界上最早养蚕织丝的国家，造纸技术先是借鉴中国早已成熟的缫丝技术，把纤维物质浸于水中捣碎以分散纤维，将碎纤维捞出摊晾而成。这些纸张纤维粗、纸质厚，书写性能差，未能广泛用作书写材料。东汉元兴元年（105 年）蔡伦改进了造纸术。他用树皮、麻头及破布、渔网等原料，经过挫、捣、炒、烘等工艺制造的纸，是现代纸的渊源。这种纸，原料容易找到，又很便宜，制作出的成品薄而均匀、纤维细密，大大提高了纸的书写性能，这时候纸的主要用途才被转向书写。后人为纪念蔡伦的功绩，把这种纸叫作"蔡侯纸"。

　　中国的造纸术随着中国文化的传播首先传入朝鲜、越南，后来传到了日本，并通过贸易传播到了印度和中亚地区。公元 10 世纪，造纸术通过阿拉伯人传播到了叙利亚的大马士革、埃及的开罗和摩洛哥，并由他们传播到欧洲。有记载表明，在公元 1150 年阿拉伯人在西班牙的萨狄瓦建立了欧洲的第一个造纸场。而欧洲的其他国家则在 14 到 15 世纪才陆续有了第一家造纸场，直到 17 世纪，欧洲各国才都有了自己的造纸业。而在此之前，欧洲从公元 3 到 13 世纪，普遍使用昂贵的羊皮纸书写文件，即使是在 14 世纪这种羊皮纸逐渐被中国的纸所取代，但仍有些国家使用羊皮纸书写重要的法律文件，以示庄重。

与纸张的发展相比，另一项技术的发展对信息的传播意义更加深远，那就是印刷术。印刷术的起源最早可追溯到印章和印染。中国的先秦时就有印章，但是一般印章上只有几个字，表示姓名、官职或机构。印文均刻成反体，有阴文、阳文之别。在纸没有出现之前，公文或书信都写在简牍上，写好之后，用绳扎好，在结扎处放黏性泥封结，将印章盖在泥上，称为"泥封"。泥封就是在泥上印刷，这是当时保密的一种手段。战国时期（公元前 475—前 221 年）中国就有很多的铜印。此外，印染技术对雕版印刷也有很大的启示作用。印染是在木板上刻出花纹图案，用染料将图案印在布上。中国的印花板有凸纹板和镂空板两种。1972 年湖南长沙马王堆一号汉墓（公元前 165 年左右）出土的两件印花纱就是用凸纹板印的。这种技术可能早于秦汉，而上溯至战国。纸发明后，这种技术就可能用于印刷方面，只要把布改成纸，把染料改成墨，印出来的东西，就成为雕版印刷品了。在敦煌石室中就有唐代凸板和镂空板纸印的佛像。

晋代著名炼丹家葛洪（公元 283—363 年）在他所著的《抱朴子》中提到道家那时已用了四寸见方有 120 个字的大木印了。这已经是一块小型的雕版了。到了北齐时（公元 550—577 年）有人把用于公文纸盖印的印章做得很大，很像一块小小的雕版了。

碑石拓印技术对雕版印刷技术的发明很有启发作用。在很早之前，就有了刻石的发明。初唐时在今陕西凤翔发现了十个石鼓，它是公元前 8 世纪春秋时秦国的石刻。秦始皇出巡，在重要的地方刻石 7 次。东汉以后，石碑盛行。汉灵帝四年（公元 175 年）蔡邕建议朝廷在太学门前竖立《诗经》《尚书》《周易》《礼记》《春秋》《公羊传》《论语》等七部儒家经典的石碑。共计 20.9 万字，分刻于 46 块石碑上，每碑高 175 厘米、宽 90 厘米、厚 20 厘米，容字 5000，碑的正反面皆刻字。历时 8 年，全部刻成，成为当时读书人的经典，很多人争相抄写。魏晋六朝时，有人趁看管不严或无人看管时，用纸将经文拓印下来，自用或出售。拓片是印刷技术产生的重要条件之一。古人发现在石碑上盖一张微微湿润的纸，用软槌轻打，使纸陷入碑面文字凹下处，待纸干后再用布包上棉花，蘸上墨汁，在纸上轻轻拍打，这样纸面上就会留下黑底白字跟石碑上一模一样的字迹。这样的方法比手抄简便、可靠，于是拓印就出现了。

印章、印染、拓印技术三者相互启发，相互融合，再加上我国人民的经验和智慧，雕版印刷技术就应运而生了。印刷术发明之前，文化的传播主要靠手抄的书籍。手抄费时、费事，又容易抄错、抄漏，既阻碍了文化的发展，又给文化的传播带来不应有的损失。印章和石刻给印刷术提供了直接的经验性的启示，用纸在石碑上墨拓的方法，直接为雕版印刷指明了方向。中国的印刷术经过雕版印刷和活字印刷两个阶段的发展，给人类的发展献上了一份厚礼。

雕版印刷术首次出现于唐朝，并在唐朝中后期普遍使用。早期的印刷活动主要在民间进行，多用于印刷佛像、经咒、发愿文以及历书等。唐初，玄奘曾用回锋纸印普贤像，施给僧尼信众。公元 9 世纪唐朝中后期时，雕版印刷的使用已相当普遍。五代时期，不仅民间盛行刻书，政府也大规模刻印儒家书籍。宋代的雕版印刷更加发达，技术臻于完善，尤以浙江的杭州、福建的建阳、四川的成都刻印质量为高。宋太祖开宝四年（971），张徒信在成都雕刊全部《大藏经》。

到了公元 11 世纪中叶（宋仁宗庆历年间），中国的毕昇发明了活字印刷术。活字印刷术的发明是印刷史上一次伟大的技术革命。活字印刷的方法是先制成单字的阳文反文字模，再按照稿件把单字挑选出来，排列在字盘内，涂墨印刷，印完后再将字模拆出，留待下次排印时再次使用。

毕昇用胶泥做成一个一个四方长柱体，一面刻上单字，再用火烧硬，这就是一个一个的活字。印书的时候，先预备好一块铁板，铁板上面放上松香和蜡之类的东西，铁板四周围着一个铁框，在铁框内密密地排满活字，满一铁框为一版，再用火在铁板底下烤，使松香和蜡等熔化。另外用一块平板在排好的活字上面压一压，把字压平，一块活字版就排好了。它同雕版一样，只要在字上涂墨，就可以印刷了。为了提高效率，毕昇准备了两块铁板，组织两个人同时工作，一块板印刷，另一块板排字；等第一块板印完，第二块板已经准备好了。两块铁板互相交替着用，印得很快。毕昇把每个单字都多刻好几个，每个常用字刻二十多个，碰到没有预备的冷僻生字，就临时雕刻，用火一烧就成了，非常方便。印过以后，把铁板再放在火上烧热，使松香和蜡等熔化，把活字拆下来，下一次还能使用。关于毕昇发明活字印刷术的事，沈括《梦溪笔谈》技艺篇有记载。

相比之下，虽然雕版印刷一版能印几百部甚至几千部书，但是刻版费时费工，篇幅很大的书籍往往需要花费几年的时间，存放版片又要占用很大的地方，而且常会因变形、虫蛀、腐蚀而损坏。印量少而不需要重印的书，版片就成了废物。此外，雕版发现错别字，改起来很困难，常需整块版重新雕刻。而活字制版正好避免了雕版的不足，只要事先准备好足够的单个活字，就可随时拼版，大大地加快了制版时间。活字版印完后，可以拆版，活字可重复使用，且活字比雕版占用的空间小，容易存储和保管。这样活字的优越性就表现出来了。用活字印刷的这种思想，很早就有了，毕昇发明活字印刷，提高了印刷的效率。

毕昇发明泥活字，是活字印刷的开端。此后，世界印刷史上又出现了锡活字、木活字、铜活字、铅活字等。其中木活字对后世影响较大，仅次于雕版。朝鲜古代曾有过铁活字。现代活字印刷的集大成者是德国人古登堡（Johannes Gensfleisch zur Laden zum Gutenberg）其发明的铅合金活字是 15 世纪 50 年代创制的。铅活字印刷术经济实用，促进了欧洲出版业的发展，也促进了欧洲的现代化，并风靡全世界。

三、通信发展：从"烽火狼烟"到"莫尔斯码"

语言的诞生开启了人类的认知革命，为人与人之间的信息交换创造了即时通信的途径；文字的诞生使得信息可以超越时空，从一个地方传到另一个地方，从一个时代影响到它以后的时代，最终让人类进入了文明的世界；而印刷术的发明，尤其是活字印刷术的成熟让以文字为载体的信息传播更为方便快捷，能够更大限度地让一些需要传播的信息广而告之，从而实现文化的跨时间传承和跨空间传播的效果。但是在人类通信的历史上，并非所有信息都是要昭告天下、广而告之的。接下来我们要讨论的，就是人类如何将信息通过各种独特的途径或者奇特的方法实现既保真、又保密的通信。

现代信息理论告诉我们，任何通信系统都要具有三个基本的条件，即信源、信宿和信息载体。简单地说，就是发信方、收信方和承载着信息的介质。发信方将包含有信息的载体从信源一端发送给收信端，然后收信方从该载体中提取出对方所要传达的信息。这里所说的载体可以是多种多样的，其中所包含的信息也可以是千变万化的，在人类对信息传递的历史中，经历了从"烽火狼烟"为代表的原始通信手段到"莫尔斯码"为代表的电通信的过程。

中国最早有文字记载的通信是商代时期军队使用的击鼓传声。据记载，在商纣王的时候，就出现了单向传输军事情报的"烽火系统"。烽火是一种应急的通信系统，其信息载体为一种特殊的烽火狼烟信号。发信方可以是任何一个在烽火台上的士兵，烽火传递的信息实际上可以理解为最早的二进制信号：烽火狼烟起为1，代表有情况，需要采取行动；没有烽火狼烟为0，表示平安无事。在古代中国的各种文学作品中，烽火的记载非常多，大家

◎图1-12　长城上的烽火台

熟悉的就有杜甫的诗句"烽火连三月，家书抵万金"，韩愈的诗句"登高望烽火，谁谓塞尘飞"等。而最为人们所熟知的故事，莫过于"烽火戏诸侯"了。故事的大概意思是说，西周末代君王周幽王为博取宠妃一笑，在无战事的时候点起烽火台的狼烟，谎报军情，致使各诸侯出兵前来救驾。宠妃褒姒望着空跑一趟的诸侯，莞尔一笑，倾国倾城。但是诸侯怒了，被周幽王戏弄数次后，诸侯们不再相信烽火信号所表达的军情警报。后来，犬戎入侵镐京，周幽王真的遇到危险，他命人点起烽火求助，却无人前来，致使最终国破家亡，周幽王被杀，西周王朝谢幕。当然这是个历史故事，是否属实尚待历史学家们考证，但至少这个故事告诉我们，烽火通信在商周时期就开始使用了。历史上也有相关记载，在《史记·周本纪》中有："幽王为烽燧大鼓，有寇至则举烽火。"

烽火台又称"烽燧"，汉朝俗称"烽堠"，唐朝称为"烽台"，明朝俗称"墩台"等。在不同的朝代其名称虽然略有变化，但是形态基本一致，其外观是一方形的高台，通常设置在高山的长城上，可以让士兵在其上做瞭望之用。每座烽火台都有数名士兵专职管理，士兵人数多少不一。靠近后方的人数较少，负责报警。靠近前线的人数较多，不但要报警还要观察敌方阵地，有的地方驻军甚至接近300余人，

还要储备充足的弩、枪、羊头石等防御武器。烽火台之间形成一整套的信号联动机制，相邻的两个烽火台之间要视线良好、相距5~10里地。烽火台遍布在边境线上，一直延伸到军事指挥部门。烽火台的信息传递是一个中继传输过程：第一个看到入侵者的瞭望台点燃烽火，下一个瞭望台看到烽火后迅速点燃自己的烽火，经过多次接力后，指挥部就能够及时接到警报，并采取对策。在崎岖不平的山地中采用这样的信息传递方式，比当时任何其他的信息传递方式都要快捷迅速，所以在古代烽火通信系统大受欢迎，被重用了2000余年，直至明清。今世人赞叹的中国长城中就有诸多烽火台。

对于烽火通信系统的全面介绍，可以追溯到北宋曾公亮和丁度编撰的《武经总要》，在这本书中提到的古代烽火制度更为详细，大体分为烽燧的设置、烽燧的组织、烽火的种类、放烽火的程序、放烽火的方法、烽火报警的规律、传警、密号、更番法等九类。这些烽式制度大都从汉代烽燧制度中相沿而下，并逐步加以丰富而成。例如在其中有描述放烽火的具体方法："置烽之法，每烽别有土筒四口，筒间火台四具，台上插橛，拟安火炬，各相去二十五步，如山险地狭不及二十五步，但

◎图1-13　古代击鼓车的模型

取应火分明，不限远近。其烟筒各高一丈五尺。自半以下，四面各间一丈二尺。而上则渐锐渐狭。造筒先泥里后泥表，使不漏烟。筒上着无底瓦盆盖之，勿令烟出。下有坞炉灶口，去地三尺，纵横各一尺五寸，着门开闭。每岁秋冬前期采茭蒿茎叶，叶条草节，皆要相杂为放烟之薪。及置麻蕴、火钻、狼粪之属。所委积处以掘堑环之，防野烧延燎。近边者，亦量给弓弩。"

其实，从今天的角度看来，烽火传信的方式所传输的信息量非常少，用现在的信息单位衡量就只有 1 个比特。所以为了改进烽火通信系统的信息传输能力，只能通过优化通信方案来实现，即从"软件"手段对信息进行预处理。举个例子，如果只发现了少数敌人，那么守军直接出战，根本不用烽火。如果入侵者愈来愈多，那么点燃的烽火堆数也越来越多。此外，除了烽火堆数上的区分，古代人们还发现可以通过选择不同的燃料、不同的点燃方式代表更多的信息。据文献记载，中国古代将烽火台的报警信息分为六种，即"烽""表""烟""苣""积薪"和"鼓"。其中"烽""表""烟"为白天使用的信号，"烽"是一种装满柴草的笼子，平时挂在高杆底部，发现敌情后迅速点燃并将笼子升至 15 米高的杆子上，以烟报警。"表"是一块红白相间的布，十分醒目，白天视线较好的时候便可以高悬警示，不用再点火了。"烟"主要是点燃堆放在一起的柴草所产生的浓烟，有些地区还会点燃狼粪、牛粪，其中狼粪在燃烧之后产生的烟浓密直耸，效果较好，所以古代的诗句中也经常有描写狼烟通信的，例如，王维的名句"大漠孤烟直，长河落日圆"中的"孤烟"，就是狼烟。"苣""积薪"和"鼓"多用于夜晚报警。"苣"是用苇秆子扎的火炬，点燃后火光明亮。"积薪"顾名思义就是堆在一起的柴草，又称为"燧"，点燃后既有烟又有火，可以昼夜兼用。"鼓"则是通过声音的方式报警，它往往在烽火通信中起到辅助作用，担任配角，我们熟悉的"一鼓作气"就是用击鼓的方式发布军事命令。当然，与鼓类似的还有"鸣金"，原理相同。

自宋朝以后由于火药应用于军事，烽火台的放烟和点火逐步被放炮或者放铳所替代，同时辅以放火、悬灯、举旗等。放炮、举旗的通信速度比"燔风点火"快得多，一昼夜就能传递 7000 余里。且这种基于炮、旗的信息容量大于传统的烽火，还可以设计出更好的编码方案，以传递更多信息。到了明清，虽然烽火通信地位下降，但是仍然不可或缺，比如，明朝抗倭名将戚继光就十分重视烽火通信，他甚至重建了长城上大量的烽火台，还曾经编制了《传烽歌》，让守烽火台的官兵速记烽火的编码、译码规则。

烽火通信也需要有很多安全保障体系，例如，因为柴草被淋湿不能点燃，或者信号已经发出但是下一个烽火台没有响应，那么就必须启动备用方案。比如火速派人前往通知，若发现误报敌情，或者敌情解除，就必须马上灭掉烽火，并快马驰报上级。凡是失职误发或者遇警不发的，发令员本人及其家属都要受到严厉的惩处。为了防止意外，后来还特意制定了"平安火"，即平安无事时候每天早晚都要定时燃火，如果一旦没见"平安火"，那很可能烽火台有了变故，需要马上采取行动。

当然，烽火通信较为原始，其缺陷也很明显。第一，就是它的信道容量太小，无法精确表达出来犯之敌的具体信息，如方向、人数、装备、兵种、进犯目标等等；其次，烽火通信是单向传递，后方无法将增援细节回馈前方，比如由于缺乏沟通，有时候后方援兵赶到时，前方守军已经投降、变节，或者后方放弃支援，前方守军仍然苦苦等待，做无谓牺牲。

◎图 1-14　法国工程师克劳德·查佩研发了通信塔

在西方，也有类似于中国烽火的通信方式，但比烽火的信息容量更大，叫作"通信塔"。它是由法国工程师克劳德·查佩（Claude Chappe）在 18 世纪研发的。克劳德·查佩出生于法国萨尔特省布鲁龙，是法国男爵的孙子。据说，通信塔在法国大革命中立下了汗马功劳。该通信系统是由修建在巴黎和里尔之间 230 千米区域的若干个通信塔组成，跟烽火通信类似，它也是通过前后相继的方式组织信息传递。克劳德·查佩在1791年3月2日开始进行实验，最终设计出由许多高塔组成的信号发布系统。塔顶上竖着一根木桩，木桩上安有一根水平横杆，横杆可以绕着中点转动，并且在木桩下可以用绳索使横杆转成不同角度，水平横杆的两端还安有一个垂直臂，也可以利用下面的绳索控制垂直臂使其转动，这样水平横杆和垂直臂的不同位置和角度就形成许多（7×7×4=196个）不同的形状。克劳德事先规定好每种形状所代表的字母或单词，于是信息就可以通过通信塔传递出去了，每一个塔上的值班人员用望远镜观察后就向后传递，这样一站接一站一直传递到终点。这样根据事先的约定，相邻塔上的守卫人员通过望远镜观察并复制构形，如此接力，以此传递下去。传输代码目录被严格保密，这样的书籍均在军官处保管。

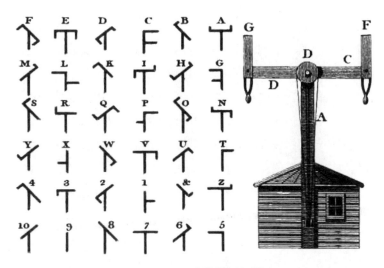

◎图1-15 通信塔的信号形状

通过这种通信塔进行信息传输的最高速度可以达到每分钟270公里，这个速度在当时是相当惊人的。

1789年7月14日法国大革命爆发，当时的革命政府正在全国范围内同封建王朝的军队作战，需要能快速传递军事情报的通信工具，在克劳德弟弟（伊格纳茨·查佩，时任法国大革命期间立法委员会成员）的帮助下，克劳德的通信塔得到了重视。1793年7月12日，法国全国代表大会决定在巴黎和里尔之间（全长210千米）建设第一条法国国家通信线。

　　克劳德在修建通信塔的过程中遇到了许多意想不到的困难，其中甚至包括一些人为的破坏，但这条国家通信线终于还是在 1794 年建成。当年的 8 月 15 日，第一份从里尔发往巴黎的报文，向政府报告了革命军夺取莱奎斯诺的消息。在两个星期之后，巴黎又欣喜地收到了另一份关于收复康德的报文。此后不久，从巴黎到斯特拉斯堡的第二条通信线也建立起来了，而后通向全国各地的其他线路也随之建立起来，克劳德的视觉通信系统在法国得到了普及。正是在这套系统的帮助下，拿破仑的军队才能够密切协作打败了数量上占据优势，但通信不畅，缺乏配合的英国、荷兰、普鲁士、奥地利、西班牙等多国组成的联军。

　　通信塔是拿破仑时代整个法国最重要的军事通信系统。据统计，法国总共建成了 534 个永久通信塔，跨越了 29 个城市，全部通信距离约 5000 公里。克劳德的通信塔在战争中获得的巨大成功，迅速影响了欧洲其他国家，乃至美洲大陆。1794 年开始，英国海军部批准建设了几条专供海军用的通信线路。1800 年，美国在马撒葡萄园和波士顿之间建立了一条长达 104 公里的视觉通信线路，专门用于传递航运消息。接着，普鲁士、荷兰等国也建立了类似的线路。

　　但是，克劳德的这套通信系统在使用中暴露出的缺陷也越来越明显。首先，这套系统需要建立许多个信息中继站，需雇用大量的工作人员对这套系统进行管理、维持，因此需要耗费大量资金。这也使得普通公民根本没有财力用它进行日常的民用通信。通信塔只能用于传递军事情报和重要的官方公文。其次，视觉通信系统很容易受天气的影响，在夜间或者有雨、雪、雾的天气条件下就无法使用。这些因素极大地影响了其进一步发展，直到被莫尔斯发明的电磁电报所取代。

　　无论是烽火台还是信号塔，在历史上发挥的作用基本上都在于军事通信。而日常的民用通信，还是基本上靠邮驿系统。最早的邮驿系统要追溯到语言诞生初期，早在距今 7 万多年前，人类就凭着人力开始进行长距离的口头传信了，这既不需要文字也不需要额外信息载体。历史上比较有名的人力传递信息事件就是在古代雅典的"马拉松事件"。相传在公元前 490 年，古希腊与波斯帝国之间进行了一场战争，史称"希波战争"。在这场战争中，波斯帝国国王大流士一世渡海西侵，进击希腊的城邦阿蒂卡，在距雅典城东北的马拉松海湾登陆。波斯人打到了雅典城外的一个叫马拉松的小镇。希腊长官派一个叫作"斐迪庇第斯"的士兵到斯巴达求援，结果斐迪庇第斯花 35 小时走了 150 千米到达斯巴达后，斯巴达人却说十天后才能出兵。斐迪庇第斯又用最快的速度回到马拉松，结果雅典人只能与波斯军队背水一战。雅典军奋勇应战，最后在马拉松平原打败波斯军队，最终获得了反侵略的胜利。这场战役史称"马拉松之战"。为了纪念这一事件，在1896年举行的现代第一届奥林匹克运动会上，设立了马拉松赛跑这个项目，把当年斐迪庇第斯送信跑的里程作为赛跑的距离。马拉松位于雅典东北30公里，其名源出腓尼基语marathus，意即"多茴香的"，因古代此地生长众多茴香树而得名。首届奥林匹克运动会上设置的马拉松赛跑的距离——42.195公里，便是当初从马拉松到雅典的距离。

当然，人类是聪明的，随着人类的进步，人们发现很多动物在传递信息方面比人要快得多。于是人类开始驯化一些动物来进行信息传递，较为典型就是"快马驿报"和"飞鸽传书"了。

在我国古代，把骑马送信称为"邮驿"。据甲骨文记载，商朝时就已经出现了邮驿。周朝时邮驿得到了进一步完善。那时的邮驿，是在送信的大道上每隔34里设有一个驿站，驿站中备有马匹。在送信过程中可以在站里换马换人，使官府的公文、信件能够一站接一站，不停地传递下去。我国邮驿制度经历了春秋、汉、唐、宋、元的各个朝代的发展，一直到清朝中叶才逐渐衰落，直到被现代邮政取代。

另一种更富诗意的信息传递方式就是飞鸽传书。在我国的文学作品中还有更加美好的说法，比如鸿雁传书、飞燕传书、青鸟传书。青鸟最早出现在先秦古籍《山海经》中，它本为一只三足神鸟，是西王母的随从与使者，住在三危山上。青鸟力气很大，而且善于飞翔，其主要职责就是替西王母传递信息，是西王母的信使。当然这些毕竟只是传说，不过这些传说之所以流行，可以体现出古人对于解决通信困难的美好期许。在古代，人们几乎无法快速地获知远方亲人的消息，面对通信难的问题，百姓们只能将情思寄托于飞禽，让传说中的青鸟为他们传递吉祥、平安的信息与祝福。

相比于神话传说，在现实中真正得到实现的，是利用信鸽进行通信。早在公元前3000年左右，古埃及人就开始利用鸽子进行书信传递了。有关飞鸽传信的文字记载最早大约出现在公元前530年，当时古希腊人用信鸽来传递奥林匹克运动会的成绩。中国最早利用信鸽大约可以追溯到隋唐时期，比如五代王仁裕写的《开元天宝遗事》中，就有关于"传书鸽"的记载："张九龄年少时，家养群鸽。每与亲人书信往来，只以书系鸽足，依所教之处，飞往投之。九龄称之为飞奴，时人无不爱讶。"到了清朝乾隆年间，广东佛山等地还每年定期举行各种信鸽比赛，参赛信鸽多达数千只，最远飞行达 200 多千米。人类之所以能够利用信鸽通信，主要是因为鸽子比其他的飞禽具有更加强烈的归巢意愿和本领，这是因为它们对地球磁场更加敏感。当然，为了保障鸽子送信的速度和准确度，人们还需要对它们进行长时间的驯化，充分利用它们的生物和生理特点，把信鸽条件反射的效果发挥到极致。

当时间来到了近代，随着电磁学技术发展，通信手段有了质的提升，人类也从此进入了电通信的时代。

人类对电的认识其实相当早，据古埃及的书籍记载，早在公元前 2750 年，就有关于一种能够放电的鱼的描述，并称之为"尼罗河的雷使者"。公元前 600 年左右，古希腊哲学家泰勒斯就对琥珀与猫毛摩擦能产生磁化的现象进行了猜测性的描述。大约过了 2200 多年，在公元 1600 年左右，英国女王伊丽莎白一世的皇家医生吉尔伯特通过实验发现了除了琥珀外，钻石、宝石、玻璃等东西也可以静摩擦产生静电，并制作了一个带指针的静电验电器，可以敏锐地探测静电荷。大约在1660 年，德国科学家奥拓·冯·格里克（Otto von Guericke）制造了世界上第一台静电发电机，他也因此被喻为"现代电学之父"。有了静电发电机，人们就在想是否可以用电来通信。早在 1753 年，英国电学家摩尔逊就提出了这个设想，摩尔逊研发的电报机是用 26 根电线和接收器组成的，26 根电线代表着 26 个英文字母。电线接受电流之后，会吸引电线周围的纸片，每一个纸片上都有自己代表的字母，电报机凭借这种方式就可以进行信息的传播。但是这个电报机有一个致命的缺陷，就是它的体积太大了。而且电报机的电源问题也很不好解决，当时的科学技术无法产生足够的静电电荷，静电感应的距离也有限，而且这种电报机很难保持长距离的信息传输，机器需要的导线太多，结构庞杂，所以这种电报机在当时没有实际的使用价值。

1800 年，伏特将铜片和锌片浸泡在食盐水中，并连上导线，制作成了世界上第一个电池，人们也从此认识到了直流电池。这种电池所产生的电流大小和方向在一定时间范围内是保持不变的。人类从此获得了一种比经典发电机更为稳定的电源，它可以持续不断地供应电流，这为用电作为信息载体提供了新的思路。1804年，西班牙人萨瓦将伏打电池中泡在盐水里的金属线赋予了不同的字母和符号的意义，并仿照摩尔逊的静电发报机，研制出了首款直流电报机。这种电报机的发报方式跟摩尔逊的电报机类似，要发哪个字母就让代表该字母的金属导线通电。只不过此时的接收装置不再是碎纸片，而是装有盐水的玻璃管。当有电流通过时，盐水被电解，产生小气泡，从而能够辨别出要传递的信息。几乎同一时期，瑞典发明家也发明了一个类似的装置，只不过他接收电报的过程是在代表每个字母的电线顶端各连接一个小球，当某根电线接通电流后，顶端小球就被充满电，并因此敲响一个小铃铛。

1820 年，奥斯特发现电流能使指南针方向发生偏转，即电流的磁效应。安培对该现象给出了具体描述并提出了安培定则。人们根据这个原理制造了比天然磁石磁力强劲的电磁铁，这引发了通信爱好者的热情。1822 年，俄国外交官希林提研发了首台电磁式单针发报机。它利用了磁针在有电流通过时会发生偏转，并且偏转角度随电流强弱变化这一特点，希林还为此发明了一套电报电码。但是由于希林的信源编码不够优秀，电报机仍然需要 8 根导线，再加上一些非技术原因，这个电报机始终没能投入使用。1836 年 3 月，从印度退役的英国青年军官库克把一部希林电报机带回家乡。一到英国，他就着手改进这台机器。在工作中，他遇到了许多电学方面的难题，就去请教大名鼎鼎的物理学家惠斯通教授。1837 年 6 月，两人研制出了比希林电报机先进得多的电报机，并在英国申请了第一个电报专利。同年7 月，他们做了五针式电报示范表演，信号传输距离约一英里。1839 年 1 月 1 日，一种更先进的电报机在英国铁路公司的铁路线上投入使用。1846 年，库克和惠斯通成立了他们的电报公司，至此，指针式电磁电报机已基本定型。

与此同时，美国的塞缪尔·莫尔斯（Samuel Finley Breese Morse）也独立地发明了另外一套更加先进的电报机，并在 1837 年在美国申请了专利。莫尔斯电报机在硬件上的突破归功于莫尔斯的助手维尔，他用同一根导线上电流的有无和电流持续时间的长短来表达信号系统，把维持一个时间单位的电流称为"点"，记作"·"；而对于维持三个时间单位的电流称为"划"，记作"－"。这样就如同古老的烽火通信系统一样，可以快速地远程传输或者是"点"或者是"划"的 1 比特信息。然而这种天才的设计绝不止步于此，莫尔斯电报的真正突破在于，

◎图 1-16　莫尔斯和他发明的莫尔斯编码规则

将点和划通过不同的组合来表示不同的字母和数字，其中用较短的点划组合表示经常出现的字母，用较长的点划组合来表示不常出现的字母。此外，在点与划间隔的方面遵循每个字母编码中点划的间隔为 1 个单位，每个单词中每两个字母的间隔为 3 个单位，每两个单词之间的时间间隔为 7 个单位。这就是我们今天很熟悉的"莫尔斯码"。

莫尔斯码的编码规则使得此前所有的多导线电报机都可以优化为单导线的电报机，因为只需要利用一根导线上的电磁指针具有的两种不同偏转角来代表点和划就行了。可以更夸张地说，如果借用莫尔斯码规则，只要能够控制好"点火"和"灭火"的节奏，即便是古老的烽火台系统，也可以被改造成为发送由所有字母文字构成的信息发报机。与其他的信息编码方式相比，这套编码的扩展性很强，是一种可以有多种表现形式的通用编码规则，比如用一盏可以由开关控制的灯，或者在阳光下可以反射光线的小镜子，抑或是通过敲击门板等方法都能够传递莫尔斯电报码。

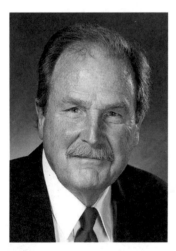

莫尔斯码对现代通信系统的建立影响深远，当代最先进的电信系统所使用的信源编码规则就是在莫尔斯码的启发下，用同样的原理创建时，该编码在 1952 年由美国麻省理工学院的戴维·霍夫曼（David Albert Huffman）发明。它完全依据字符出现的概率来构造，各码字长度严格按照所对应符号出现概率的大小逆序排列，常出现的消息用短码表示，不常出现的消息用长码表示，只不过霍夫曼用 0 和 1 代替了原来的"点"和"划"。后来，信息论的创始人香农，从理论上严格证明了如此得到的霍夫曼编码是让统计独立信源能达到最小平均码长的编码方法，即最佳编码。它的依据就是后来著

◎图 1-17 "霍夫曼编码"的发明戴维·霍夫曼（1925—1999）

名的信源编码定理，它同信道编码定理一起成为信息论的两大核心理论之一。

有了好的编码体系，剩下的问题就是如何实现编码的有效传输了。人们最先想到的就是用比较好控制的电信号。当时的电报通过架在空中的电线传输信号，而且这些电线只是相线，需要借助大地才能构成电流回路。所以这种电报线路传输距离十分有限，很难实现远距离传输，更不用说跨江越海了。1844 年，在美国国会支

持下，世界上第一条城际电报线路在美国华盛顿和巴尔的摩之间架设成功，并于当年 5 月 24 日发出了第一封电报。1850 年，首条跨越英吉利海峡的海底电报电缆链接了英伦三岛和欧洲大陆，但是由于技术原因，这条越洋电缆只使用了几天就出现了故障，直到 9 年以后才再次投入商用。真正体现出有线电报大有作为的，是在 1861—1865 年的美国南北战争期间，南北交战双方不但利用电报传递莫尔斯码进行军事通信，还与当时的报业相配合，将战地的消息传遍世界。到了 1865 年战争结束时，美国有线电报线路已经铺设了超过 13 万千米。

1820 年奥斯特发现电流的磁效应，启发人们通过观察导线中的电流变化来进行有线电报的信息传输，而 1831 年法拉第发现的电磁感应，即磁场的变化生成电场，给人们带来又一次的思维飞跃。到了 1864 年，伟大的物理学家麦克斯韦终于从理论上建立了电与磁之间完整的相互转化关系。更重要的是，从麦克斯韦的理论中不难发现电磁波的传播速度与光速是一样的。于是麦克斯韦大胆地预测了电磁波的存在，并断定光波也是一种电磁波。终于在 1887 年，德国人海因里希·鲁道夫·赫兹（Heinrich Rudolf Hertz）通过实验证实了电磁波确实存在，而且详细地解释了如何通过实验装置发射和接收电磁波，这就意味着电磁波完全可以作为电通信系统的信息载体，而且更加令人兴奋的是，如果信息可以通过电磁波这个载体进行传输，那么它的传播速度将是惊人的光速，这个结论想一想就让人兴奋不已。

◎图 1-18　赫兹在实验室产生了无线电波

接下来的任务就是如何将信息加载到电磁波中。关于这个问题，当时的信息编码理论在有线电报上已经成熟地运用了，无线电磁波的信息编码完全可以照搬有线电报中的莫尔斯码，其技术难点在于如何在发信端灵活控制无线电磁波的通断，以及收信端及时准确地接收到无线电磁波通断的信号。这个问题的探索一直到 1895 年，意大利人马可尼、俄国人波波夫、美国人特斯拉几乎同时成功地给出了答案。1899 年，马可尼利用他发明的无线通信设备成功地在英法之间实现了无线电报通信；之后又在 1902 年，首次实现了横越大西洋的无线电报远程通信。由于无线电波的传输不需要实体的电线，这使得无线电报摆脱了对陆地电线杆的依赖，也使得移动通信成为可能。许多远洋船只在当时都纷纷配备起了无线电报机，借助这些无线电报机，船只可与陆地或者其他船只进行即时通信。甚至在关键时刻还可以发出求救信号，当然，前提是得有一个技能娴熟的发报员和一套合理的求救信号体系。比如，大家比较熟悉的英国超级豪华客轮"泰坦尼克"号，它在 1912 年的首航时遇上冰山，在船体受到撞击之后，本来可以通过无线电报求救，但是发报员屡屡发出错误信息，导致事发当地周遭海域上准备救援的客轮误判海难情况，错失了营救时机。这件事引发了对求救信号不统一的思考，也推进了对无线电报的改进。虽然海难是残酷的，但不可否认的是，人类已经进入了无线电报时代，信息依靠无线电波进行传输，使人们的通信时间大大缩短。

但无论是有线电报还是无线电报，都有一个弱点，就是它们的传输效率普遍较低，只能传输少量的文字，这是由于最早的电报都是依靠手工操作，即便是最为熟练的发报员，每秒钟最多也只能收发 1 个字母，这种用文字为信息载体的通信始终不如语言沟通更为直接和便捷。于是在电报出现了 40 年后的 1876 年，美国人亚历山大·格拉汉姆·贝尔（Alexander Graham Bell）发明了直接用声音作为信息传输载体的电话通信系统。在贝尔发明的系统中，两根导线连接了两个结构完全相同的送话器和受话器，它们是由装有振动膜片的电磁铁构成的，靠自备电池供电，用手摇发电机发送呼叫信号。这个设备虽然可以实现即时的语言通信，但是其通话距离不能很长，且通话效率也不高。1877 年，美国著名的发明大王爱迪生发明了碳素送话器和诱导电路，从而使得通话距离得以大幅度延长。在一年后，他又发明了供电式电话机，由系统集中供电，省去了手摇发电机和干电池对电话机的束缚。1896 年，美国人爱立克森发明了旋转拨号盘式自动电话机，它可以通过发出直流拨号脉冲来控制自动交换机的动作，选择被叫用户，自动完成交换功能，从而大幅推进了电话通信的效率。

在电通信的阶段，信息传递的过程中最重要的就是信号的"调制"与"解调"，简单地说，前者就是将待传信息（可以是文字或者语音，后来还包括视频）转化为电信号，然后通过电信号去调制信息载体中的物理属性（比如电流强弱、方向，交流电的频率、周期、振幅等等），将调制好的信号发送给收信方，再由后者通过与调制相反的操作进行解调，从而还原信息本身。这就是现代信息通信的基本过程。

四、比特诞生：从"布尔代数"到"香农定理"

从通信技术发展的历程可以看到，早期的信息技术发展基本上是靠着人类对信息通信的实际需求推动，从而实现技术进步的。在这个过程中，人类对信息本质的认知也是从经验中逐步得到积累。这是一种自发的状态，同时也意味着这种认知具有较大的随意性和不确定性，即便某一个领域取得了一定程度的成功，也很难形成能够得以普遍使用的理论，从而将信息技术推广到更多的领域。早期的信息技术进步，很大程度上取决于个别天才科学家和工程师的创造性的发明，如莫尔斯发明电报、贝尔发明电话、马可尼发明无线电报等等。事实上，它们的成功很大程度上是基于一种对应用的满足。

一项技术当它真正想要得到系统地发展，就不能仅仅局限于满足应用上的需求，而是要从技术应用层面不断上升，逐步发展出一套完善的、自成体系的理论。今天，我们知道的一些信息学基础理论，在当时并没有跟通信技术扯上太大的关系。这就好像欧几里得几何学在牛顿运动学和牛顿力学出现之前就存在，非欧几里得几何的黎曼几何也没想到有朝一日会成为爱因斯坦相对论的数学基础，但是事实上，无论是欧几里得几何学还是黎曼几何都对几百年后出现的新物理学的诞生产生非常重大的意义。在信息科学领域，这个重要的理论基础成熟于19世纪，在电通信技术的发展过程中，一些后来成为信息学重要的理论基础的理论体系也在悄然形成。

想要建立信息学的理论体系，就必须回归信息的本质。前面我们说从人类的语言和文字的诞生开始，人类就一直在寻找优良的信息载体，为了更好地实现信息的传播与表达，催生了符号学、语言学、文字学、编码学等很多学科，这些学科的终极目的就是探讨和研究如何将信息以及由信息承载的知识进行抽象化的表达和传递。随着通信技术的发展，当电报机、电话机敲响了近代信息化大门的时候，人们也开始着手研究如何用机器可以识别的符号来表达所有的信息，从而进一步实现信息处理的自动化。于是自然界中各种具象化的高楼大厦、草木森林、山川河水，在经历了文字和语言的第一次抽象表达后，再经历了一次向诸如电脉冲、二进制状态、莫尔斯编码等机器能够识别的信号的转换。而做这一切的目的就是要为信息找到一个符合其自身特征的数学逻辑基础。人们努力建立一套新的数学体系，以便可以在机器上用全自动的表达方式把所有的信息进行合理的、有效的处理。而想要达到这一点，就必须要求这套数学体系能够尽量简单化、逻辑化，就在这个时候，人们关注到了有关"二进制"的知识。

◎图 1-19　乔治·布尔
（George Boole）（1815—1864）

二进制是一种数字表达方式。其实在人类对世界的认知中，二进制的例子早就进入了人们的视野。我们姑且不去说中国古代哲学中的阴阳学说和八卦爻象，就算在近代数学中，二进制也可以追溯到 17 世纪末，当时最为著名的数学家、哲学家戈特弗里德·威廉·莱布尼茨（Gottfried Wilhelm Leibniz）就充分地肯定了二进制的价值，并试图利用二进制将形式逻辑纳入数学的范畴。二进制最大的特点就是信息表达简单化，但是这种简单的代价就是需要对大量的数据进行存储、传输和处理，而当时的技术发展水平难以满足这些复杂的需要，所以二进制在诞生后的 100 多年间，并没有得到重视，大家仍然还是热衷于十进制。

真正系统地提出用简单的符号来表示形式逻辑命题，并通过符号运算来解决逻辑问题的人是 19 世纪中叶的英国数学家乔治·布尔（George Boole）。后来的英国著名数学家和逻辑学家怀特海证明了布尔的方法可以用来解决所有的计算问题。在此之后，人们就逐步找到了解决计算问题的方法，很多涉及信息处理的问题就迎刃而解了。可以说，布尔开启了信息科学理论化和数学化的先河。那么，布尔到底发明了一套什么样的理论来解决这一切呢？

我们今天称布尔为数学家，是因为他提出了一套数学工具，被称之为"布尔代数"。布尔代数在数理逻辑上的应用，使得布尔成为数理逻辑的开山鼻祖之一。但是在布尔生活的时代，他并不被认为是多么有名的数学家，而只是一名普通的中学老师。

布尔生于 1815 年，大学毕业后，他在一所中学教数学，工作之余也写一些研究论文，并在《剑桥大学数学杂志》（*Cambridge Mathematical Journal*）上发表。1847 年，他写了一本名叫《逻辑的数学分析》（*The Mathematical Analysis of Logic*）的小册子，这本书后来成为数理逻辑的开山之作。在这本书中，布尔通过符号化的数学运算让人类使用了几千年的形式逻辑有了数学化表达。布尔完成了将逻辑命题同数学符号进行形式上的对应，而且他还用三种很简单的运算，把逻辑命题之间的关系全概括了，这三种逻辑运算就是最基本的"与""或""非"关系。各种逻辑命题之间的关系可以很复杂，但是布尔告诉大家，无论这种运算有多复杂，甚至包括因果关系和三段论推理这样的经典逻辑推理，都可以用上述三种简单的逻辑运算经过一系列的组合来实现。这样一来世界上复杂的关系表述、因果关系、逻辑推理就可以变成一些简单的数学符号，而且布尔还给出了这些符号之间遵循的数学运算规则，所以他发明的这套工具被纳入了"代数学"的范畴，叫作"布尔代数"。

1854 年，布尔将他的数理逻辑思想全部写进了《思维规律的研究》（*An Investigation of the Laws of Thought*）一书中，这本书在当时并没有引起数学界的重视，主要原因是当时人们并没有发现布尔代数有多大用途。真正让布尔代数名声大噪的是怀特海 1898 年在《泛代数论》（*A Treatise on universal algebra*）一书中对其理论进行了应用。到了 20 世纪，人们发现"二进制""布尔代数"和"真实世界"中的信息通信具有天然的对应关系。比如将逻辑上的"真"用数字"1"来表示，就可以对应莫尔斯电码中的

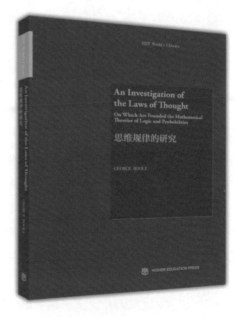

◎图 1-20　布尔的代表作《思维规律的研究》

"划"，用电路连通、脉冲高电位等来实现表达；而逻辑上的"假"可以用"0"来

表示，对应莫尔斯电码中的"点"，用电路断开、脉冲低电位等来实现表达。可见，所有的数学运算和逻辑运算都可以用布尔代数来解决，布尔代数又对应着实际通信过程中的某些物理性质，这就使得利用电信号来进行信息通信变得大有可为。当然，利用电或者机械信号进行信息处理还缺少一个必要的桥梁，而架起这个桥梁的就是被誉为"现代信息学之父"的美国数学家克劳德·艾尔伍德·香农（Claude Elwood Shannon）。

1936 年，这位 20 岁的美国青年在密西根大学读完两个本科学位后，来到麻省理工学院跟随当时美国总统的科技顾问万尼瓦尔·布什（Vannevar Bush）做硕士课题研究。布什也是一位优秀的电子工程专家，他设计了一套极为复杂的微分分析仪，通过一堆机械轮盘的运转来进行微积分计算，求解微分方程。这台机器结构复杂，每次计算不同的问题时，设备都要重新进行搭建。为了解决这个问题，布什希望能够用开关取代人工操作的螺丝刀控制机器结构更改，这个艰巨的任务就交给了香农。香农很快发现所有控制开关的复杂逻辑，都可以用布尔代数中几种简单的逻辑组合表示，而且控制开关完全可以通过继电器来完成，只要用继电器实现布尔代数中的"与""或""非"这三种简单的操作，就可以满足各种需要，对各种电路进行控制。于是他搭建了一个装满了各种继电器开关的控制箱，来控制微分分析仪。在出色地完成了老师布置的任务基础上，他还顺带做了一项改革，就是这项改革开启了一个新的时代。过去设计电路都是完全依靠经验，而香农提出了用布尔代数来对控制电路进行设计，电路的逻辑可以用布尔代数中的方程来表示。这样，想要了解那些十分复杂的控制电路的结构和功能只需要按部就班地求解布尔代数中的方程就能够解决，人类对电路的设计从自发状态上升到了自觉状态，设计电路也不再靠直觉和经验，而是遵循布尔代数中方程的数学规则。

◎图 1-21　信息学的创始人克劳德·艾尔伍德·香农（1916—2001）

后来，香农进入了著名的 AT&T 公司下属的贝尔实验室实习，在这里他接触到通信网络和交换机技术。他开始思考微分分析仪、电话网络和布尔代数之间的共性。他想让更多的科学家意识到，数学和逻辑其实是一回事，人们可以利用数学对网络线路进行优化，从而促进全世界的电话网络运行更加稳定，运营成本更加低廉。此外，在贝尔实验室，香农也开始思考一些更为本质的问题，他发现当两个开关都处于联通或者断开状态时，整个电路是断开的。而当两路开关中的一个是联通，另一个断开时，整个电路是联通的，这种电路非常有用。他将这种逻辑称为"异或"（exclusive OR）。而这种"异或"的电路逻辑与二进制的加法运算结果一致。相似地，在逻辑关系中"与"同二进制的乘法运算相对应。而减法和除法又是加法和乘法的逆运算，再加上其他的复杂运算可以通过数学方法还原为基本的加减乘除四则运算。这样，香农就找到了利用二进制运算来研究逻辑电路控制的数学方法。通常我们认为在布尔代数中基础的运算包括三种，即我们大家都熟悉的"与""或""非"。后来，香农进一步发现包括"异或"逻辑在内的这些运算，都可以用一种被称之为"与非"的逻辑进行组合来实现，即先作一次"与"运算后，再做一次"非"运算，其运算规律为有 0 出 1，全 1 出 0。也就是说，我们甚至可以不需要"与""或""非"三种基本操作，而是只要设计出一种简单的电路来实现"与非"逻辑，就能够用它作为基本模块，来搭建完成所有的各种复杂电路。

香农通过这种方法先是实现了将所有信息用二进制的 0 和 1 来表示，再实现了所有的信息处理、存储、传输从本质上讲都对这两种符号的一种简单的与非逻辑操作的叠加。至此，信息处理就有了真正意义上的数学理论基础。这个基础就好比欧几里得几何学中的几个公理，可以在此基础上演化出一整套理论体系。香农将他的这些研究写在他的硕士

◎图 1-22　在美国国家密码博物馆的 SIGSALY 语音加密系统展览

论文《继电器和开关电路的符号分析》中。凭借这篇论文，1938年，香农获得了美国工程师学会的诺布尔奖。可以说，今天我们熟悉的数字集成电路设计所遵循的底层原理都被写在了这篇论文中。这篇论文的问世，也标志着人类信息处理进入数字化时代。

在20世纪中叶，第二次世界大战的爆发改变了很多科学家们的命运，一大批科学家主动或者被动地投入到与军事相关的科学技术研究之中。香农也不例外，当时参战双方都在千方百计地试图破获对方的情报，同时让自己的情报传输和通信变得更加安全。香农当时参与的是一项被叫作"西格萨利"（SIGSALY）的项目，也被称为"X系统"或者"X项目"。它是二战期间盟军最高层设计的一个通过数字方法加密语音通话的无线电话系统。从今天的角度看来西格萨利的技术原理并不复杂。它首先将语音进行数字化采样，过滤掉语音中的一些冗余的信息；然后对声音的振幅进行加密处理，即在上面叠加一个密钥声波；加密以后的语音听起来跟噪声差不多，因此即便被敌方窃听了，也听不懂具体内容；而等到自己一方的人收到了信息，就可以通过已知的密钥进行解密，用机器将声音还原，从而实现保密的语音通信。这种对语音进行加密的保密通信系统被称为"声码器"，至今军队的保密电话依然采用声码器来加密。

西格萨利是通信系统发展过程中的一个具有里程碑式意义的项目。在当代数字通信领域中经常使用的许许多多耳熟能详的概念，都是在这个项目中被首次提出并加以运用的，其中就包括著名的脉冲编码调制技术（Pulse Code Modulation，简称PCM）。二战时期，交战双方都使用电子扰频器保护自己的无线通信不被窃听，但是在技术上突破这种电子扰频器的屏蔽并不困难，只要用一台频谱分析仪器对通信的频谱进行扫描，就能发现扰频的规律，从而加以破解。为了解决这一问题，科学家们想到了著名的"一次一密加密技术"（One-time Pad），让扰频规律无迹可寻。贝尔实验室开发了基于这种一次一密加密技术的无线通话系统的原型机，并展示给军方。香农需要做的就是用理论证明这台机器不被破解。作为西格萨利小组的20多位成员之一，他负责检验各种加密算法，以保证西格萨利系统加密后信息的安全性。西格萨利也成为世界上第一个语音合成系统，军方向贝尔实验室购买了两台西格萨利设备，并于1943年投入使用，两台设备为盟军在战争中的保密通信做出了十分重要的贡献，一直在军方服役到1946年第二次世界大战结束。

香农并非西格萨利项目的负责人，他甚至没有被告知自己所做的加密研究最终将应用于何处，因为西格萨利在当时是绝密项目。不过，这项工作让香农接触到语音编码、保密通信和密码学，并让他对此产生了十分浓厚的兴趣。1945 年，香农基于对保密通信的研究完成了"密码术的数学理论"的秘密报告。从密码分析的角度看，系统中有噪通信系统与密码通信系统没什么不同，只不过密码通信中的数据流故意被弄得从表面上看上去像是随机生成的。但事实绝非如此，否则其中的信号也会丢失。从某种意义讲，密码也是一种语言，就像日常语言一样，是符合一定模式的东西。换句话说，密码深处也具有相应的模式隐匿其中。从语言学的角度出发，当时的语言学家就是试图从语言含糊不清而又连绵不断的形状和声音中找出声音加密的结构。

香农的这篇《密码术的数学理论》是于 1949 年解密后发表的。该文一发表就引起轰动，香农也随之被美国政府聘为密码事务的高级顾问。这篇论文为"对称密码系统"的研究建立了一套数学理论，从此"加密术"便真正地成为"密码学"，实现了从一门艺术或技艺变成一门真正科学的飞跃。香农曾在这篇论文中指出，好的密码系统其设计问题本质上是寻求一个困难问题的解，使得破译密码等同于解某个已知数学难题。也就是在这篇保密报告中，香农几乎随意使用了先前无人用过的说法，而就是这些说法造就了"信息论"（Information Theory）的诞生。

1948 年，香农阐述信息论基础的论文分为两期在《贝尔系统技术期刊》（*The Bell System Technical Journal*）上发表，一经发布就被当时的研究人员口口相传，很多学者直接给香农写信索要该文的影印版。即便如此，当时也没有几个人能读懂香农的文章。毕竟这篇文章中涉及的数学内容比较深邃，而数学家们又缺乏对通信工程背景的了解。可是，毕竟还是有慧眼识金的人，时任洛克菲勒基金会自然科学部主任的韦弗（W. Weaver）认识到该文的价值，他告诉基金会的主席，香农之于通信理论的贡献，就如同"吉布斯之于物理化学"。1949 年，韦弗在《科学美国人》杂志发表了一篇不是很技术化的文章赞誉香农工作，深入浅出地介绍了香农工作的重要性。之后韦弗的文章和香农的论文被结集成书，以《通信的数学理论》（*The Mathematical Theory of Communication*）为题公开出版。

1950 年 3 月 22 至 23 日，在美国纽约的比克曼酒店召开了一场学术会议。香农在会议上做了一个十分重要的报告，他一上来就开宗明义地强调，所谓"信息"，不过是对一些不确定性的度量，要想用数学建立有关信息的理论，首先要做到将信息中所包含的"意义"彻底地去除。这个打在"意义"上的引号是香农自己特意加上的，它具有特别的功能。我们可以做一个假想实验来解释为什么说信息是对一些不确定性的度量，而且要将其中的"意义"彻底地去除。比如一个人想要说话，那么我们就可以用这样一种方式来确定他说的话中到底含有什么样的信息。这时候作为信息接收者的我们可以问他要说的话第一个词是不是以字母 A 开头的，他可以回答是，或者不是，如果不是，那么我们继续问是不是以 B 开头的，这样以此类推，最后我们经过一次又一次的询问，就能够确定第一个字母到底是什么。解决了第一个字母后，还可以用同样的方法确定第二个字母，以此类推就可以得到这个人想要陈述的所有信息。而在这个过程中，我们每做一次确认、每得到一个答案，我们就得到了一个比特的信息。当信息足够多时，就清楚了他要表达的想法，从而消除了我们在听他说话前对他要传递的"信息"的不确定性。这种通过提问逐一获得信息的实验看起来有些机械和笨拙，但是它恰恰证明了信息的本质，后来人们称这个实验为"香农实验"。

香农曾高兴地说，对于信息论而言，可以不去考虑"意义"的问题，他之所以在用数学的语言描述信息论时剔除"意义"，其目的在于使自己的研究更加清晰明确。他需要把握的是"信息"而非"意义"。香农希望将信息集中在"物理"层面，排除其中的"心理因素"。

可是，抽去语义的信息还会剩下什么呢？对这个难题，有几种可能的回答：它可以是一种不确定性的表征，可以是一种困难的程度的度量，也可以看作是物理学中的熵。香农还曾给出了对信息的定量度量方式。他认为信息量是可以测定的，符合数学上的累加原则。根据香农对信息的定义，信息是从不确定向确定性转化的特定形式，所以信息量是以被消除的不确定性的多少来度量的。香农提出了如下的公式，来度量信源产生的信息量：

$$H = -K \sum_{i=1}^{n} p_i \log_2 p_i$$

其中 H 是信息源的熵，p_i 是第 i 个消息出现的概率，n 是消息集合中消息的总数，K 是常系数，在特定的单位制下可以取为 1。学过热力学的人都知道，这个公式同波尔兹曼在统计热力学中提出的熵公式在形式上是一样的。由于消息出现的概率在 0 到 1 之间，其对数为负数，所以信息源的熵公式中要有一个负号。为了使得信息描述简单化，通常公式中是取以 2 为底的对数，这种基于最简单的信号逻辑是由开和关两个状态构成二进制信号。其实信息熵的底数也可以根据信息载体的不同状态而取不同的底数，不同的底数信息量的单位是不同的。此后，信息科学进入可以精确地进行定量度量和计算的科学阶段。

底数	信息量单位	换算关系
以 2 为底的对数	比特（bit、Sh）	1 bit ≈ 0.693nat ≈ 0.301 Hart
以 3 为底的对数	垂特（trit）	1 trit ≈ 1.585 bit
以 e 为底的对数	奈特（nat）	1 nat ≈ 1.443 bit
以 10 为底的对数	哈特（Hart、dit、ban）	1 Hart ≈ 3.322 bit

◎图 1-23　信息量的不同单位

今天，更多的人接受了香农关于信息论的理论，并且围绕着这个理论，开始思考对建立在世界上各种不确定性上的信息进行更加深刻的认知。人们发现其实世界上本就存在各种不确定性，人们不能试图否定它。而要想消除这种不确定性，或者说预测某些事情的发展，就需要获得大量的信息。在这种方法论的指导下，人们开始迈入信息时代，学会了用包含大量信息的数据来解决遇到的各种问题。而"信息"这个词也在第二次世界大战后，逐步成为同"物质"和"能量"一样的衡量经济发展和科学进步的重要指标。而人们对信息的处理能力，也随即成为推动科学技术发展的重要课题。

第二章

成长危机：
经典信息遇到发展瓶颈

CHENGZHANG WEIJI

JINGDIAN XINXI YUDAO FAZHAN PINGJING

一、摩尔定律：芯片能越来越小吗？

信息论的发展是伴随着人们对信息的处理技术——即"计算"科学与技术的发展而逐步成熟的。人类对计算技术的掌握有着悠久的历史，它的产生几乎跟人类文明产生在同一个时代。我们现在知道的最早的计算工具可以追溯到中国的春秋时期，那个时候算筹已经成为人们普遍使用的计算工具。古代的算筹实际上是一根根同样长短和粗细的小棍子，一般长为13~14cm，径粗为0.2~0.3cm，多用竹子制成，也有用木头、兽骨、象牙、金属等材料制成的，大约二百七十几枚为一束，放在一个布袋里，系在腰部随身携带。需要记数和计算的时候，就把它们取出来，放在桌上、炕上或地上都能摆弄。后来大家熟悉的中国算盘就是从算筹逐渐演变而来的。它不但是中国古代的一项重要发明，而且是在阿拉伯数字出现之前曾被全世界人民广为使用的一种计算工具。

中国是算盘的故乡，在计算机已被普遍使用的今天，古老的算盘不仅没有被废弃，反而因它的灵便、准确等优点依然受到许多人的青睐。因此，人们往往把算盘的发明与中国古代四大发明相提并论，认为算盘也是中华民族对人类的一大贡献。然而，中国是什么时候开始有算盘的呢？从清朝起，就有许多算学家对这一问题进行了研究，日本的学者也对此投入了不少精力。但由于缺少足够的证据，算盘的起源问题至今仍是众说纷纭。

清朝数学家梅启照等人认为，算盘起源于我国的东汉、南北朝时期。其依据

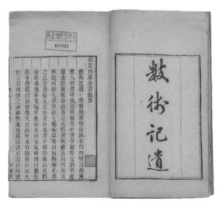
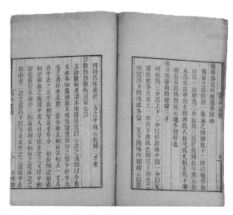

◎图2-1　中国珠算博物馆馆藏的一本清代刊本《数术记遗》

是，东汉数学家徐岳曾写过一部《数术记遗》，其中著录了 14 种算法，第 13 种即称"珠算"，并说："珠算，控带四时，经纬三才。"后来，北周数学家甄鸾对这段文字作了注释："刻板为三分，其上下二分以停游珠，中间一分以定算位。位各五珠，上一珠与下四珠色别。其上别色之珠当五。其下四珠，珠各当一。至下四珠所领，故云'控带四时'。其珠游于三方之中，故云'经纬三才'也。"这些文字，被认为是我国最早关于珠算的记载。但是近代的一些学者认为，《数术记遗》中所描写的珠算，充其量不过是一种记数工具或者是只能做加减法计算的简单算板，与后来出现的珠算不能同日而语。

◎图 2-2　宋朝名画《清明上河图》中绘有当时被普遍使用的算盘

清朝学者钱大昕等人则认为，算盘出现在元朝中叶，到元末明初时已被普遍使用。随着新史料的发现，又有专家认为，算盘应该起源于唐朝、流行于宋朝。其依据是，在宋朝名画《清明上河图》中，在画卷的最左端，有一家称作"赵太丞家"的中药铺，其正面柜台上赫然放有一架算盘，经中日两国珠算专家将画面摄影放大，确认画中之物是与现代使用的算盘形制类似的串档算盘。1921 年，在我国河北巨鹿县曾经出土了一颗出于宋人故宅的木制算盘珠，虽然已被水土掩埋八百年，但仍可见其为鼓形，中间有孔，与现代的算珠毫无二致。

在元初的蒙学课本《新编相对四言》中，有一幅九档的算盘图，因此有人认为，既然算盘在元初已为训蒙内容，可见它在当时已是寻常之物，算盘的出现年代，至少可上推到宋朝。宋末元初时期的诗人刘因写过一首《算盘诗》，内容是这样的："不作瓮商舞，休停饼氏歌。执筹仍蔽簏，辛苦欲如何？"这首诗所表述的内容应该认为是宋代已有事物更为确切。同样，元代陶宗仪所著的《南村辍耕录》第二十九卷的《井珠》曾引谚语。后人称为"三珠戏语"，可见元人谚语中已有算盘珠之说，也反映出"是法盛行于宋矣"。但如果据此认为算盘起源于宋朝，其中似乎还有疑问。因为从形制上来看，宋朝的算盘已经较为成熟，丝毫没有新生事物常有的那种笨拙或粗糙。因此，较多的算学家认为，算盘的诞生还可继续上推到唐朝。因为宋朝以前的五代十国时期战乱不断，科技文化的发展较为滞缓，算盘诞生于此时的可能性较小。而唐朝是中国历史上的盛世，经济文化都较发达，需要有新的计算工具，因此将使用了 2000 年的筹算演变为珠算，算盘在唐朝被发明是极有可能的。

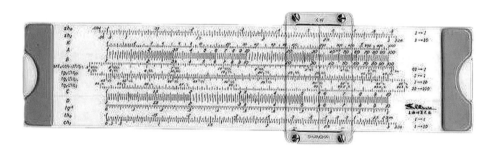

◎图 2-3　计算尺今天仍在很多技术领域广泛使用

除了东方的算盘以外，西方普通使用的计算工具是计算尺。在 15 世纪西方的天文和航海得到了迅速的发展，计算工作越来越繁重，计算工具急需改进。计算尺发明于 1620—1630 年，英国数学家约翰·纳皮尔（John Napier）首先提出了对数概念，并在他所著的书中介绍了一种新的数学运算工具，就是后来被人们称作"纳皮尔计算尺"的计算工具。这种工具由十根长条状的木棍构成，木棍表面雕刻着类似于乘法表的数字，纳皮尔用它来辅助进行乘除法的计算，使数字运算得到极大的简化。在纳皮尔发明了对数概念不久，牛津的埃德蒙·甘特（Edmund

Gunter）发明了使用单个对数刻度进行计算的工具——甘特计算尺，这个计算尺在同另外的测量工具配合使用时，可以用来做乘除法。1630 年，剑桥的威廉·奥特雷德（William Oughtred）发明了圆算尺。他在使用当时流行的对数刻度尺做乘法运算时突然想到，如果用两根相互滑动的对数刻度尺，不就省去了度量长度的两脚规了吗。于是在 1632 年，他组合两把甘特式计算尺，用手合起来成为可以视为现代的计算尺的原型。他的这个想法促进了机械化计算的诞生，但奥特雷德对这件事情并没有在意，此后 200 年里，他的发明并没有被实际应用。与他同时代的牛顿一样，奥特雷德并没有及时地发表他的新发明，而是将他的想法私下传授给他的学生。结果他的遭遇也和牛顿一样，卷入了同他曾经的学生理查德·德拉曼（Richard Delamain）之间关于发明优先权的纠纷。奥特雷德的想法也仅仅在 1632 年和 1653 年公开记载在他的另一名学生威廉·弗利斯特（William Forster）编纂的一本出版物中。到了 18 世纪末，发明蒸汽机的瓦特成功制作了第一把计算尺。他在尺座上增加了一个滑标，用来"存储"计算的中间结果，这种"滑标"很长时间一直被后人所沿用。1850 年以后，计算尺的应用得到迅速的发展，成为工程师随身携带的"计算器"，一直到 20 世纪五六十年代，如何高效地使用计算尺仍然是工科大学生必须掌握的一种技能。

◎图 2-4　帕斯卡和他发明的机械计算机

在近代计算技术发展过程中，有一个标志性事件，即 1642 年法国数学家、物理学家帕斯卡（Blaise Pascal）基于齿轮传动技术，制造了世界上第一台能够执行加减运算的机械计算机①。它是由一系列齿轮组成的传动装置，外形是一个长方形的盒子，用钥匙旋紧发条后才能转动，只能够做加法和减法。然而，即使只做加法，也有个"逢十进一"的进位问题。聪明的帕斯卡采用了一种小爪子式的棘轮装置，当定位齿轮朝9转动时，棘爪便逐渐升高；一旦齿轮转到0，棘爪就"咔嚓"一声跌落下来，推动十位数的齿轮前进一档。帕斯卡的机器是人类向自动计算迈出的第一步。

1822 年，英国剑桥大学的数学家巴贝奇（Charles Babbage）制造了世界上第一台以蒸汽为动力的自动计算装置。它包含许多机械寄存器，可以处理3个不同的5位数，运算精度达到了6位小数，巴贝奇称之为"差分机"。后来他又提出了把程序编制在穿孔卡片上控制计算机工作的思想，给出了几乎完整的程序控制自动计算机设计方案。他设计的计算机与现代我们熟悉的电子计算机有很多相似之处，都部分为寄存器、运算器和控制器三个部分，它采用穿孔卡片输入数据、控制操作过程，并将计算结果输出到打印机上。这同现代计算机的输入器、输出器、存储器、运算器和控制器极为相似，已经成为现代计算机的雏形。

1890 年，生于纽约州北部的德国侨民霍列瑞斯博士接到了一项让人头疼的任务，那就是负责在美国做人口普查。这就意味着他要为当时 5000 余万美国人逐一地登记造册，这件事情即使在信息科技高度发达的今天也是一种挑战。面对如此大量的数据需要处理，霍列瑞斯博士首先想到的就是研发一种自动统计这些数据的机器。他根据巴贝奇的发明设计了穿孔制表机。有了这个"神器"的加持，霍列瑞斯

◎图 2-5　霍列瑞斯与他发明的穿孔制表机

① 瑞士计算机科学家、"图灵奖"得主尼古拉斯·沃斯（Niklaus Wirth）在 20 世纪 60 年代末设计创立了应用于电子计算机上的第一个结构化编程语言，为了纪念帕斯卡在计算机技术上的开创性贡献，他将其命名为"Pascal 语言"。

博士花了6周就得出了过去需要7年时间才能得到的准确数据。

霍列瑞斯的这个发明的意义绝不仅限于解决了人口普查问题，更重要的是它开创了程序设计和数据处理之先河。以历史的目光审视霍列瑞斯的发明，正是这种程序设计和数据处理的思路，构建了今天人们熟知的电脑"软件"（software）的思想雏形。在这种思路的引导下，1896年，霍列瑞斯博士创办了一家制表机公司（Tabulating Machine Company，英文简称TMC），后来这家公司同国际时间记录公司（International Time Recording Company）、美国计算公司（Computing Scale Company of America）和邦迪制造公司（Bundy Manufacturing Company）重组为计算器表记录公司（Computing-Tabulating-Recording Company）。1924年，这家公司更名为国际商用机械公司（International Business Machines Corporation），就是今天我们熟悉的IBM公司。到这为止，人们发明的计算机都是靠复杂的机械结构进行计算的，我们称为"机械计算机"。在这一阶段，最为重要的事件就是算法的产生，它是机械计算机向电子计算机发展的过渡时期最大的技术变革。

到了20世纪初，随着电磁理论的发展，以及相关元器件的开发和应用，市面上陆续出现了电磁计算机，在这个过程中继电器的发明与应用起到了至关重要的作用。电磁计算机对信息的编码是利用组成寄存器和运算器的不同位置的继电器的开关状态变化来完成的，不同的开关状态制备以及计算操作都遵循着经典电磁学规律。计算结果的输出已经不能用简单的目测完成，而是根据电磁学的规律去测量不

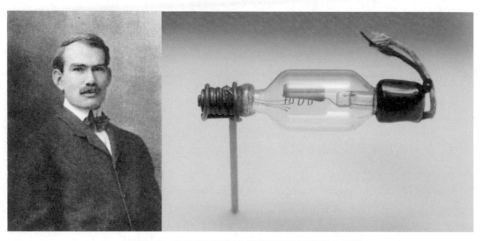

◎图2-6　美国发明家德弗雷斯特和他发明的电子管

同位置上继电器的电流、电压等物理参数来实现。这种以继电器为主要存储元件的电磁计算机起到了从机械计算机到电子计算机的过渡桥梁作用。

1906 年，美国发明家德福雷斯特（Lee de Forest）发明了电子管，为电子计算机的发展奠定了基础。1907 年，德福雷斯特向美国专利局申报了真空三极管（电子管）的发明专利。真空三极管可以分别处于"饱和"与"截止"两种状态。"饱和"即从阴极到屏极的电流完全导通，相当于开关开启；"截止"即从阴极到屏极没有电流流过，相当于开关关闭。电子管的控制速度要比继电器快成千上万倍。

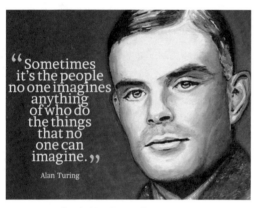

◎图 2-7　人工智能之父：艾伦·图灵（1912—1954）

真正开启现代数字计算概念和现代计算机的基本设计思想的是英国数学家、逻辑学家艾伦·图灵（Alan Mathison Turing）。他在 1936 年 5 月撰写了《论数字计算在决断难题中的应用》（On Computable Numbers, with an Application to the Entscheidungsproblem）。1937 年该文刊载于《伦敦数学会文集》（Proceedings of the London Mathematical Society）的第 42 期上[1]，立即引起广泛的注意。图灵在这篇文章中对人类的感觉和精神器官进行了分析，并基于这种分析，在论文的附录里详细地描述了一种可以辅助数学研究的可编程计算机器。他提出了无论是人还是机器，在进行任何数学运算的时候都需要受到六条规则的限制，而且计算者的心灵状态可以用机器内部的不同布局来表示。这个可编程的计算机器模型，后来被美国逻辑学家丘奇（Alonzo Church）称为"图灵机"。丘奇还据此提出了计算科学中具有奠基性的著名论题——丘奇 – 图灵论题（Church–Turing Thesis）：

　　所有计算或算法都可以由一台图灵机来执行。[2]

[1] Turing A M. On Computable Numbers, with an Application to the Entscheidungsproblem [J]. Proceedings of the London Mathematical Society, 1937, s2-42（1）: 230-265.

[2] Church A. Review: On Computable Numbers, with an Application to the Entscheidungsproblem by A. M. Turing [J]. The Journal of Symbolic Logic, 1937, 2（1）: 42-43.

这个设想第一次在纯数学的符号逻辑和实体世界之间建立了一种确定的联系，深刻地揭示了计算、程序和计算机三者之间的依存关系，这个思想成为后来的电子计算机以及未来的"人工智能"技术开发的基本思路。

图灵关于通用存储程序式计算机器的设计思想分别被冯·诺依曼（John von Neumann）和马克·纽曼（Mark Newman）介绍到了美国和英国，两位数学家对图灵思想的进一步阐释和描述，对于电子工程师了解图灵的抽象思想起到了非常重要的作用。到1945年，英美两个国家的几个科研机构开始着手用电子元器件试造通用图灵机。

◎图 2-8 被誉为"计算机之父"的冯·诺依曼（1903—1957）

◎图 2-9 世界上第一台电子计算机——电子数字积分计算机（ENIAC）

1946 年 2 月 14 日，世界上第一台符合图灵完备规则的通用计算机 ENIAC（Electronic Numerical Integrator And Computer，即电子数字积分计算机）在美国宣告诞生，它是由科学家冯·诺依曼和"莫尔小组"的四位工程师埃克特（J. Presper Eckert）、莫克利（John Mauchly）、戈尔斯坦（Herman Goldstine）、博克斯（Arthur W. Burks），还有华人科学家朱传榘等人，在美国阿伯丁弹道研究室和宾夕法尼亚大学电器工程学院合作研制的。

ENIAC 长 30.48 米，宽 6 米，高 2.4 米，占地面积约 170 平方米，30 个操作台，重达 30 吨，耗电量 150 千瓦，造价 48 万美元。它包含了 17468 根真空管（电子管），7200 根晶体二极管，1500 个中转，70000 个电阻器，10000 个电容器，1500 个继电器，6000 多个开关。它每秒能进行 5000 次加法运算或 400 次乘法运算，这个速度是使用继电器运转的机电式计算机的 1000 倍，是手工计算的 20 万倍。此外，它还能进行平方和立方运算，计算正弦和余弦等三角函数的值以及进行其他一些更复杂的运算。在 ENIAC 的研发过程中，其使用的基本电路包括了"门"（逻辑与）、缓冲器（逻辑或）和触发器，这些都成为后来电子计算机的标准元器件。由于当时冯·诺依曼正在参与原子弹的研制工作，他是带着原子弹研制过程中遇到的大量计算问题加入到计算机的研制工作中来的。因此可以说，ENIAC 为世界上第一颗原子弹的诞生也出了不少力。

ENIAC 虽然威力强大，但是它毕竟还很不完善，比如存在着耗电多、费用高

◎图 2-10　世界上第一个商业通用电脑"费兰砥马克 I"（Ferranti Mark I）

的缺点。它运行一次的耗电量超过 174 千瓦，据说那些年，只要 ENIAC 一开动，整个费城的所有灯光顿时变得昏暗。那些电子管发光又发热，平均每隔 7 分钟要损坏一只。所以，虽然当初只花了军械部 48 万美元的研制费用，可后来维护它的费用竟超过 200 万美元之巨！ENIAC 最致命的缺点是程序与计算两分离。指挥 ENIAC

的 2 万只电子管工作的程序指令，被存放在机器的外部电路里。想要利用 ENIAC 计算某个复杂题目前，必须分派几十员精兵强将，把数百条线路用人工的方法手动接通，这些人像一群电话接线员那样手忙脚乱地忙活好几天，才能让 ENIAC 进行几分钟运算。

在 ENIAC 问世之后不久，英国曼彻斯特大学率先研制了第一台电子存储程序式计算机，1948 年 6 月 21 日这台机器执行了它的第一个程序。之后的 1951 年，电子存储程序式计算机开始逐步投入商业市场运营，第一个上市的模型就是曼彻斯特公司下属的费兰砥有限公司（Ferranti International plc）制造的曼彻斯特型计算机，被后人称为"费兰砥马克 I"（Ferranti Mark I）。

1950 年，第一台个人计算机（我们今天称之为"PC 机"）"Simon"诞生，它的发明者是埃德蒙·伯克利（Edmund C. Berkeley）。"Simon"是第一个能够执行四种操作——加法、逻辑非、大于和选择的数字计算机。它依靠写在纸上的程序打孔纸来进行输入，而结果输出是通过五盏灯来表示的。

1952 年 4 月 19 日，第一台商用科学计算机 IBM701 诞生，这是 IBM 公司首次大规模生产存储程序式计算机。这种计算机的问世得力于冯·诺依曼提出的指令集体系结构（Instruction Set Architecture，简称 ISA）。该系统采用真空管逻辑电路和静电存储器，由 72 个容量为 1024 位的威廉姆斯管[①]组成，共 2048 个字节，每个字节 36 位。72 个威廉姆斯管的直径都是 3 英寸。通过添加第二组 72 个威廉姆斯管或用磁芯存储器替换整个存储器，它的内存可以扩展到最大 4096 个字节。威廉姆斯管存储器和后来的核心内存都有 12 微秒的内存周期。威廉姆斯管内存需要定期刷新，操作者强制将刷新周期插入到 IBM701 的计时中。加法操作需要 5 个 12 微秒的周期，其中两个是刷新周期，而乘法或除法运算则需要 38 个周期（456 微秒）。

在追求计算机功能的同时，人们一直致力于追求计算机的体积小型化——从最早的 ENIAC 占地面积约 170 平方米，到后来小型化了的 Simon 和 IBM701。计算机的小型化趋势取决于对信息进行处理和存储的器件的物理性质。最早的 ENIAC 之所以很大，是因为它基于原始的真空电子管，电子管笨重的体积直接导致了 ENIAC 需要占用很大的空间。

---

① 威廉姆斯管是一种由弗雷迪·威廉姆斯（Freddie Williams）与汤姆·基尔伯恩（Tom Kilburn）发明的阴极射线管（CRT）构成的储存装置。

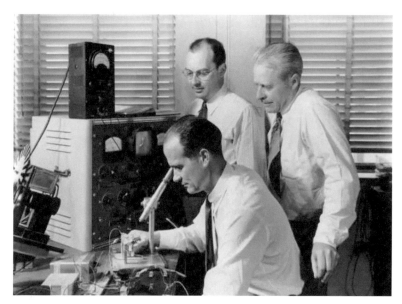

◎图 2-11　晶体管的发明人：肖克利、巴丁、布拉顿

　　而这种计算机庞大而笨重的状况在 1947 年 12 月 23 日得到了改变的希望。在这一天，人类历史上第一块晶体管在美国的贝尔实验室诞生了。由肖克利（William Bradford Shockley）、巴丁（John Bardeen）和布拉顿（Walter Houser Brattain）组成的研究小组，研制出一种点接触型的锗晶体管。用这种晶体管代替电子管成为计算机的基础元件，使得计算机小型化成为可能。晶体管的出现掀起了整个半导体技术向微电子技术发展的革命。此后的电子计算机的硬件以惊人的速度向小型化发展，虽然计算机整体的设计思路一直沿着图灵和冯·诺依曼提出的计算理论构架及其算法结构的路线前进，但计算机的各种技术指标正随着半导体电子元器件的发展而不断提升。

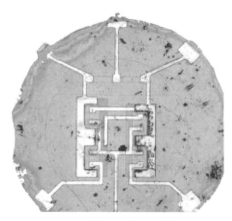

◎图 2-12　仙童公司的硅晶体集成电路

　　自 20 世纪 50 年代起，计算机进入了高速发展阶段。1957—1964 年，晶体管开始逐渐替代真空电子管作为逻辑单元，第二代电子计算机，也称"晶体管计算机"，逐步进入人们的视野，并为后来的

集成电路和微处理器的大批量生产提供了基础。1959 年，美国仙童（Fairchild）半导体公司的罗伯特·诺伊斯（Robert Noyce）提出了打造集成电路的方案，他在 1958 年到 1959 年期间分别发明了锗集成电路和世界上第一块硅集成电路，提出了一种"半导体设备与铅结构"模型。1960 年，仙童公司制造出第一块可以实际使用的单片集成电路。诺伊斯的方案最终成为集成电路大规模生产中最为实用的技术方案。诺伊斯本人也被授予"美国国家科学奖章"，被公认为集成电路的共同发明者。对于这个阶段的集成电路，今天的我们称之为"小规模的集成电路"，大约在一片硅晶片上包含 10~100 个元件或者 1~10 个逻辑门。在用小规模数字集成电路（SSI）进行设计组合逻辑电路时，是以门电路作为电路的基本单元，所以逻辑函数的化简应尽量降低使用的门电路的数目，而且门的输入端数目也要尽量地减少。1961 年，德州仪器为美国空军研发出第一种基于集成电路的计算机，即所谓的"分子电子计算机"。美国宇航局也开始对该技术表示了极大兴趣。当时，"阿波罗导航计算机"和"星际监视探测器"都采用了集成电路技术。1962 年，德州仪器为"民兵－Ⅰ"型和"民兵－Ⅱ"型导弹制导系统研制了 22 套集成电路。这不仅是集成电路第一次在导弹制导系统中使用，而且是电晶体技术在军事领域的首次运用。1964 年，IBM 公司研制成大型集成电路通用计算机 IBM360 系统，标志着第三代电子计算机的诞生，集成电路计算机时代开始了。这时，计算速度已经达到每秒几十万次。到 1965 年，美国空军已超越美国宇航局，成为世界上最大的集成电路消费者。1966 年，美国贝尔实验室使用比较完善的硅外延平面工艺，制造出世界上第一块公认的大规模集成电路。

随着电子技术的持续发展，更大规模的集成电路应运而生。1967 年出现了大规模集成电路，集成度迅速提高；1977 年超大规模集成电路问世，一个硅晶片中可以集成 15 万个

◎图 2-13　大型集成电路通用计算机 IBM360 系统

以上的晶体管；到了 20 世纪 80 年代，计算机进入大中型计算机为标志的第四代计算机时期，它的显著特征就是采用大规模集成电路逻辑元器件，实现存储器多层次化。而第五代的电子计算机，因其体积庞大，被称为"巨型机"，采用更大规模的集成电路，并把处理功能分散到一台主机和多台副机，各台机器实现了并行工作。

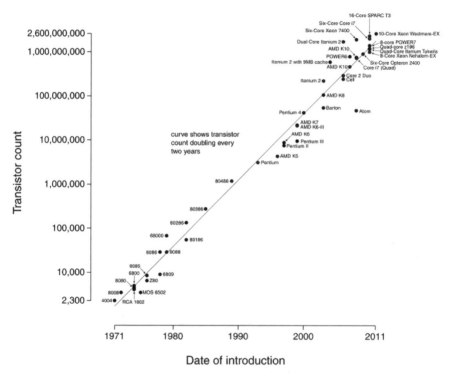

◎图 2-14　微型计算机中央处理器中晶体管的增长曲线

1965 年，后来美国著名芯片公司英特尔（Intel）公司创始人戈登·摩尔（Gordon Moore）在准备一个关于计算机存储器发展趋势的报告时，发现了一个惊人的趋势。每一代新的芯片大体上包含其前一代两倍的容量，每代芯片产生的时间都是在前一代芯片产生后的 18~24 个月内。如果这个趋势继续发展，计算能力相对于时间周期将呈指数式上升。摩尔的观察资料，就是现在所谓的摩尔定律（Moore's Law）。其所阐述的集成电路趋势一直延续至今，且仍不同寻常地准确。人们还发现它不仅适用于对存储器芯片的描述，也精确地说明了处理器能力和磁盘驱动器存储容量的发展趋势。该定律成为许多工业对于性能预测的基础。

归纳起来，目前对"摩尔定律"的表述主要有以下三个"版本"：

1. 集成电路芯片上所集成的电路的数目，每隔 18 个月就翻一番；

2. 微处理器的性能每隔 18 个月提高 1 倍，而价格下降一半；

3. 用 1 美元所能买到的计算机性能，每隔 18 个月翻两番。

这三种表述分别从集成电路的物理性质、功能提升和商业价值三个方面对芯片的发展加以概括。

这个定律自提出以来一直都近似地成立。由于芯片通常采用平面工艺，想要达到摩尔定律的要求，晶体管的尺寸将越做越小，其缩小的速度为每两年约缩小30%。尽管摩尔定律只是一个经验性预测，却被半导体行业精确地执行了 40 余年。为什么晶体管能够越做越小？这跟晶体管的结构有关。

◎图 2-15 常见的金氧半场效晶体管外观图

今天，我们在数字电路中最常见的晶体管是金属 – 氧化物半导体场效应晶体管，简称"金氧半场效晶体管"（Metal–Oxide–Semiconductor Field–Effect Transistor，简称 MOSFET）。它的尺寸是以纳米为计量单位的。比如我们的手机和电脑里的芯片，都是由数十亿个这样的晶体管组成的。依照电流产生的不同方式，晶体管可分为 N 型和 P 型，其本质上是一个开关，其中的栅极性能决定了源极 S 和漏极 D 之间能否导通。

以 N 型晶体管为例，栅极、介电层和底部的 P 型硅衬底组成了一个简单的电容器。当栅极没有加电压的时候，源极 S 和漏极 D 中间的沟道电子很少，因此电阻比较大，源极 S 和漏极 D 无法导通；而当栅极加一个正电压的时候，由于电场

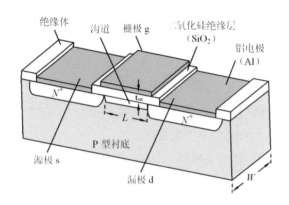

绝缘体　沟道　栅极 g　二氧化硅绝缘层（SiO₂）　铝电极（Al）

N^+　t_{ox}　L　N^+

P 型衬底

源极 s　漏极 d　W

◎图 2-16　半导体场效应晶体管结构示意图

的吸引，电子聚集在源极 S 和漏极 D 之间的沟道内，因此电阻减小，源极 S 和漏极 D 导通。如果把一个 N 型晶体管和一个 P 型晶体管组合在一起，就构成了一个简单的反相器电路，用来实现最基本的"非"逻辑运算，比如输入 0 则输出 1，输入 1 则输出 0。多个类似的逻辑模块的组合就可以实现基础的加减法这样的简单

运算，也可以处理导弹姿态控制这样的复杂计算。

显而易见，要实现这么复杂的功能，肯定需要很多个晶体管。因此，必须把晶体管做得足够小，才能塞进你的电脑机箱。

不过，还有比这更重要的原因在驱使晶体管不断变小——我们需要提高晶体管的开关速度。以晶体管最重要的应用——电脑的心脏："中央处理器"（central processing unit，就是我们通常说的 CPU）为例，晶体管的开关速度决定了中央处理器的运算速度。根据电容器充电原理，开关导通速度和电容大小相关。电容越大，充电时间越长，开关导通速度越慢。所以，我们需要减小电容，从而提高运算速度。减小电容可以通过三种方式：增加介电层厚度，改变介电常数和减小面积。但介电层厚度太大，会导致沟道内的电场不够强，不足以导通；改变介电常数需要更换新的介电材料，相当长的时间里可供选择的介电材料非常有限。最后唯一可行的方法就是减小面积，也就是减小沟道的长度和宽度。于是，遵循着这一策略，晶体管一直不断地被缩小。

随着结构的变化以及工艺的进步，我们现在常见的工艺名称已经不再和栅极长度完全对应。比如台积电的 7nm 工艺制造的晶体管，其栅极长度约 24nm，每平方毫米芯片上排布着约 9650 万个晶体管。同时由于电感和电阻的增加，令缩小尺寸带来的开关速度提升愈发不明显，想要进一步提升计算能力主要依靠的就是增加单位面积的晶体管的数量，这就是为什么你的 CPU 主频和十年前的没有什么差别，但核心数量则一直在增加。这也从另一个方面要求晶体管尺寸做得更小。

为了实现计算机变小变快的愿景，在过去几十年间，全世界无数最顶尖的工程

师在这个无法直接用肉眼观测的世界里不断钻研。除了以上提到的速度和功耗外，加工成本、导线互联的延迟和损耗、散热效率等也是制约集成电路发展的众多复杂的原因，它们共同影响着当前计算机芯片的技术发展。今天，一块不到一平方厘米的空间，可以容纳数以百亿计的晶体管，也集成着无数科学家的群体智慧，它们将不断改变你我的生活方式。

当然，无论如何摩尔定律都是一个经验定律，最终还是会随着人类技术进步而动摇。最近，有科学家预测摩尔定律将在短至几年、长至几十年的时间内失效。做出这个判断的主要原因是，当电子元器件中集成的晶体管越来越多时，其功能的实现开始受到量子效应的制约，引发各种在原来经典电子物理学中不曾出现的新问题。

其实在大多数芯片制造过程中，量子效应的影响一直是存在的，但是往往不影响芯片的经典电子性能。可是随着芯片越做越小，其违背经典物理理论的量子效应越来越明显，最终将导致电子器件和信号行为产生意想不到的异常变化。

◎图 2-17　电子芯片越做越小时就会产生明显的量子效应

有研究表明，当晶体管做到 7nm 到 5nm 或者更先进的节点时，量子效应会成为一个干扰晶体管电子性能的普遍问题，例如，当某些结构尺寸变得很小时，由于栅极介电缩放和器件内电场增大的结果，晶体管反转层中的载流子不再位于二氧化硅 – 硅界面，而是在下面的某个地方，从而增加了有效介电层厚度。虽然目前很多科学家都在试图在技术上采用一些措施来减少这些量子效应的影响，但量子效应对晶体管的性能影响越来越大的趋势将势不可挡。

于是在更新人类信息计算的技术手段时，人们必须开始考虑量子效应，这使得信息技术被迫地进入了量子时代。量子力学同信息科学这两个本来互不相干的独立学科随着技术革新的客观要求在这里相会聚了。这就意味着，未来的信息处理不仅必须要考虑量子效应的存在和影响，甚至还要充分地让量子力学更加深入地参与到信息处理之中，使量子力学扮演信息技术革新的主角，这就是在向全世界宣告，量子信息的时代即将华丽登场。

二、算法革命：计算问题有多复杂？

相比于计算机的体积，让实用主义者更为关心的是计算机处理信息的能力和速度。所谓"计算机的性能"，就是计算机能够处理多么复杂的运算。这个问题在丘奇－图灵论题提出之前，基本上所有的计算机器都只能处理某种单一的运算功能。比如最早的帕斯卡机械计算机只能够做加法和减法，巴贝奇发明的蒸汽动力计算机称为"差分机"，顾名思义适用于进行差分运算。如何才能让计算机更加普适地开展各种运算的问题是由图灵解决的，他不仅回答了计算机能计算什么样的问题，还同时将计算机的功能同计算速度之间建立了联系。

今天我们用英文单词"computer"来代表计算机，但是这个单词早在计算机被发明出来之前的 1646 年就已经出现了，那时候这个词并不是计算机的意思，而是代表一个用笔和纸拿着算盘正在进行数学运算的人（而且这种工作通常都是女性来担任）。1945 年冯·诺依曼首先用这个词来代表自动计算系统，即后来的计算机。那么之所以今天的计算机也用这个词来表示，就是因为当时摆在图灵面前要解决的一系列问题：是否可以用一台机器来模拟，甚至替代这个"正在计算的人"？如果可以，那么这台机器需要长成什么样子？需要如何来进行操作？它是否可以解决这个"正在计算的人"所要完成的所有问题？

图灵在 1936 年的时候，就仿造那个用纸笔进行数学运算的人，提出了一个替代她的模型构想：假设需计算的问题被写在一张分成若干方格子的纸带子上，每个方格子写了一个要处理的数字或者符号，而这些数字或者符号有有限多个，我们可以想象这个纸带子可以很长很长，甚至要多长有多长。那么，我们可以设计一台机器对这个纸带上的每一个格子中的信息进行计算，它必须能够从纸带子上读取符号，并根据指令决定是否修改纸带上格子中的信息，以及如何进行修改。假设这个机器每次只能读一个数字或者符号，纸带子可以前后移动，这个机器在得到运算的最终结果后，便可以自动地停止运行。那么，能够完成这一切的机器就可以代替那个用纸笔计算的人了。我们进行必要的简化后可以发现，这个机器只需要能够做下列两种简单的动作：

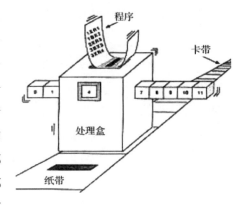

◎图2-18 通用图灵机的基本结构

（1）在纸上写上或擦除某个符号。

（2）把注意力从纸的一个位置移动到另一个位置。

我们想象一下那个用纸笔在做计算的人，她的计算的过程是怎样的？当她获得了一定信息后，要决定下一步做什么，做这个决定依赖于此人当前所关注的纸上某个位置的符号和此人当前的思维状态。

为了模拟计算者的这种运算过程，图灵构造出一台假想的机器，该机器由以下几个部分组成：

（1）一条无限长的纸带TAPE。纸带被划分为一个接一个的小格子，每个格子上包含一个来自有限字母表的符号，字母表中有一个特殊的符号表示空白。纸带上的格子从左到右依此被编号为0，1，2，……，纸带的右端可以无限伸展。

（2）一个读写头HEAD。该读写头可以在纸带上左右移动，它能读出当前所指的格子上的符号，并能改变当前格子上的符号。

$$q_4$$

S_1	S_1	S_3	S_1	S_0	S_1	

（3）一套控制规则TABLE。它根据当前机器所处的状态以及当前读写头所指的格子上的符号来确定读写头下一步的动作，并改变状态寄存器的值，令机器进入一个新的状态。

（4）一个状态寄存器。它用来保存图灵机当前所处的状态。图灵机所有可能状态的数目是有限的，并且有一个特殊的状态，使得计算结束，这个状态称为"停机"（halting）。

注意这个机器的每一部分都是有限的，但它有一个潜在的无限长的纸带，因此这种机器只是一个理想的设备。图灵认为这样的一台机器就能模拟人类所能进行的任何计算过程。

基于图灵的这个设计，他得出了一个重要的结论，就是世界上存在一种可以称为"通用"的计算机，它能够模拟任何其他通过纸带子上的符号描述出来的各种机器，这种机器可以成为通用的可编程计算机，后人称之为"通用图灵机"。

图灵机解决了计算机的通用性问题，可以说通用图灵机的发明，使得通过某种转换，这台机器可以普适地开展各种运算，而相应的越是复杂的运算付出的代价就是计算时长增加，这就是为什么理想图灵机模型中，我们假设记录信息的纸带子是有无限长的原因。图灵将计算的复杂性问题一部分转化为计算的时间问题，越复杂的计算耗时越长，那么随之而来的另一个重要的问题是图灵机中重要的"停机问题"，它直接决定了某个问题是否可以用通用图灵机解决。

停机问题是目前逻辑学中非常重要的一个讨论焦点，它甚至成为第三次数学危机的解决方案。停机问题简单地说，就是判断任意一个程序是否会在有限的时间之内结束运行的问题。如果这个问题可以在有限时间之内解决，则有一个程序判断其本身是否会停机并做出相反的行为，这时候不管停机问题的结果是什么，都不会符合要求。所以这是一个不可解的问题。图灵早就证明，没有这样一种通用的算法存在——此算法在所有可能的输入参数下可以解决停机问题。停机问题的本质是一高阶逻辑的不自洽性和不完备性，由它可以引出一系列关于计算的复杂性问题。

下面，我们就来讨论一下计算的复杂性问题。我们先来谈谈什么是计算。这个问题貌似很简单，比如两个数字相加、相乘就是一个数学计算问题，而对于计算机而言，不仅仅是数学的加减乘除，复杂的逻辑判断、对各种信息的处理等也属于计算问题。计算的复杂性问题直观上表现出的形式非常丰富，比如，如何将存储在磁介质的硬盘中的电位信息转化为我们可以收看的影像资料，比如如何指挥一只机械手臂进行高难度的技术操作，再比如指挥阿尔法狗（AlphaGo）击败人类职业围棋世界冠军等，广义上说这些操作都是计算。

那么我们应该如何根据要解决的问题设计一套可以让通用图灵机识别，并能够求解给定计算问题的算法呢？是否存在解决一大堆问题甚至所有问题的通用技术呢？如何确保一个算法能够按照我们想要的方式进行工作，并得到想要的答案？为了解决这些问题，科学家们提出了可计算性理论，这是当时计算机程序工程师需要密切关注的工作。设计一套好的算法，是许多工程师一辈子的追求。

可计算性理论（Computability theory），亦称"算法理论"或"能行性理论"，是计算机科学的基础理论之一。同时，它也是一门研究计算的一般性质的数学理论。可计算性理论通过建立计算的数学模型，精确区分哪些是可计算的，哪些是不可计算的。计算的过程是执行算法的过程。可计算性理论的重要课题之一，是将算法这一直观概念精确化。算法概念精确化的途径很多，其中之一是通过定义抽象计算机，把算法看作抽象计算机的程序。通常把那些存在算法计算其值的函数叫作可计算函数。因此，可计算函数的精确定义为：能够在抽象计算机上编出程序计算其值的函数。这样就可以讨论哪些函数是可计算的，哪些函数是不可计算的。

应用计算性理论是计算机科学的理论基础之一。早在 20 世纪 30 年代，图灵对存在通用图灵机的逻辑证明表明，制造出一台能够通过程序编译实现任何计算任务的通用计算机是可能的。这个结论影响了后来在 20 世纪 40 年代出现的存储程序的计算机（即冯·诺依曼型计算机）的设计思想。可计算性理论确定了哪些问题可能用计算机解决，哪些问题是不可能用计算机解决的。

可计算性理论中的基本思想、概念和方法，被广泛应用于计算机科学的各个领域。建立各种数学模型的方法成为计算机科学中的重要方法。递归的思想被用于程序设计，产生了递归过程和递归数据结构，也影响了计算机的体系结构。可计算理论的计算模型有很多，其中比较有名的就是图灵机模型。

那么我们如何来判定计算的复杂程度？早在 1938 年，图灵在他的博士论文中就开始研究计算复杂度问题，提出了著名的"图灵归约"（Turing reducible）。"归约"这个词本是解决"黑箱"问题的一种思维方式，它是指如果能找到这样一个变化法则，对程序 A 的任意一个输入，都能按这个法则变换成程序 B 的输入，使这两个程序的输出相同，那么，我们说，问题 A 可归约为问题 B。举一个例子，如果我们现在要计算的问题 A 为求 x^2，把问题 B 设为 $x \times x$，那么，对于任意一个实数 x，问题 A 和问题 B 得到的结果是一样，且知道了求解问题 B 的方法就能够得到求解问题 A 的方法，我们就说问题 A 可以图灵归约到问题 B。换句话说，如果我们有一个假想的计算机，可以有效地解决问题 B，我们就可以用它来解决问题 A，这就说明"解决问题 A 并不比解决问题 B 难"，两者是图灵等价（Turing equivalent）的。关于图灵归约，我们可以给出一个可被图灵归约成问题 B 的问题集的定义，它是指若存在问题 B 的预言机，就可以求解的问题集合。图灵归约可以用在决定性问题及功能性问题的判定上。

在众多问题中，有一个很重要的图灵归约问题，就是关于停机问题。问题是这样提出的。假设有一个问题 A：一个命题是否可以从集合论公理中得到证明。这是在 19 世纪引发第三次数学危机的重要论题。还有另一个问题 B：是否存在这样一个可以在图灵机上运行的程序，使得给它任意一段代码，它都能判断这个代码运行后会不会停机。那么这两个问题之间可以实现图灵归约吗？可以证明问题 A 和问题 B 是图灵等价的，也就是说能够证明问题 B，就能够证明问题 A。那么解决这两个图灵等价问题的难度我们用"图灵度"（Turing degree）来描述。这个图灵度也叫作"不可解度"，它是指某个给定的问题，所有与之图灵等价的问题的集合。

而在此基础上，我们还要考虑解决另一个问题，那就是解决一个特定计算问题需要消耗多少资源？如何能够得到一个在时间、空间、能源等方面消耗最少的问题求解算法？

前面提到过的 1946 年诞生的 ENIAC，每秒只能进行 300 次各种运算或 5000 次加法，是名副其实的计算用的机器。但是它的研发费用和消耗量是惊人的，研制 ENIAC 时，一开始就投资 15 万美元，最后的总投资高达 48 万美元，且后续的维护费用超过 200 万美元。这在上世纪 40 年代可是一笔巨款！而它的使用功耗高达 174kW/h，也就是工作 1 小时消耗 174 度电，相当于 1740 只 100W 灯泡同时点燃后 1 小时的耗电总量，应该说很惊人。据传 ENIAC 每次一开机，整个美国费城西区的电灯都变得昏暗。此后的 50 多年，计算机技术水平发生着日新月异的变化，运算速度越来越快，每秒运算已经跨越了亿次、万亿次级。

到了 2002 年，NEC 公司为日本地球模拟中心建造的一台"地球模拟器"，每秒能进行的浮点运算次数接近 36 万亿次。10 年之后，即 2012 年 6 月 18 日，国际超级电脑组织公布最新的全球超级电脑 500 强名单，美国超级电脑（超级计算机"红杉"）重夺世界第一宝座。"红杉"持续运算测试达到每秒 16 324 万亿次，其峰值运算速度高达每秒 20 132 万亿次，令其他计算机望尘莫及。

"运算速度"是评价计算机性能的重要指标，其单位应该是每秒执行多少条指令。而计算机内各类指令的执行时间是不同的，各类指令的使用频度也各不相同。

计算机的运算速度与许多因素有关，对运算速度的衡量有不同的方法。

为了确切地描述计算机的运算速度，目前科学界一般采用"等效指令速度描述法"。这种方法根据不同类型指令在使用过程中出现的频繁程度，乘上不同的系数，求得统计平均值，这时所指的运算速度是平均运算速度。所以在图灵机模型下，人们不仅要解决是否有解决问题的算法的问题，还要解决这个算法是否可以在有效时间内得到结论的问题。

许多的计算问题可以非常清楚地描述为判定问题（decision problem），即答案为"是"或者"否"。计算的复杂度常常被描述为判定问题，主要是两个原因：一是这种理论的形式比较简单，同时又可以以自然的方式推广到更复杂的情况；二是历史上计算复杂性理论基本上是从研究判定问题开始的。我们来举一个例子说明这一点。例如我们要判断一个给定的数是否为素数。这是典型的素数判定问题。我们可以设计一个图灵机，它可以从给定的数字 n 开始判定，当 n 为素数时，输出为 1，否则，输出为 0。那么我们可以多快地判断出一个数是否为素数呢？可以通过计算机的运算速度以及要判断的数字大小，运用筛选模型来计算确定。图灵认为图灵机可计算性的问题本质为是否具有有效算法，比如著名的"费马大定理"说当 $n \geq 3$ 时，关于 x, y, z 的不定方程

$$x^n + y^n = z^n$$

是不存在正整数解的。为了证明这个问题好几代人花了 300 多年才得到解决[1]，它的难度可想而知。那么对于原则上可解的问题，如果解决问题所需要的时间相当长，比如该问题可解，但是解决时间相当于宇宙年龄，或者为了解决这个问题需要消耗的资源即使全部宇宙的物质和能量也不够用，那么我们也不能说这个问题是一个可计算的问题。

时间复杂度并不是表示一个程序解决问题需要花多少时间，而是当程序所处理的问题规模扩大后，程序运行需要的时间长度对应增长得有多快。也就是说，对于某一个程序，其处理某一个特定数据的效率不能衡量该程序的好坏，而应该看当这个数据的规模变大到数百倍、数万倍后，程序运行时间是否还是一样，或者也跟着慢了数百倍，或者变慢了数万倍。下面我们以图灵机的运行步骤作为表征计算困难程度的基本量，讨论当输入数值的量值 n 很大的时候，计算机的计算量对 n 的依赖关系。

---

① 1995 年，英国著名数学家安德鲁·怀尔斯（Andrew Wiles）完成该命题的完整证明。

　　首先，在讨论以什么样的形式依赖于数据的量值时，常用"n 的什么数量级"这个词来表示，符号上我们用 $O\left(f(n)\right)$ 来表示。例如，不管数据有多大，程序处理所花的时间始终是那么多的，我们就说这个程序很好，具有 $O(1)$ 的时间复杂度，也称"常数级复杂度"；对于随着数据规模变大，花的时间也跟着同步等距地变长，比如找出 n 个数中的最大值，这个程序的时间复杂度就是数据规模变得有多大，花的时间也跟着变得有多长，那么这个程序的时间复杂度可以记作 $O(n)$，称为"线性级复杂度"；再如求解某一问题的计算结果需要计算的步骤为

$$3n(n-1)+nlogn$$

那么，它的计算量可以计为 $O(n^2)$，我们称它的计算量为"n^2 的量级"，为"平方级复杂度"。这是因为，当 n 很大时候，n^2 项的值最大，其系数可以忽略不计。更严格地说，如果只要取一个充分大的常数 c，对于解决这个问题的计算量肯定小于某一上限 $cf(n)$。另外，计算量还依赖于算法，由于算法不同，解决同一个问题的计算量也不同。最简单的例子，就是整数的四则运算。在二进制中的 1 比特相当于十进制中的 $log_{10}^2 \approx 0.3010$ 位，但是对于计算量问题，二进制和十进制没有本质的区别。对于 n 位整数之间的加减法运算，对于同一位的数进行加减运算，其数量级可以表示成 $O(n)$，但是对于只有一个读写纸带的图灵机，由于读写头要在每一位的加数和被加数之间来回移动，需要乘上一个 $O(n)$，因此，数量级为 $O(n^2)$。如果图灵机具备加数用、被加数用和加法运算三种纸带，则其运算量级仍然为 $O(n)$。对于 n 位整数之间的乘除法运算，按照幂指数的笔算方法，其数量级为 $O(n^2)$，但是经过算法优化，它的计算数量级可以更小，可以简化为 $O(n\,logn\,logn\,logn)$，它是一种根据 n 的依赖性进行乘法运算的算法。

　　对于四则运算，能够在输入单元的数据量 n 的多项式时间（Polynomial Time）内解出结果，所谓多项式时间指的是一个问题的计算时间不大于问题数据量 n 的多项式倍数，这类问题在计算复杂性分类中被称为"P 类问题"。

　　再举一个复杂的例子，上文中提到的素数判定问题，必然涉及质因数分解，那么对一个 n 位的整数 N，为寻找它的因数，要从 1 开始一直到 $\sqrt{N}$ 来除 N，检查 N 能否被除尽。如果除了 1 以外除尽 N 的数一个也找不到，则 N 就是一个素数（prime number）。由于 $N \approx 10^n$，那么 $\sqrt{N} \approx 10^{n/2}$，这就是说，大概需要计算 $10^{n/2}$ 次除法。显然，到底做多少次计算，取决于 n 的大小，计算量至少为

O（$10^{n/2}$）$\approx O$（3.16^n）以上。如果 N 是一个 100 位的数字，则再需要进行大约 10^{50} 次除法计算，也许能够找到某个素数。但这就意味着，即使是目前最高级的超级电子计算机，计算时间也很可能超过宇宙诞生到现在的时间，这种问题想要通过现在的科技水平来得到答案是不现实的。

对于类似的指数函数、阶乘等需要更多时间才能完成的计算问题，虽然它们属于无法在多项式时间内求解的问题，但是我们可以在多项式时间内来验证一个已知的解是不是它的解。这一类的问题我们称之为"NP 类问题"（Nondeterministic Polynomial time problems）。上面说的素数判断问题就是典型的 NP 类问题。

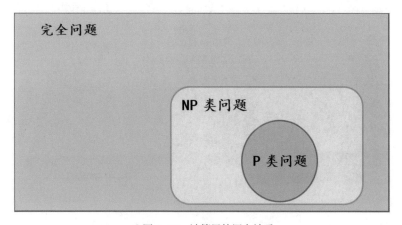

◎图 2-19　计算量的层次关系

总结一下，对于一个需要通过计算机解决的问题，根据其解决的时间随着需要计算的数据量 n 的增大而变化的规律可以分为两类：

P 类问题：在多项式时间内可解的问题。

NP 类问题：在多项式时间内"可验证"的问题。也就是说，不能判定这个问题到底有没有解，而是猜出一个解并在多项式时间内证明这个解是否正确。即该问题的猜测过程是不确定的，而对其某一个解的验证则能够在多项式时间内完成。

一般地，P 类问题属于 NP 类问题，但 NP 类问题不一定属于 P 类问题。可解的 P 类问题只占完全问题的很小一部分，在 NP 类问题的外围还有很多层次的问题可以被定义。

在 NP 问题中还有 NPC 问题（NP-complete problems），即 NP 完全问题。它们在多项式时间内可以变换成另外一种 NPC 问题，一般的 NP 问题都可以归结为 NPC 问题。如果在 NPC 问题中只要存在一种多项式时间内可解的算法，则其他所有的 NP 问题也就可以解了。

很明显，如果用非决策性图灵机能够在多项式时间内可解，则用决策性图灵机当然可解。因此 P 类问题的集合包括在 NP 类问题结合之中。反过来，也有人推测所有的 NP 类问题是否也能找到多项式时间可以完成的算法，如果有，那么 P 类问题的集合和 NP 类问题的集合将变得一致，即"P 类问题 =NP 类问题"。这个问题是否成立，目前还没有得到解决。

◎图 2-20　号称目前世界上最强大的超级计算机"Summit"

◎图 2-21　美国 IBM 公司展示的量子计算机 IBM Q System One

　　以上就是我们对计算复杂性理论的一个简单的介绍。而如果深入讨论这个问题，我们会发现，在计算复杂问题这件事上，人类目前所掌握的电子计算机的计算能力十分有限。即便是最近美国橡树岭实验室推出的，拥有每秒 14.86 亿亿次的浮点运算速度，号称世界上最强大的超级计算机 "Summit"，在一些问题求解时仍然力不从心。

　　一般认为，P 类问题是可计算问题，而对其他问题，如果输入值大到一定程度，实际上是不可能被计算的。但人们发现，有些经典计算机中不可计算的问题，引入量子计算机中就可能会变为可计算问题。

　　就在大家感到计算复杂度出现新危机的时候，2019 年 1 月 8 日，英国《金融时报》的一则报道传来好消息。该报道称，美国计算机巨头 IBM 公司已开发了第一台独立的量子计算机。这台计算机将一些全球最先进的科学技术集成到一个 9 英尺的玻璃立方体内。公司在拉斯维加斯国际消费电子展上首次公开了这一名为 IBM Q System One 的系统。这是全球唯一的一台独立量子计算机，人们将希望的曙光寄托在了量子计算上。相比于传统的经典计算机，量子计算机，顾名思义，采用量子力学的能力处理计算，其处理数据不像传统计算机那样分步进行，而是同时完成，这样就节省了不少时间，适于大规模的数据计算。传统计算机随着处理数据位数的增加所面临的困难线性增加，比如要分解一个 129 位的数字需要 1600 台超级计算机联网工作 8 个月，而要分解一个 140 位的数字所需的时间要几百年。但是利用一台量子计算机，可以在几秒内得到结果。

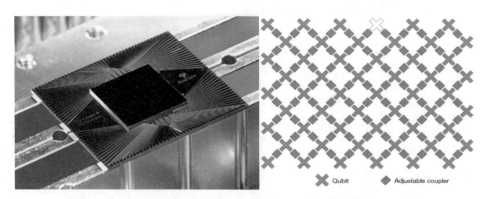

◎图 2-22　包含 53 个可用量子比特的可编程超导量子处理器悬铃木（Sycamore）

　　2019 年 10 月，在持续重金投入 10 余年后，美国的谷歌公司成功开发了一个包含53个可用量子比特的可编程超导量子处理器，命名为"Sycamore"（悬铃木）。它能处理的问题大致可以理解为：判断一个量子随机数发生器是不是真的随机。"悬铃木"包含53个量子比特的芯片，花了200秒对一个量子线路取样100万次，而利用当时世界排名第一的超级计算机"Summit"完成同样的任务需要1万年，"悬铃木"的研发团队在取得成功后，正式宣布实验证明了量子优越性。

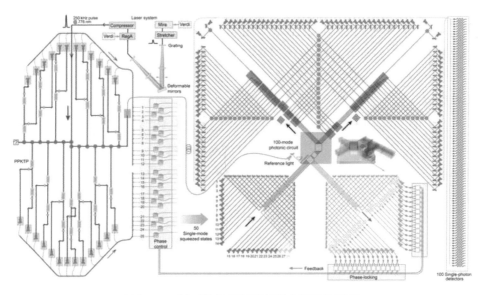

◎图2-23 "九章"量子计算原型机光路系统原理图

2020年12月4日，国际学术期刊《科学》发表了一项最新的科研成果，中国科学家成功构建了76个光子的量子计算原型机，并命名为"九章"。根据现有理论，该量子计算系统处理100个模式的高斯玻色取样的速度比目前最快的超级计算机快100万亿倍。与"悬铃木"相比，"九章"用来制造量子计算机的物理体系有所不同。"九章"用的是光学系统，"悬铃木"用的是超导体。在外形上，"九章"就是一些光路，一个实验室里的两个台子就能放下。只在探测部分需要用到超导，需要4K的低温（-269.15℃）环境。其他部分都是在常温常压下运行的，这是光量子计算机相对于超导、离子阱等其他技术路线的优势。实验显示，当求解5000万个样本的高斯玻色取样时，"九章"需200秒，而理论上目前世界最快的超级计算机计算这个结果则需长达6亿年。从等效看，"九章"的计算速度比"悬铃木"快100亿倍，并弥补了"悬铃木"依赖样本数量的技术漏洞。2021年10月25日，中国科学技术大学潘建伟、朱晓波团队在《物理评论快报》（*Physical Review Letters*）发布了他们研制的 66 个量子比特可编程超导量子计算原型机"祖冲之号"2.0。他们通过操控其中的 56 个量子比特，也开展了一轮随机线路采样实验，并成功地实现了量子计算优越性。

此外，量子计算在遇到故障时具有极其强大的自我处理能力，当系统的某部分发生故障时，输入的原始数据会自动绕过，进入系统的正确部分进行正常运算，运算能力相当于 1000 亿个奔腾处理器，运算速度比现有的计算机成几何数量级增加。量子计算机的计算能力之大足以让今天所有的传统计算机悉数进入历史博物馆。

对于量子计算机的研究，让我们对人类的计算能力提出了新的期待，当前关于量子计算机的发展，学界公认有三个指标性的发展阶段。第一个阶段是发展具备 50–100 个量子比特的高精度专用量子计算机，对于一些超级计算机无法解决的高复杂度特定问题实现高效求解，实现计算科学中"量子计算优越性"的里程碑；第二个阶段是致力于研制可相干操纵数百个量子比特的量子模拟机，用于解决若干超级计算机无法胜任的具有重大实用价值的问题（如量子化学、新材料设计、优化算法等）；最后一个阶段就是要大幅度提高可操纵的量子比特的数目（百万量级）和精度（容错阈值 > 99.9%），研制可编程的通用量子计算原型机。

三、加密危机：经典密码真的安全？

前面两节，我们讨论了信息处理的硬件——计算机，以及信息处理的软件——计算算法的发展历程，我们也从硬件和软件的发展中发现，随着技术手段的不断发展，虽然当代信息计算技术已经得到了大跨度的进步，但是，无论是硬件还是软件，在未来发展的趋势上，都面临着来自量子信息的挑战。而这方面的挑战还存在一个很重要的信息处理领域，那就是对信息的加密。

对信息进行加密、分析、识别和确认可以追溯到 3000 多年前。信息加密技术的发展最早都是应用于战争信息传递的，对密码学历史的回顾可以从古罗马人使用的恺撒密码讲起，这种加密手段可以说在密码学的发展历史中大名鼎鼎，虽然其加密方法今天看来十分简陋。恺撒密码是最为经典也最为简单的替代式密码，它将要加密的信息中的每个密码字母，被其字母表中所在位置往后数第 3 个字母替代。因此字母 A 将会被字母 D 替代、字母 B 将会被字母 E 替代、字母 C 将会被字母 F

替代等，最后，X、Y 和 Z 将分别被替代成 A、B 和 C。例如，"WIKIPEDIA"将被加密成"ZLNLSHGLD"。这种加密方式操作简单，但是简单的密码是一把双刃剑——这种格式的密码被解密也是易如反掌。恺撒的密码可以通过将每个被加密的信息中的字母在字母表中向前移动三位而被轻易解密。1412 年，波斯人艾哈迈德·卡勒卡尚迪（Ahmadal-Qalqashandi）提出利用语言特征和字母频率破译密码，就是针对这类加密方式的。

在后来的更加复杂的密码中，字母表会被完全打乱，因此对于业余水平的解密者来说，解密就不再是一件易如反掌的事情了。其实，在任何一段足够长的英文文字中，使用最频繁的字母通常是 E，位于第二位的字母则通常是 T，而使用最频繁的三字母单词则是定冠词 the。通过这种频率分析法，一个不太熟练的初级解密者也可以轻易地猜出密文中哪一个字母代表着 E、T 以及其他的字母。

多年以后，想要获得更高的保密度的人获得了一种设计更加精细的密码表。相

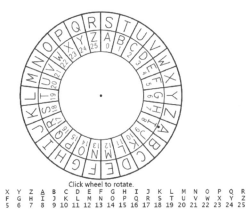

◎图 2-24　恺撒密码的位移加密圆盘

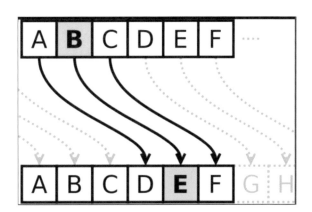

◎图 2-25　恺撒密码与栅格密码

传在 16 世纪，法国外交家布莱斯·德·维吉尼亚（Blaise de Vigenère）发明了一种方法来对同一条信息中的不同字母用不同的密码进行加密，这种密码被称为"维吉尼亚密码"。维吉尼亚密码是使用一系列恺撒密码组成密码字母表的加密算法，属于多表密码的一种简单形式。

在一个恺撒密码中，字母表中的每一字母都会作一定的偏移，例如偏移量为 3 时，A 就转换为了 D、B 转换为了 E……而维吉尼亚密码则是由一些偏移量不同的恺撒密码组成。为了生成密码，需要使用表格法。这一表格（如图所示）包括了 26 行字母表，每一行都由前一行向左偏移一位得到。具体使用哪一行字母表进行编译是基于密钥进行的，在过程中会不断地变换。同时发件人和收件人必须使用同一个关键词（或者同一文字章节），这个关键词或文字章节中的字母告诉他们怎样才能用前后改变字母的位置来获得该段信息中的每个字母的正确对应位置，这个关键词就叫作"密钥"。

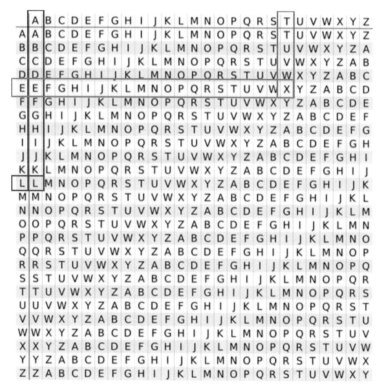

◎图 2-26　加密字母表

例如，假设在一场军事战争的某次战役中，司令官向全体军士下达黎明进攻（Attack at Dawn）的命令，而这个命令必须进行加密才能传达，这样我们就有了一条需要加密的信息明文：

ATTACKATDAWN

为了保证命令不被敌军知晓，我们需要事先同战斗各单位的收报员约定一个用于加密的关键词，并约定将这一关键词重复就可以得到加密的密钥，例如我们约定这个密钥关键词为 LEMON，那么经过不断重复，最终与加密信息字数相等的加密密钥为：

LEMONLEMONLE

对于明文的第一个字母 A，对应密钥的第一个字母 L，于是使用加密字母表（如图 52）中 L 行字母表进行加密，得到密文第一个字母 L。类似地，明文第二个字母为 T，在表格中使用对应的 E 行进行加密，得到密文第二个字母 X。以此类推，可以得到：

明文：ATTACKATDAWN

密钥：LEMONLEMONLE

密文：LXFOPVEFRNHR

解密的过程则与加密相反。例如：根据密钥第一个字母 L 所对应的 L 行字母表，发现密文第一个字母 L 位于 A 列，因而明文第一个字母为 A。密钥第二个字母 E 对应 E 行字母表，而密文第二个字母 X 位于此行 T 列，因而明文第二个字母为 T。以此类推便可得到明文。

如果用数字 0~25 代替字母 A~Z，维吉尼亚密码的加密文法能够写成同余的形式：

$$C_i \equiv P_i + K_i \ (\mathrm{mod}\ 26).$$

解密方法则能写成：

$$P_i \equiv C_i - K_i \ (\mathrm{mod}\ 26).$$

很多年以来，维吉尼亚密码都被认为是不可破解的，直到 19 世纪 50 年代，那个发明巴贝奇计算机的英国人查尔斯·巴贝奇出现。1854 年，查尔斯·巴贝奇受到斯维提斯（John Hall Brock Thwaites）在《艺术协会杂志》（*Journal of the Society of the Arts*）上声称发明了"新密码"的激励，从而破译了维吉尼亚密码。巴贝奇发现斯维提斯的密码只不过是维吉尼亚密码的一个变种而已，而斯维提斯则向其挑战，让他尝试破译用两个不一样长度的密钥加密的密文。巴贝奇成功地进行了破译，获得的明文是丁尼生所写的诗《罪恶的想象》（*The Vision of Sin*），使用的密钥则是丁尼生妻子的名字 Emily（艾米莉），从而破译了维吉尼亚密码。但是他并没有公布他的破解方法。直到 9 年后的 1863 年弗里德里希·卡西斯基首先发表了完整的维吉尼亚密码的破译方法，称为“卡西斯基试验”（Kasiski examination）。早先的一些破译都是基于对于明文的认识，或者使用可识别的词语作为密钥，而卡西斯基的方法则没有这些限制。其实，在此之前，已经有人意识到了这一方法，巴贝奇通过寻找重复的字母段破解了这个密码系统。在对巴贝奇生前笔记的研究中发现，早在 1846 年巴贝奇就使用了这一方法，与后来卡西斯基发表的方法相同。

　　卡西斯基试验是基于像是 the 这样的经常使用单词有可能被一样的密钥字母进行加密，从而在密文中重复出现。例如，明文中不一样的 CRYPTO 可能被密钥 ABCDEF 加密成不一样的密文：

　　明文：CRYPTO IS SHORT FOR CRYPTOGRAPHY

　　密钥：ABCDEF AB CDEFA BCD EFABCDEFABCD

　　密文：CSASXT IT UKSWT GQU GWYQVRKWAQJB

　　此时明文中重复的元素在密文中并不重复。然而，若是密钥相同的话，结果可能便为（使用密钥 ABCD）：

　　明文：CRYPTO IS SHORT FOR CRYPTOGRAPHY

　　密钥：ABCDAB CD ABCDA BCD ABCDABCDABCD

　　密文：CSASTP KV SIQUT GQU CSASTPIUAQJB

　　此时卡西斯基试验就能产生效果。对于更长的段落此方法更为有效，因为一般密文中重复的片断会更多。如经过下面的密文就能破译出密钥的长度：

　　密文：DYDUXRMHTVDVNQDQNWDYDUXRMHARTJGWNQD

　　其中，两个 DYDUXRMH 的出现相隔了 18 个字母。所以，能够假定密钥的长度是 18 的约数，即长度为 18、9、6、3 或 2。而两个 NQD 则相距 20 个字母，意味着密钥长度应为 20、10、5、4 或 2。取两者的交集，则能够基本肯定密钥长度为 2。

　　此时卡西斯基试验就能产生效果。对于更长的段落此方法更为有效，因为通常密文中重复的片段会更多。

如果获得了足够多类似的线索，解密者就可以知道密钥的确切长度。一旦他知道了密钥长度，他就可以对加密信息进行日常频率分析。注意，数学在解密工作中总是放在首位的：解密者首先会计算出密钥的长度，这步工作甚至是在他要考虑密钥的具体内容是什么之前就要做的。

密码技术及其研究和应用领域是不断发展的。密码最初只用来保护信息，或者通过破译密码获取情报。随着密码在军事活动中的作用日益突出，密码技术越来越复杂，早期由国家统治者和军事指挥员亲自制作和使用密码的情形已越来越不可能出现了，专门从事密码工作的参谋人员开始出现在军队指挥编制序列中。

世界各国从封建社会中后期开始，先后有了专门从事军事密码工作的人员，军事机要成为军队指挥机构的重要组成部分和特殊专业部门，直接对国家和军队高层领导者负责。这一时期密码学的代替和移位方法应用更加广泛，更多的数学方法被引入密码分析和研究中，为后来密码学的发展奠定了坚实的基础。1776 年，美国人 A. L. 阿瑟发明了代码本。之后，美国军队采用了专用的代码本。1844 年，前面提到的塞缪尔·莫尔斯发明了把字母转换成长、短音的莫尔斯电码。与莫尔斯电码一起发明的电报使人们进行迅速的长途通信成为可能。而在破解密码方面，前面提

◎图 2-27　印有上海大北水线电报公司大楼的明信片

到了 1863 年，普鲁士人 F. W. 卡西斯基所著的《密码和破译技术》一书，首次从关键词的长度着手破解密码。英国人 C. B. 巴贝奇通过仔细分析编码字母的结构，也破解了维吉尼亚密码。

在信息编码方面，近代中国也做了很重要的尝试。1871 年，上海大北水线电报公司选用 6899 个汉字，代以四码数字，成为中国最初的商用明码本，同时也设计了由明码本改编为密本及进行加乱的方法。在此基础上，逐步发展成为各种比较复杂的密码。这个时期，密码技术经过了漫长的发展过程，人们先后创造了代替密码（包括单表代替、多表代替、密本等）、易位密码等多种密码技术。

当然，对密码的破译永远随着加密技术的发展而发展，而往往一旦密码被破译导致信息的泄露会带来巨大的连锁反应，甚至最后造成雪崩式的灾难。在中国近代史上，就有一场因为密码被破译而导致的历史性灾难，它的后果甚至可以说是改变了中国的历史，那就是历史上著名的"李鸿章遗恨春帆楼"事件。1895 年 3 月 21 日，72 岁的李鸿章和几位随行人员登上了日本下关市的春帆楼，这里原本是一座寺院的一部分，明治维新后，寺院被改造成为神宫，这所小楼也被空了出来。而就是在这所不起眼的小楼里却发生了一件影响中国历史的事件。1894 年，刚刚经历了明治维新就飞速发展的日本，同垂垂老矣的大清王朝进行了被后人称为"甲午战争"的海上搏杀。就是在这场战争中，日本海军让这位大清王朝中堂大人苦心经营 20 余年的北洋海军全军覆没，成为他一生中最大的遗憾。在日本的要求下，年过七旬的李鸿章不得不远赴东瀛，面对他一生中，也是大清王朝建立以来最大的耻辱——甲午战争的战后谈判。在谈判桌上任何一次交锋都承载着两个国家决策机构的博弈策略。而身在客场的李鸿章如何同他远在千里之外的大清国进行沟通是个关键问题，在谈判之前日本方面断然拒绝了中方代表向本土发电报的要求。不过第一天的谈判过后，会场似乎没有显示出剑拔弩张的气氛，反而在会谈中，日本首相伊藤博文还特许李鸿章使用中日之间的电报专用线与清廷进行密电联络，以示友好。据日本记者报道，第一天的会谈之后，李鸿章神态怡然甚至还面带笑容地走出春帆楼，但是他很快就笑不出来了，因为他不知道的是，那条看似为他提供便利的电报专线，已经完全泄露了中方对谈判的全部意图和底牌。谈判的结果，今天的我们都已知晓，经过 28 天的谈判，中日双方签署了《马关条约》（日方称《下关条约》），这是大清朝立国 250 多年来签署的最为屈辱的条约，赔款之多也是史无前例的。谈判结果如此惨败，其实并非李鸿章没有尽力，相反的是，在这场谈判中，李中堂还险些被一个 21 岁的日本右翼青年刺杀，他脸颊中弹血染官服。据后来伊藤博文编写的《机密日清战争》一书中提到，当时日方非常害怕李鸿章让欧美列强给日本施压，或者干脆就势回国，不再与日方谈判。这时候一个奇怪的现象发生了，日方一方面希望尽快与清廷签约，但是在谈判桌上却狮子大开口，丝毫不肯做出任何让步，这显然跟日方急于签约的心态不符。

◎图 2-28　1895 年在下关春帆楼进行的《马关条约》谈判

日本为何如此嚣张，其实是因为日本很早就破译了中国电报通信的密电码。也就是说，李鸿章与清廷之间所谓的"密电"往来，在伊藤博文眼中毫无保密可言。光绪皇帝对于中日海战的惨败早已如惊弓之鸟，急于求和，几次催促李鸿章早日缔结和约，了结此事，多次打电报告诉李鸿章要"总在速成"。而当伊藤博文和陆奥宗光了解到清廷授权李鸿章"权宜签字"的权限后，无论李鸿章如何再三请求，日方都不肯做丝毫让步，最后让这位善于同洋人打交道的中堂大人，签署了一份连欧美列强都看不下去的屈辱条约。以至于条约签署后，俄罗斯、德国、法国等各国公使都以"友善劝告"为借口，给日本施压，迫使日本把辽东半岛还给大清，但日本仍然以此为借口要走了 3000 万两白银的"赎辽费"。

这次失败的谈判中，大清的密电码被日方破译产生了严重的负面影响。那么，到底清廷的密电是如何被破译的呢？据历史学家考证，这事情要追溯到中日甲午战争开战之前。1894 年 6 月，日本干涉朝鲜内战，日本政府发给当时清政府驻日公使汪凤藻一份照会，史称"第一次绝交书"。这次日本发照会与以往有所不同，日本外相陆奥宗光的秘书中田敬义提前将这份照会译成了中文，连同日文版本一起给了汪凤藻。当时中日已经有有线电报联系，中国的密电码是一个汉字对应四个数字，这些日本是知道的，但是他们并不知道具体如何对应，于是他们就想出了这种"钓鱼方法"。如果汪凤藻直接将日本翻译的这份照会中文版用密码发给国内，那么日方情报人员就很容易将照会的文字和收到的电文数字一一对应起来，就此倒推出中方密码本。当然，汪凤藻也不是那么没脑子，他多少对日方还是有所防范，他将日本给的中文版进行了一些删减之后发回国内。但是汪凤藻不知道的是，这种一个汉字的明文对应一个汉字密码的加密方式是极不安全的，尽管他将日方的中文照会缩减了近1/3，但是参照日方拟定的原文，诸如"朝鲜""我""兵"等字眼还是会有诸多频次的出现。日本人监听到电文，判断出一些电文的大致位置，比如"我"字的出现的大致位置总是有2053这个密码，那么他们就可以推断密码本中，"我"字对应编码是2053，类似的"朝鲜"一次出现多次，那么也就能够知道这两个字的代码。

这样，日本人就能够轻易地破译了和这篇电文有关的中文密码，然后以此为突破口破译中方整个密码系统。据中田敬义日后回忆说："彼方之电文我方便能完全解读，非常方便……甚至在谈判之时，我方也运用得非常方便。"[1] 参与甲午战争谈判的日本外相陆奥宗光在他的回忆录《蹇蹇录》中大量引用了李鸿章同清廷之间的往来电文，而中方还以为这些电文是秘密电报。

这件事情中方付出了惨痛的代价，从这件事情中我们至少吸取两个教训：一是在没有足够安全的加密方法之前，频繁地发送密文本身就很可能导致泄密；二是任何反复使用的密码，被破译都只是时间问题，密码本必须经常性地进行更换，甚至对某一些重要的行动要设置一个一次性的专属密码本。当时如果中方对信息保密有些基本常识，即便设计不出更难破译的密码本，至少可以避免中国外交史上的一次雪崩式的灾难。

在现代密码学的技术研究方面，1883年，法国籍荷兰人A.克尔克霍夫斯所著的《军事密码学》等著作，对密码学的理论和方法做过一些论述和探讨。他提出了密码分析的基本假设：假设密码分析者拥有密码算法及其实现的全部详细资料，算法的安全性完全寓于密钥之中。

---

① 宗泽亚. 日清战争 1894—1895［M］. 北京：世界图书出版公司. 2012.

20 世纪初，出现了最初的可以实用的机械式和电动式密码机，首先装备在军队使用。世界各主要国家的军队普遍设立了军事机要部门，海军主要舰艇也编配了机要人员，专门从事密码通信工作，保障军事指挥和军事行动的保密与安全。同时，以语言学家和人文学者为主，专门从事密码破译的机构也在各主要国家的军队中出现，密码斗争日趋尖锐。发生在 1914—1918 年的第一次世界大战，也是人类历史上规模空前的密码战。大战初期，德军"马德堡"号巡洋舰在海上发生意外，在撤离军舰之前，密码工作人员将密码本抛入大海。英国情报局获知后，立即组织力量打捞并获成功。从此，德国海军的许多密码电报被英国破译，德国海军动向完全被英国所掌握。德国海军每次出航，都受到占优势的英国舰队袭击，特别是在以后的多加邦克、日德兰等海战中，德国损失惨重。1917 年，大战进行到关键时刻，英国破译密码的专门机构——"40 号房间"利用缴获的德国密码本，破译了德国外长 Z. 齐默尔曼要求墨西哥向美国宣战的电报，促使美国放弃中立立场、宣布直接参战，从而改变了战争进程。1918 年，德国人 A. 谢尔比乌斯研制成功世界上第一台非手工编码的密码机——"恩尼格玛"（Enigma，意为"谜"）。

1942 年，美国被迫卷入第二次世界大战，参战双方都在千方百计地努力破获对方的情报，同时努力让自己的情报传输和通信更加安全。为此双方都想出了很多千奇百怪的方法，比如美军曾找了 500 名印第安土著纳瓦霍人作为战场上的通信员，他们的语言外人无人能听得懂。但是在战场上这种方法是无法进行远距离通信的，美国人总不能给每个通信点都配一个印第安土著吧。所以，美国在努力通过改进保密的技术实现保密通信，这个任务就落在了现代信息学之父香农身上，他运用熵和多余度对密码分析的一般方法作了理论阐述，并提出唯一解码量的概念。

20 世纪 60 年代以后，随着微电子学、计算机科学等新技术的迅速发展，美国等国家开始大量研制和使用以线性、非线性移存器为基础，加上各种非线性逻辑变换而形成的电子密码。1976 年，美国斯坦福大学的密码学家迪菲（W. Diffie）和赫尔曼（M. Helliman）发表了《密码学的新方向》一文，提出了适应网络保密通信的公钥密码思想，奠定了公钥密码学的基础。1977 年美国国家标准局正式公布实施数据加密标准（DES），公开它的加密算法，该算法一度超越国界成为国际上商用保密通信和计算机通信的最常用的加密算法。各种公钥密码体制的相继提出，特别是 1978 年第一个公钥密码体制——RSA 体制的出现，进一步推动了密码学的发展。此后，密码理论蓬勃发展，密码编码与密码分析互相促进，出现了大量的密码编码和密码分析方法，密码使用的范围也不断扩大。

那么我们回到这节最开始提出的问题，目前我们使用的经典密码体系真的安全吗？为了解决这个问题，我们以 RSA 密码体系为例加以分析。

RSA 是 1977 年由麻省理工学院的罗纳德·李维斯特（Ron Rivest）、阿迪·萨莫尔（Adi Shamir）和伦纳德·阿德曼（Leonard Adleman）一起提出的，RSA 就是他们三人姓氏开头字母拼在一起组成的。RSA 是一种公开密钥密码体制，在公开密钥密码方案中，加密码钥对任何人都是公开的，但是译码密钥是保密的，即使知道公开码钥，也很难求得译码钥，也就是说这是一种使用不同的加密密钥与解密密钥。它的基本思想基于两个

◎图 2-29　RSA 密码技术的提出者罗纳德·李维斯特、阿迪·萨莫尔和伦纳德·阿德曼

大素数的乘积可以容易求解，但是一个大数的素数分解算法一直未能得到理论上的证明，也并没有从理论上证明破译。RSA 的难度与大数分解难度等价。在 RSA 加密过程中，即使知道加密密钥，也很不容易得到解密密钥，因为要得到解码密钥必须把模 n 进行两个素数分解，n 的位数越大，其素数分解越困难。为了保证安全，通常取 $n \geq 10^{300}$（$\log_2 n \geq 1000$），一个 300 位的大数的素数分解至少要进行 $\sqrt{N}$ 次的运算，即需要进行 10^{150} 次运算，这个数量即使用最先进的电子计算机，其运算时间也将是上百亿年，这个数字是宇宙年龄数量级的，这就意味着在现有的技术水平条件下，这种加密方式是安全的。

但是以上的这一切安全论证都是基于经典信息学理论。目前，从理论上说，RSA 的一些变种算法已被证明等价于大数分解。不管怎样，分解 n 是最显然的攻击方法。现在，人们已能分解 140 多个十进制位的大素数。因此，模数 n 必须选大些，视具体适用情况而定。RSA 算法的保密强度随其密钥的长度增加而增强。但是密钥越长其加解密所耗用的时间也越长。因此，要根据所保护信息的敏感程度与攻击者破解所要花费的代价值不值得，以及系统所要求的反应时间来综合考

虑，尤其对于商业信息领域更是如此。通常情况下，在传统的 RSA 加密过程中小于 512 位的密钥被视为不安全的；768 位的密钥不用担心受到除了国家安全管理（NSA）外的其他事物的危害；1024 位的密钥几乎是安全的。

但是，我们决不能说这种加密方式是绝对保密的，因为没有理论可以证明破解 RSA 就一定需要做大数分解。假设存在一种无须分解大数的算法，那它肯定可以修改成为大数分解算法，即 RSA 的重大缺陷是无法从理论上把握它的保密性能如何，而且密码学界多数人士倾向于因子分解不是 NPC 问题"由已知加密密钥推导出解密密钥在计算上是不可行的"密码体制。

在实践上，当量子算法诞生之后，这种看似牢不可破的加密方式遇到了它的"滑铁卢"。为了配合量子计算机的运算，很多数学家和算法工程师开始研发新的程序，以解决那些在传统经典计算机上不能解决的问题。而对超大整数的质因数分解就是人们关注的热点之一，如果在这个方面取得了进展，那么就直接威胁到诸如 RSA 加密的这类算法的安全性。在这个方面，麻省理工学院应用数学系的彼得·威廉·舒尔（Peter Williston Shor）迈出了关键一步。1994 年，当时作为 AT&T 公司的研究人员，舒尔发现了分解两个大质因数相乘合数的量子算法（质数就是素数）。这种算法需要基于量子并行计算，其原理较为复杂，简单地说，舒尔算法基于整数论中的一个重要命题：大数的质因数分解可以归结为寻找以 N 为模的同余式的周期性。舒尔算法可以在多项式时间内完成一个大数的质因数分解问题，将对 RSA 公钥密码体制产生强烈冲击。如果利用量子计算机中的舒尔算法，对一个 200 位的大数进行分解，可以在多项式时间完成，而不需要经典信息中的上百亿年，那么量子算法就会使传统的加密方式受到非常大的挑战。这一方面击溃了人们对经典信息加密方法的信任，同时也给量子计算机研究注入了活力，引发了量子计算和量子计算机研究的热潮。

第三章

华丽转身：
量子比特如何描述信息

HUALI ZHUANSHEN

LIANGZI BITE RUHE MIAOSHU XINXI

一、薛定谔的猫与量子纠缠

20 世纪初叶，科学经历了一场出人意料的革命，物理学遇到了一系列的危机，众多诸如黑体辐射、光电效应、原子光谱、普朗克散射等涉及物质内部结构的新现象，令当时科学家们匪夷所思。这些物理现象之所以让人匪夷所思，就是由于量子体系拥有与经典物理规律格格不入的特殊"性格"。

1900 年，当时物理学界德高望重的开尔文男爵（Lord Kelvin）在其著名的演讲《在热和光动力理论上空的 19 世纪乌云》（*Nineteenth-Century Clouds over the Dynamical Theory of Heat and Light*）中提出了著名的"物理学阳光灿烂的天空中飘浮着的两朵小乌云"[①]的说法，冥冥中预示着经典物理学的没落和新物理学的诞生。物理学从此走入了一个可以说完全颠覆传统理论的崭新时代。

物理学的变化来自两个方面，一个是爱因斯坦在 1905 年和 1915 年发表的狭义相对论和广义相对论，它给牛顿力学建立的传统时空观带来了深刻的变革，使人们对物质、运动及其相互作用有了新的看法，更给天体物理学、天文学和宇宙物理学带来新的革命。另一个物理学的变革来自微观领域。在 20 世纪刚刚开始的 1900年，普朗克在黑体辐射的研究中，为了解决黑体的光谱线存在无穷能量的"紫外灾难"的问题，提出了能量量子化；1905 年，爱因斯坦提出了光量子说，并成功地解释了光电效应；1922 年，康普顿用 X 射线光谱实验证实了光子假说；1913 年，尼尔斯·玻尔在普朗克的量子辐射基础上建立了原子辐射和吸收的量子化理论，成功地解释了氢原子和较重的元素的原子谱线，初步建立了旧量子理论。此后的几十年里，以这个旧量子理论为基础，物质的光、电、磁及其他的化学性质都得到了一个相对系统的解释。而 1924 年，德布罗意对波粒二象性的提出，突破了玻尔的旧量子论，使得人们对微观世界有了一个全新的认知。之后，从德布罗意波到薛定谔方程，从海森堡的矩阵力学到不确定关系、不相容原理和互补原理组成的哥本哈根诠释，从乌伦贝克和古兹米特发现的电子自旋理论到狄拉克的相对论波动方程，量子力学作为一个崭新的理论同相对论一起逐步成为近代物理学的两大支柱。

[①] "Lord Kelvin, Nineteenth Century Clouds over the Dynamical Theory of Heat and Light", reproduced in Notices of the Proceedings at the Meetings of the Members of the Royal Institution of Great Britain with Abstracts of the Discourses, Volume 16, pp.363-397.

不过相比相对论而言，量子力学所建立的对微观世界的描述因为对一直处于统治地位的牛顿 – 拉普拉斯体系的颠覆，而在整个物理学界引发了极大的争论。争论的最高潮就是以玻尔与爱因斯坦为代表的两个派别关于量子力学诠释的三次论战。

1927 SOLVAY CONFERENCE

The 1927 Solvay Conference in Brussels was an extraordinary gathering of famous physicists. Included in the photo are M. Planck, Mme. Curie, H. A. Lorentz, A. Einstein, N. Bohr, E. Shroedinger, W. Pauli and W. Heisenberg.

A. PICCARD	E. HENRIOT	P. EHRENFEST	ED. HERZEN	Th. DE DONDER	E. SCHRÖDINGER	E. VERSCHAFFELT	W. PAULI	W. HEISENBERG	R.H. FOWLER	L. BRILLOUIN
P. DEBYE	M. KNUDSEN	W.L. BRAGG		H.A. KRAMERS		P.A.M. DIRAC	A.H. COMPTON	L. DE BROGLIE	M. BORN	N. BOHR
I. LANGMUIR	M. PLANCK	M. CURIE		H.A. LORENTZ		A. EINSTEIN	P. LANGEVIN	Ch. E. GUYE	C.T.R. WILSON	O.W. RICHARDSON

Absents: Sir W.H. BRAGG, H. DESLANDRES et E. VAN AUBEL

◎图 3-1　参加 1927 年第五届索尔维会议的科学家合影

第一次论战是在量子力学逐步建立时，量子力学的哥本哈根解释还没有提出，但对于量子理论中出现的、引人注目的不连续性与因果性问题，即涉及是坚持还是放弃经典物理学的信条，爱因斯坦与玻尔的态度却有很大的不同，因而开始个别地、直接或间接地进行了争论。

爱因斯坦虽然提出了光的波粒二象性，但从根本上他不准备放弃连续性和严格因果性，因为这些正是相对论的基本特征。他还坚持相信对于原子过程能够给出连续的机制和直接的原因，而这种原因一旦被得到、被重复，现象即会无一例外地以决定论方式精确地出现。在玻尔看来，经典物理学和量子理论的矛盾是不可调和的，虽然它们通过对应原理的方式联系着。两人的第一次交锋是 1927 年在布鲁塞尔举行的第五届索尔维会议上。那可能算是一场前无古人后无来者的物理学界群英会。在一张 1927 年会议的历史照片中，列出来的鼎鼎大名使你不能不吃惊。在这次与会的 29 人中，有 17 人获得了诺贝尔物理学奖。在这场会议上，爱因斯坦对玻尔发起了第一次攻击。他描述了一个简单的实验，企图用这个实验来揭露量子论的理论基础存在问题。他设想通过一处窄缝发射一束电子。在狭缝的另外一边，电子会发生衍射，从而以狭缝为中心进行扩散，而不是简单地沿着直线穿过狭缝。我们可以用一块胶片来记录电子冲击下的标记。

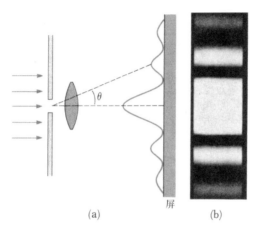

(a)   (b)

◎图 3-2　一束电子通过单缝屏进行衍射

根据玻尔等人提出的量子理论，无论中间过程如何，在每个电子撞到胶片之前，它们都遵循着薛定谔方程，具有波粒二象性。根据哥本哈根学派的概率解释，电子的波函数会在到达胶片之前"坍缩"为某一状态，在被观察以前，每一个电子在胶片上的任意一个点上的分布概率都不为零，也就是说，电子将分布在一个很大的范围之内。但是一旦进入观察，它就可能在某点上被观察到，我们可以理解为电子的波函数坍缩到那个点上，而其他点被观测的概率瞬间变为零。针对这个观点，爱因斯坦提出质疑，如果我们知道了这个电子落在某个点，那也就同时知道了它不会落在另一个点，这就意味着两点之间可以存在一种同时相互影响的存在"类空间隔"[①]的两个事件，这就造成了一个很大的困难，波函数的瞬间"坍缩"破坏了信号的传递速度最大为光速的要求，直接破坏了"定域性"原则。

对于爱因斯坦的诘问，玻尔提出反驳，他认为爱因斯坦的这个假设实验有一个

---

① 类空间隔是相对论中的一个术语，它指的是两事件的时空间隔满足"两事件之间不可以用低于光速的信息进行联系"。

默认的假定，那就是缝屏质量是无限大的，因为只有这样，电子打在缝屏上所获得的动量和打在胶片上的位置才是确定的，如果不是这样，电子的精确位置与动量就将不可能同时准确测定，爱因斯坦无限重屏的假设如果想要成立就必然造成一个后果，那就是电子的动量和位置均难以精确地测定。于是玻尔假定，虽然相对于电子而言狭缝屏很重，但是它的质量不能是无限大，当电子穿过狭缝发生衍射的时候，屏就会向上或者向下移动，当然这种现象在实验中很难观察到，但在假象实验中不能不考虑。由于缝屏的运动

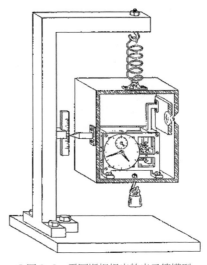

◎图 3-3　爱因斯坦提出的光子箱模型

使得电子到达光电屏的空间位置与时间都是不确定的，因而造成了电子位置和动量实际上是满足不确定关系的。这就是玻尔与爱因斯坦的第一次交锋。

第二次论战是在 1930 年，第六次索尔维会议召开，主题是"关于物质的磁性"。郎之万担任大会主席，爱因斯坦和玻尔也受邀参加会议，参会的还有狄拉克、海森堡、克拉默斯、泡利、索末菲等人。

在这次大会上，爱因斯坦做了充足准备，他拿出了自己设计的光子箱模型。这个实验是为了挑战量子力学中时间与质量之间的海森堡不确定关系 $\Delta t \Delta E \geqslant \dfrac{h}{2\pi}$（其中 h 为普朗克常量）而开展的。在这个实验中，通过精确控制打开和关闭时间可以记录的一个挡板，同时精确记录失去一个光子而引起的光子箱质量变化，这样实验者就可以同时精确测定这个过程的时间间隔和质量变化，从而突破作为哥本哈根学派的基本原理的量子不确定关系。

对于第二次诘问，玻尔经过认真的思考，发现了解决这个困惑的方法。根据爱因斯坦提出的广义相对论中的红移理论，称重一个测量时间的时钟这一动作本身，就会干扰时间的快慢，而这种干扰恰恰印证了海森堡不确定关系。玻尔用爱因斯坦提出的理论来回答了他的诘问，这一戏剧性的转折再次证明了量子力学理论充满了希望。对于爱因斯坦而言，这一失败使得爱因斯坦承认海森堡不确定关系和玻尔的观点的逻辑一贯性，从此以后，爱因斯坦开始改变他的策略，他的批评矛头不再是

玻尔方法的不一贯性，而是他理论的不完备性。

第三次论战是在第六次索尔维会议之后的 1931 年开始的，爱因斯坦对那个让他在索尔维会议上遭遇败北的光子箱实验开始有了新的态度，他不再用这个实验作为正面攻击海森堡不确定关系的利器，而是试图由它导出一个逻辑悖论，从而打击量子力学理论的逻辑基石。

在美国期间，爱因斯坦同加州理工学院的著名物理学家托尔曼（Richard Chace Tolman），以及年轻的俄国物理学家波多尔斯基（Boris Podolsky）一起在 1931 年的《物理学评论》（*Physics Review*）上发表了一篇题为《量子力学中过去和未来的知识》（*Knowledge of Past and Future in Quantum Mechanics*）的论文 ①。文章中从光子箱实验发展开去，构建了另一个可以测量释放光子后质量变化和光子运动规律数据的简单思想实验，表明了一个重要的观点，即描述一个粒子的过去路径的可能性将导致对第二个粒子的未来行为的预言，而这种预言明显是违背量子力学的。因此文章得到结论：量子力学理论对过去事件的描述同对未来事件的预言是类似的，也包含着不确定性。对于这个悖论，爱因斯坦、托尔曼和波多尔斯基认为，第一个粒子过去的运动并不像我们假设的那样精确确定。将这个结论推广，文章指出："量子力学原理在对过去事件的描述中必然会包含一种不确定性，这同对未来事件的预言的不确定性是一样的。"并由此引发了爱因斯坦对玻尔的第三次论战。

1935 年春，爱因斯坦、波多尔斯基和刚刚从麻省理工学院毕业的年轻人罗森（Nathan Rosen）一起写下了他们的著名论文《量子力学对物理实在的描述是完备的吗？》（*Can quantum-mechanical description of physical reality be considered complete？*）②。可以说这篇文章奠定了量子信息科学与技术发展的基础，其中所提出的"量子 EPR 效应"是量子信息学能够发展至今的重要基石。从某种角度上说，量子信息科学的发展就是从这篇文章发布作为标志的。

1935 年 10 月 15 日，《物理评论》发表了玻尔的论文，论文题目与爱因斯坦他们的论文一样，也叫《量子力学对物理实在的描述是完备的吗？》（*Can quantum-*

① EINSTEIN A, TOLMAN R C, PODOLSKY B. Knowledge of Past and Future in Quantum Mechanics [J] Physical Review, 1931, 37（6）：780-781.

② EINSTEIN A, PODOLSKY. B, ROSEN N. Can quantum-mechanical description of physical reality be considered complete? [J] Physical Review, 1935, 47（10）：777-780.

mechanical description of physical reality be considered complete？）[1]。在这篇文章中，玻尔并没有直接否认 EPR 实验的结论，但是他认为这并没有什么特别之处，这个结论的得出是量子力学固有的现象，并构造了一个把 EPR 的抽象数学表达具体化为一个可以与实验装置联系起来的更易操作的实验方案，他认为在 EPR 实验中，粒子 *A* 和粒子 *B* 始终是一个整体，对其中一个粒子的测量必然会影响到另一个粒子。在 EPR 论文中对实在性判据描述时提出的"不以任何方式干扰系统"的说法是含混不清的。玻尔提出在量子力学中任何测量的结果并不是对客体本身状态的表达，而是对客体所处的整体实验情态的描述。于是，爱因斯坦及其合作者提出的对量子力学描述的完备性的挑战可以由量子描述的整体性特性来做出解释。

玻尔的这种将测量结果同测量主体相联系的解释方式与传统的经典物理学思想相比简直是离经叛道。不仅是当时，即使是到今天也很难说让所有人全部接受。当时很多知名的物理学家对这个观点开展各种驳斥，并提出了各种各样的反证，希望能够引起悖论，从而彻底地击垮玻尔的解释。而这其中最为著名的就是奥地利物理学家埃尔温·薛定谔（Erwin Schrödinger）提出的"薛定谔猫"悖论（Schrödinger's Cat Paradox）。

1935 年，薛定谔发表《论量子力学现状》（*The Present Situation of Quantum Mechanics*）[2]的长文。在这篇论文中，他提出了一个著名的假象实验，后来被称作"薛定谔猫"。这个实验的提出，一方面是为了给爱因斯坦等人的 EPR 理论助威，一方面是为了反对哥本哈根学派关于量子叠加态与波函数的"坍缩"概念。

◎图 3-4 薛定谔和他提出的薛定谔猫

① BOHR N. Can Quantum-Mechanical description of physical reality be considered complete? [J] Physical Review, 1935, 48（8）: 696-702.

② SCHRÖDINGER E. Die Gegenwartige Sitwation in der Quanten-Mechanik [J] Naturwissenchaften. 1935, 23（49）: 823-828.

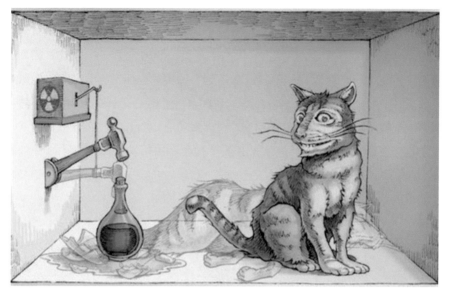

◎图3-5　薛定谔猫假想实验示意图

　　根据玻尔等人为代表的哥本哈根学派对量子理论的诠释，在没经测量前，一个粒子有可能处于各种可能状态，它的状态是各种可能状态的叠加，因而总状态是模糊不清的。比如放射性元素，虽然在总量上，元素原子的半衰期是个确定值，但是作为一个放射性原子，它的衰变却是一个随机的状态，也就是在此时刻这个原子衰变还是不衰变，何时衰变，完全是随机性的，无法确定一定的时间。其结果是，只要没有观察，它便处于衰变和不衰变的叠加状态；只有测量时，它才随机地选择一种状态，或是衰变或是不衰变。为了反驳哥本哈根学派的这种说法，薛定谔想出了一个关于猫的思想实验。

　　薛定谔设想有一个与外界没有任何信息沟通的封闭箱子，如果我们不打开箱子盖，箱子里面无论发生什么，外面的人统统不知道，当然外面发生什么里面也不知道。如上图所示，我们在箱子里放入一只猫，里面有充足的水和食物，但是同时有一个装有高剂量的如氢氰酸一类的剧毒无比的毒药的密封瓶子，在瓶上悬着一个铁锤，控制这个铁锤是否落下来的，是与之联通的一个开关，而这个开关受到一个能够探测放射性的原子是否衰变的盖革计数器控制。如果这个原子发生衰变，所放出的 α 粒子引发盖革计数器变化，从而触动开关，使铁锤下落，击碎毒药瓶，这只猫就会瞬间被毒死。当然，如果那个放射性原子没有衰变，这只猫就是活的。

根据玻尔等人提出的量子力学标准假设，这个原子是否衰变的状态描述可以用量子力学中的量子波函数来表示，在我们对原子进行观察之前，我们是无法掌握预测所需的所有信息，这种微观领域里面的状态是不能依靠牛顿决定论的方法进行推断的。我们只能判断，经过一段时间之后，这个原子是有一定的概率发生了衰变的。这些问题似乎在量子领域还能够理解。这个实验最为关键的一点是，薛定谔将微观原子的状态同大家日常熟悉的宏观物体——猫的状态进行关联。于是那个放射性原子的状态就与宏观的猫的死活进行关联，那么对于一个原子我们可以说它处在衰变和未衰变的叠加态，那么这只猫就只能说它处于不死不活、半死半活的叠加态了。只有打开箱子的那一瞬间，才能确定它是死是活。用哥本哈根学派的说法，打开箱子之后，处在死和活的两种叠加态的猫立即"坍缩"为或者死或者活的某一种本征态。

这个奇特的结果与我们的日常经验完全相违，薛定谔挖苦说："按照量子力学的解释，箱中的猫处于死与活的叠加态，也就是既是死的，也是活的，而决定它是死还是活的，是我们打开箱子看它的那个操作。仅看一眼，就足以叫它致命！当打开箱子盖时，叠加态结束，我们才能知道猫的确定态，或死，或活，岂有此理！"哥本哈根学派所说状态"坍缩"，至于为什么"坍缩"，哥本哈根学派根本没说清楚。

正如玻尔的那句名言："如果谁要是第一次听到量子理论而不感到困惑，那他一定是没有听懂。"薛定谔猫实验就是诸多量子理论的困惑之一。薛定谔这个思想实验的高明之处就在于他把宏观物体同微观机制结合在一个实验里，目的就是从宏观世界的经验来否定微观的量子机制。

我们必须再强调一遍，薛定谔提出的薛定谔猫思想实验是出于支持爱因斯坦的EPR理论，反对哥本哈根学派的量子力学波函数概率诠释，虽然对于这个问题，直到现在也仍然没有确切的结论，但是这个实验不仅有理论意义，更具有很强的使用价值。1935年8月14日，薛定谔在向剑桥哲学学会呈交的一篇论文中提出了一个成为未来量子信息中非常重要的名词——"纠缠"（entanglement）。

下面我们就来详细解读一下这个奇特的名词。"纠缠"是个充满神奇的词汇，在中文中一旦提到"纠缠"，人们总会想到无法拆解的耳机线，或者抽象为人与人之间扯不清、道不明的复杂人际关系。在英文中"纠缠"（entanglement）这个词有牵连、瓜葛，含有一种理不清晰、失去控制、陷入困境的感觉。但是在物理学中，尤其是在量子物理学中，它被摆在一个非常重要的位置，甚至著名的物理学家爱因斯坦也称量子力学中的纠缠是一种奇特的"上帝效应"。

那么在物理学中到底什么是"纠缠"？让我们回到薛定谔第一次提出这个概念的那篇文章。薛定谔在《剑桥哲学会汇刊》上发表的那篇文章中写道：

> 对于两个系统，我们可以通过其各自的物理表征得知它们各自的状态，其间由于它们之间存在的已知力，使它们受到暂时的物理相互作用。如果这些体系在经过一段时间的相互影响后再将其分开，那么它们的状态将不能再用与前面的一样方式描写，即不再能赋予它们各自的表示。我们发现这种量子现象完全背离了经典物理的思想路线，它是一种量子力学所特有的物理品性。在这种过程中我们说这两个系统的状态表示（量子态）由于这个相互作用已经变得纠缠起来。①

在这段文字里，薛定谔第一次用"纠缠"（entangled）这个单词来描述量子力学的这种特性，薛定谔还强调，纠缠并不只是连接两次具体的测量，而可能是测量的整体无限性。对于两个纠缠粒子之间所存在的神秘的可以跨越远距离的强关联性，薛定谔同爱因斯坦一样也很不能接受，他觉得这种关联已经打破了相对论中的定域性要求，所以他虽然提出纠缠概念，但竭力地避免讨论这个问题，他认为这种纠缠过程的寿命非常短，只有在光的运动时间小于系统中任何明显的过程时，才能产生有效的纠缠关联。据此，薛定谔始终认为，量子纠缠这种性质永远无法得到实际的应用。

然而事实并非如此，在 20 世纪 50 年代以后，物理学家们越来越重视量子体系这个神奇的特性，并让量子纠缠从一个纯粹的理论假设逐步地走向实验实现，甚至努力挖掘它的应用价值。其中来自北爱尔兰的理论物理学家约翰·贝尔（John Bell）成为实现量子纠缠从理论假想到应用实现的关键人物。1963 年年底，他写了一篇导致今天量子纠缠得到广泛应用的论文《关于 EPR 佯谬》（*On the Einstein-Podolsky-Rosen paradox*）②，发表在一个非常不出名的杂志《物理学》

---

① SCHRÖDINGER E. Discussion of probability relation between separated systems [J]. Mathematical Proceedings of the Cambridge Philosophical Society.（4）1935, pp.555–563.

② BELL J. S, On the Einstein Podolsky Rosen paradox [J]. Physics Physiqae Fizikal, pp.195/19（4）.

上。贝尔在这篇文章中推导了一个测定，可以表明两个纠缠的粒子是否真正能够在相隔遥远的距离时还能相互影响。但是可惜的是这篇论文并没有引起明显的反应，直到五年以后才有人注意到了贝尔的工作。其实贝尔得到的结果并不是他本来的目的。1964 年，他介入量子论的目的是想找出一种新的思想实验，以更加清晰的方法证明量子论和定域实在性之间是不相容的，而他更支持的是排除一切模糊的概率分布的定域实在论。

贝尔的思想实验最终重新唤起了人们对量子纠缠的兴趣，他是以 RPR 的自选测定变化形式为基础的，他设想一个粒子因为某种内力而分裂成两个部分，从两个相反的方向射出，由于不受外力影响，两个粒子的总自旋保持守恒。在彼此相隔很远的时候，等着两个粒子的是测量粒子自旋的装置。但是这两台测试装置并没有以相同的方式排成一条直线，比如一台从与垂直方向成角 22° 方向测量自旋，另一条可能与垂直方向成 54° 角。如果这两台检测仪器以相同的方式排列成一条直线，那么贝尔就能够利用当时比较流行的"隐变量"理论来解释发生的事情。如果一个粒子的结果取决于两台测量装置是否对齐，那么我们就可以得知那个所谓的"隐变量"是否发生了作用。然而，贝尔的实验并没有得到预期的效果，他反而证明不可能相处一个变量或者一组变量，能够妥善地符合完全独立的检测器的方向设定。因为对于两个粒子而言，没有任何手段"指导"两个测量装置是否对齐，如果从很宽的角度范围内比较两个检测器的结果，贝尔给出了一个在统计学上超出范围的不等式，如果超出这个不等式范围，那么就意味着量子力学需要抛弃定域性的限制。

贝尔的论文的价值在于他描述了一个很具体的实验方案，虽然在技术上这仍然是一个思想实验，但是在原则上，它可以在现实世界中加以开展，贝尔已经将量子理论的战场从假想转移到了实验室，为量子纠缠的实验验证提供了新的思路和方案。

贝尔不等式提出以后，引起许多物理学家对定域实在论和定域因果性的兴趣，从 20 世纪 70 年代开始，有一大批物理学家通过设计各种实验来验证贝尔不等式，从时间早晚和技术手段的更新上，可以分为三个阶段。

第一代实验，基本发生于 20 世纪 70 年代初，物理学家用原子之间的级联放射产生相互关联的光子对。在这些实验结果中，绝大多数都与量子力学理论所预期的一致，不过这类实验的设计方案与贝尔提出的验证贝尔不等式的理想实验有较大的差距，因而其中一些实验的结果并不能真正破坏贝尔不等式的置信度而得到认可。

第二代实验，从 20 世纪 80 年代后期开始，其主要手段是用非线性的激光来激励原子级联放射从而产生用来实验的孪生光子对。在这类实验中，物理学家采用双波导的起偏器，其具体的实验方案与爱因斯坦等人提出的 EPR 理想实验相类似，其产生的孪生光子对光源的效率很高，得到的实验结果是以 10 个标准差的数量级明显地违背贝尔不等式，从而验证了量子力学的预期。

第三代的验证实验，开始于 20 世纪 80 年代末，主要是采取非线性地分出（Spliting）紫外光子的办法来产生 EPR 关联光子对。这种光子源可以产生十分细小的一对关联光子束，再将它们输入到很长的光纤中，使得光纤连接的光源和测量装置之间实现远距离的分离，这样就能更好地验证其违背贝尔不等式的极限数值。

这些实验都用实验事实证明了爱因斯坦、薛定谔等人不愿接受的那个"幽灵般的量子纠缠"确实是存在的。不仅如此，人们还进一步研究两个粒子之间一旦形成了纠缠，那么会有什么效应。甚至通过改进关于部分熵的定义，定量地给出了如何计算粒子之间的纠缠程度——纠缠度。更令人惊讶的是，这些对量子纠缠的研究不仅从理论上构建出了量子理论中最为独特的新概念，还为今后量子力学应用于改进信息科技的发展提供了一个更为宝贵的资源。

量子纠缠在量子信息论中是作为最为重要、最为基本的信息资源存在的，在许多量子信息的实验中，比如量子计算、量子编码、量子隐形传态、量子密集编码等都离不开对量子纠缠态的利用。量子信息之所以有经典信息无法比拟的优越性，而且有着巨大的应用前景。究其原因，很多时候与量子纠缠现象的存在密不可分。量子纠缠作为量子体系独有的特殊性质，其中蕴含着丰富的信息运载的能力，所以它在量子信息科学领域中的应用非常广泛。主要涉及以下几个方面：

首先是量子以量子纠缠态为载体的多粒子强关联体系所承载的量子比特，这种量子比特利用量子纠缠态，可以实现只传输一个量子位就能够传输两个比特的经典信息的功能，这就是我们所说的"量子稠密编码"。现在在实验上已经利用纠缠光子对在实验上实现了离散变量量子稠密编码。

量子纠缠还可以应用在当前比较热门的量子隐形传态中。这个方案的基本思想是：为实现传送某个物体的未知量子形态，可以将原物质的信息分成经典信息和量子信息两个部分，它们分别经由经典和量子信道两种方式传送给接收者。经典信息是发送者对原物质进行某种量子测量之后获得的结果，而量子信息是发送者在测量值中没有提取出来的其余信息。接收者在得到这两种信息之后进行整合，就可以制造出原物质的复制品。在这个过程中，原物质并未被传给接收者，始终是被留在发送者这里的，被传送的仅仅是这个物质的量子态，发送者甚至可以对它的量子态毫无所知，而接收者是将别的物质单元变换成为处于和原物质完全一样的量子态，原物质的量子态在发送者进行测量和提取经典信息的时候已经遭到破坏，因此这种方式是一种量子态的隐形传送。

此外，量子纠缠在量子密钥分发，量子计算机运算器设计，量子保密网络等方面有巨大的应用，这里由于篇幅有限，就不做更多的介绍，有兴趣的读者可以查阅相关的书籍。

二、态叠加原理与量子比特

人们是如何将对信息的表达融入量子力学统治的世界？更重要的是在量子力学的加持下人们是如何让信息技术的发展中焕发出传统信息科学与技术所不能展现出的独特魅力呢？这个问题我们要从量子理论描述微观物理学状态的崭新的方式谈起。

量子力学完整的数学理论形式是在海森堡的矩阵力学和薛定谔的波动力学分别建立了对量子力学的形式体系的数学描述后，经历冯·诺依曼、狄拉克等人的不断发展和完善后才建立的。量子力学可以对已知的微观世界进行精确和完整的数学描述，而对量子计算和量子信息的理解也必须以此为基础。量子力学理论给我们提供了研究微观世界的物理定律的数学概念的理论框架。

冯·诺依曼证明了海森堡和薛定谔在描述量子力学时用的两种代数空间是等价的，并命名其为"希尔伯特空间"（Hilbert Space）。他在这个空间的运算规律的基础上给出了量子力学形式体系的一种公理化陈述。这套公理化陈述是由五个基本假设构成的，这些假设中使用了三个未经定义的原始概念，分别为"系统""可观察量"和"态"，它们将真实的物理世界和量子力学的数学描述联系起来。具体的可以表述为五个基本假设，即量子状态公设、态演化公设、算符公设、测量公设和全同性原理公设。在这五个公设中首先是对量子体系物理状态描述的量子状态公设。这个公设说，在量子力学中任何一个孤立的物理系统都有一个称为"系统状态空间"的复内积向量空间，也称为"希尔伯特空间"（Hilbert Space），与之相联

系，系统的状态可以用空间中的一个态函数来描述，这个态函数就是我们在量子力学中大家最为熟悉的波函数 ψ，而这个态函数也可以用希尔伯特空间中的一个状态矢量来表达，狄拉克为这个矢量设计了一个简单的符号，写作 $|\psi\rangle$，这个符号就叫作"狄拉克符号"。需要强调的是这个矢量是系统状态空间的一个单位矢量。

明确了量子力学数学描述适用的范围，即希尔伯特空间之后，一个量子系统的状态描述需要使用到基于一个特定的希尔伯特空间中的代数工具。而对描述量子状态所使用的代数工具背后有哪些物理内涵，这是量子力学哲学诠释中的核心内容，量子力学哥本哈根采用了玻恩提出的概率解释，在这种解释中并没有赋予量子波函数本身什么明确的物理意义，而真正有意义的是波函数的模平方，即 $|\psi|^2 d\tau$。它表示了在微元体积 $d\tau$ 中找到粒子的概率密度。为了确保整个空间的粒子概率密度为1，对于波函数在全部希尔伯特空间积分后，波函数需要满足归一化条件。

在弄清量子态的基本含义之后，我们来讨论量子力学中一个基本的原理——态叠加原理（superposition principle）。

在经典的牛顿力学中，当谈及几个不同的波动叠加时，指的是组成这个波的几个子波根据其振幅、波长、相位等物理规律的叠加。而在量子力学中，当我们弄清了波函数是用来描述体系量子状态时，波的叠加性就有了更深刻的含义，即态的叠加性。量子力学中态叠加原理是"波动的叠加性"与"波函数完全描述一个量子体系的物理状态"两个概念共同的作用。

一般地说，我们假设某一微观体系处于波函数 ψ_1 描述的状态下，测量某一力学量 A 所得结果是一个确切的值 a_1，我们再假设在另一个微观体系所处的态 ψ_2，测量同一力学量 A 得到的结果是另一个确切的值 a_2，那么由这两个不同量子态中的任意一种归一化线性组合

$$\psi = C_1\psi_1 + C_2\psi_2$$

也可以是其量子态。我们称这线性组合为"叠加态"。假设组成叠加的几种量子态相互正交，则这量子系统处于其中任意量子态的概率是对应权值的绝对值平方。

从数学表述，态叠加原理是薛定谔方程的解所具有的性质。由于薛定谔方程是个线性方程，任意几个解的线性组合也是这个方程的解。为了计算方便，这些通过线性组合的方式组成"叠加态"的几个本征态通常会被设定为相互正交，称为"基底态"，例如，氢原子的电子能级态。换句话说，这几个基底态彼此之间不会出现重叠。这样，对于叠加态而言测量任意可观察量所得到的期望值，是对于每一个基

底态测量相同一个可观察量时所得到的期望值乘以叠加态处于对应基底态的概率之后所有乘积的总和。

刚才说了，这个叠加态是由某一力学量的多个本征态叠加而成的，那么测量这个力学量就可能会得到不同的结果，例如对上面说的这个叠加态测量力学量 A，可能得到的结果为 a_1，也可能 a_2，而测得结果是 a_1 还是 a_2 的概率是完全确定的。在量子力学中这种量子态的叠加，就会导致叠加态下观测结果的不确定性。量子力学的态叠加原理是与量子测量密切联系在一起的一个基本原理。

举一个可直接观察到量子叠加态的实例：在光的双缝干涉实验里，可以观察到通过两条狭缝的光子相互干涉，造成了显示于侦测屏障的明亮条纹和黑暗条纹，这就是著名的干涉图样，干涉图样的产生就是态叠加的结果。

另一个能够发挥量子态叠加原理巨大能量的例子，就是将量子力学应用于表征信息时使用的"量子比特"。

比特（bit）是经典信息学和计算机科学中的基本概念，相对应的在量子计算与量子信息中，我们也能够定义类似的概念，即量子比特（quantum bit）。人们还给量子比特一个新的英文名字——qubit，我们不妨将它音译成一个诗情画意的名字——丘比特，让它与古希腊和古罗马神话中的小爱神同名。

那么，何为量子比特？在上一章我们详细地介绍了，在香农建立的经典信息学中，我们采用二进制来表达开和关两个状态，即"0"和"1"两个状态。那么我们也假设量子比特可能存在的两个可能的状态，并用表示量子态的狄拉克符号来表示，即 |0⟩ 和 |1⟩，与经典比特相对应。

但是与经典比特不同，经典比特的取值是跳跃性的，其本质是对应着开关的两个状态，要么是 0，要么是 1；而由于量子叠加原理的存在，量子比特的状态可以落在 |0⟩ 和 |1⟩ 之间，量子比特可以是这两个状态的线性组合，即如下形式：

$$|\psi⟩= \alpha |0⟩ + \beta |1⟩$$

其中：α 和 β 是复数，当然，许多时候把它们当作实数处理也不会有太大问题，换句话说，量子比特的状态是二维复矢量空间中的矢量。特殊的 |0⟩ 和 |1⟩ 所表示的状态称为"计算基态"（computational basis state），是构成这个矢量空间的一组正交基底。

在经典信息中，我们通过测电笔来检查一个开关是开还是关，或者用电位计来测量电位是高还是低，从测量的结果来确定它所表征的信息是 0 还是 1，计算机

每次从内存读取信息时，都是这样的一次检查。但是值得注意的是，我们无法对量子信息做这样的操作，即通过测量来确定量子体系的状态。相反，量子力学告诉我们，通过量子测量只能得到关于量子状态的有限信息，在测量量子比特时，我们得到$|0\rangle$的概率为$|\alpha|^2$，得到$|1\rangle$的概率为$|\beta|^2$，当然它们满足归一化条件$|\alpha|^2+|\beta|^2=1$，因为概率总和一定是1。

对于量子比特的另外一种描述方法是由瑞士物理学家菲力·布洛赫（Felix Bloch）在1951年提出的，它是一种对于双态量子系统的几何表示，即布洛赫球面（Bloch sphere）。

对于量子比特这样的二阶量子体系而言，可以对其中的参数进行如下变换：

$$\alpha=\cos\frac{\theta}{2}e^{i\delta} \quad \beta=\sin\frac{\theta}{2}e^{i(\delta+\varphi)}$$

这样，量子比特可以表示为：

$$|\psi\rangle= \cos\frac{\theta}{2}e^{i\delta}|0\rangle + \sin\frac{\theta}{2}e^{i(\delta+\varphi)}|1\rangle = e^{i\delta}\left(\cos\frac{\theta}{2}|0\rangle + \sin\frac{\theta}{2}e^{i\varphi}|1\rangle\right)$$

其中$e^{i\delta}$称为共同相位（global phase），这个相位同时对$|0\rangle$和$|1\rangle$有一样的影响，这种影响在实验上是无法测量出来的，所以可以将之舍弃不再考虑。但是它们的相对相位（relative phase）$e^{i\psi}$很重要，其影响可以用球面上的点表达。我们可以约定θ与φ的取值范围是：$0 \leqslant \theta \leqslant \pi$，$0 \leqslant \varphi < 2\pi$。将$\theta$和$\varphi$的所有分布在三维空间$R^3$中画出来，就可以得到一个球面，即得到布洛赫球面，这个面上的点就可以表示一个量子比特。

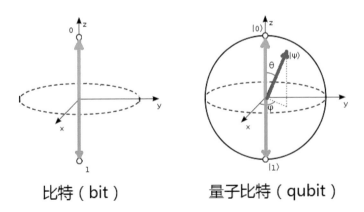

比特（bit）　　　　量子比特（qubit）

◎图3-6　用布洛赫球面表征量子比特

　　通过这些对量子比特的描述方法可以看到，量子比特与经典比特最大的区别在于由量子不确定关系导致的量子叠加态在表征信息时可能会导致被测量到的信息具有一定的随机性。量子比特在没有进行量子测量之前，它所处的状态可以是基于两个特殊的计算基态 $|0\rangle$ 和 $|1\rangle$ 构成的一组正交矢量基底张成二维复矢量空间中的单位矢量，而在对量子比特进行量子测量后，其所得到的结果具有一定的不确定性，但得到某种基态的概率是确定的，即得到 $|0\rangle$ 的概率为 $|\alpha|^2$，得到 $|1\rangle$ 的概率为 $1-|\alpha|^2$。

　　那么，一个量子比特到底能包含多少信息？是不是表征量子比特的布洛赫球面上的无穷多个点都可以表征信息，如果真的这样，那么用一个量子比特岂不是可以将莎士比亚全部著作都存在里面。然而，事实并非如此。鉴于量子比特的可测量性，量子比特的观察结果只会有 $|0\rangle$ 或者 $|1\rangle$。而且测量可以改变量子比特的状态，例如，某一种测量使得量子比特从 $|0\rangle$ 和 $|1\rangle$ 的叠加态发生坍缩，最终只能得到 $|0\rangle$ 或者 $|1\rangle$ 其中之一，而且我们能知道的只是坍缩到某一状态的概率，这是量子力学的基本原理决定的。

　　那么，如果我们不进行测量的话，一个量子比特代表多少信息呢？回答这个问题一定要小心，因为如果不进行测量，我们就不会知道任何信息，更无法对信息量进行测量。所以，由未被测量的量子比特组成的封闭量子体系在自然界中演化，不进行任何测量，则该系统显然保持着描述状态的连续变量的轨迹。在一定意义上说，在这个没有被测量的量子比特中，蕴含着大量的隐含信息，而且这些信息会随着量子比特的个数增加而呈指数上升，考虑 n 个量子比特的系统，其量子状态由 2^n 个复数所确定，当 n=500 时，这个数字就超过了整个宇宙原子的总数。在任何传统计算机上存储这些复数是不可想象的。

　　量子比特在未被观测前和在进行观测后的状态有本质差别，这在量子信息和量子计算研究中起到了非常重要的核心作用。在我们建立的经典现实世界中的大多数抽象信息模型中，抽象信息表征和真实模型之间都存在着直接的对应关系。例如，随机地抛一枚硬币，要么正面向上，记为 1 态；要么反面向上，记为 0 态。那种靠近边缘非正非反的状态在理想情况下是不被考虑的，这就建立了经典信息标识同真实世界之间直接的对应关系。

　　而量子信息则不然，由于量子信息中没有这种直接对应关系，使得我们从直观上解释量子系统的行为变得困难。量子比特可以一直处在 $|0\rangle$ 和 $|1\rangle$ 之间的连续状

态，直到它被观测之后，波函数坍缩为止。当量子比特被观测时，波函数坍缩，只能得到或 I0) 或 I1) 的测量结果，而每个结果都有一定的概率。这种依赖于测量才能最终确定的信息表征似乎与我们日常直观感受不一致。

尽管这么奇特，量子比特的存在确实是真实的，它们的存在和行为被大量实验在微观世界中所证实，并且有许多不同的物理系统，可以用来实现量子比特。原则上说，任何符合量子规律的双能级量子体系都可以作为量子比特的实现，但是在实际操作过程中必须考虑到能否保持其量子性质，同时也要考虑能否对这个量子比特进行有效的可控操作。比如一枚硬币有两个面，是一个好的经典比特，但是不能构成一个好的量子比特，因为它不能长久处在一个正面与反面的叠加态；一个单核自旋可以成为一个很好的量子比特，因为与外磁场相互作用就可以实现自旋的切换，且可以保持很长时间，但是用核自旋制造可复杂操作的量子计算机却非常困难，因为单个核子与外界的耦合很弱，以至于测量它们的自旋方向非常困难。在量子体系中各种限制相互矛盾的现象非常普遍，所以必须要找既可以保持体系的量子性质，同时又容易进行量子测量和控制这两个条件的方法，才可以对量子比特进行存储、读取和计算。

就目前量子信息和量子计算的技术发展而言，人们已经设计出了一些能够进行几个量子比特的小规模量子信息操作的装置和方案，最为容易的可控操作是基于光学技术，即电磁辐射。一方面，光子具有易于初始化和易于形成量子纠缠的特性，而且它们与环境相互作用不大，因此能长时间保持相干性（即保持量子性质）。另一方面，要存储光子并在需要的时候准备好它们是很困难的。光子的特性使它们成为量子信息通信的理想选择，但在构建量子计算的量子电路时，它们可能会有很大问题。

还有一个很好的量子比特的实现方法就是电子自旋，通过斯特恩 – 盖拉赫实验（Stern–Gerlach experiment）能够很好地控制电子自旋，但是构造一个或者两个量子比特还可以，目前不太可能产生大量的以电子自旋为载体的量子比特。

另一种方法是利用离子的能级系统构造量子比特。离子阱计算使用的是被电磁场保持在一定位置的离子，为了保持离子阱振动的最小化，我们需要把所有东西冷却到接近绝对零度。离子的能级可以对量子比特进行编码，机关可以操纵这些离子阱中的量子比特。1995 年，美国国家标准与技术局（NIST）物理实验室的大卫·维因兰德（David Wineland）用激光来冷却在保罗阱（Paul trap）的离子，用陷俘离子（trapped ion）的概念来实现量子计算机。2012年，因为研究出能够量度和操控个体量子系统的突破性实验方法，维因兰德与法国物理学家塞尔日·阿罗什共同荣获诺贝尔物理学奖。

2016年，IBM推出的一款含有5个量子比特处理器的量子芯片，由它构成的计算设备在云端免费给大家使用，它使用的就是基于超导体中的电子组成的所谓"Cooper对"。这些电子对作用就像单个粒子一样，如果将超导体的薄层夹在绝缘体的薄层之间，就得到了一个约瑟夫结。这些超导回路中的Cooper对的能级是离散的，可以用来编码量子比特。

这种构成量子比特的量子现象都是真实存在的，它的存在和遵循的行为规则已经被大量的实验所证实，加之这些可以抽象为量子比特的微观状态可以通过量子调控技术进行处理和变换，并根据其微观量子态的不同属性在被测量后产生可区分的测量结果，从而间接地建立起量子位和现实信息表征之间的对应关系。因此，这些量子态具有真实的、实验可验证的效应，从而保证了量子信息与量子计算在信息处理上是有效的和实用的。

三、量子逻辑门与量子线路

这一节中我们来探讨一下如何对量子位进行操作，以及如何让这些操作连接起来形成一个可以控制的信息处理线路。这就是量子逻辑门和量子线路。

想要理解量子逻辑门首先要了解一下经典信息中逻辑门的概念。它最早可以追溯到1937年的夏天，经典信息学的开山鼻祖香农的工作。那时候的香农还是即将从麻省理工学院毕业的学生，他即将到贝尔实验室开始他的实习。从麻省理工学院到纽约的时候，他正在认真思考一种数学模型，那就是前面提过的为信息控制奠定数学基础的布尔代数。这种用数学的方法解决逻辑问题的思路一直影响着香农。

他在贝尔实验室只是一名实习生，其工作无非就是一些普通的临时帮忙，但是他为贝尔实验室的科学家们带来了一种深刻思想，其中最主要的就是数学逻辑和非同一般的电路设计知识。当然随之而来的，也有很多令人困惑的问题，例如，逻辑和电路这两者是如何通过一些基本的方法连接在一起的。

香农充分利用了贝尔实验室的优势，这里有全美国最核心的电话电报业务，拥有最复杂的远程电路网络。在这段时间里，香农开始着手记录他所洞察的布尔分析仪、贝尔网络和布尔逻辑中的共性。半个世纪后，香农回想起这一颇具洞察力的一刻，并试图向大家解释他是如何成为第一个理解这些开关的人时，他曾跟采访他的记者这么说：

> 你提到的"开"或者"关"，"是"或者"否"其实并不重要，真正关键的是这两种类型连在一起时，被逻辑中的"和"所描述出来，因而你会说这个"和"那个；而且两者平行时，你会用"或"来描述……当你操作继电器的时候，会有一些触头被关闭，而有另一些仍然开着，因为"非"这个字与继电器的这个方面相关……操作继电器电路的人当然知道如何做这些事，但他们没有运用布尔代数的数学模型。

布尔代数中的每个概念在电路中都有相对应的物理表示。一个打开的开关可以表示"真"，则关闭可以表示"假"。而且整个事件可以通过 1 和 0 来表示。更重要的是，正如香农所指出的，布尔代数的逻辑运算符"和""或"和"非"就像电路一样，能够被复制。如果电路串联链接，即是"和"，因为电流必须连续通过两个开关，除非二者都开通，否则电流不能到达最终目的地。电路并联则是"或"，电流可以通过任一或两个开关，电流通过两个并联的闭合开关，并将灯点亮，即 $1+1=1$。

从逻辑到符号再到电路的飞跃，21 岁的香农满心激动于从开关盒子和继电器中看到了别人没有看出来的东西。1937 年他完成了前面我们提到的硕士论文《继电器和开关电路的符号分析》(*A Symbolic Analysis of Relay and Switching Circuits*)，并在第二年发表，赢得了他职业生涯的掌声。在他的新体系中，香农写下了为后人开启新篇章的一段话：

> 任何电路都可以由一组方程式来表示，方程式的每个部分刚好对应了不同的继电器和电路的开关。微积分学的发明使得我们可以用简单的数学方法操纵这些方程式，这些方法中的大部分都类似于普通的代数方法。这种微积分学被证实是，完全可以类比于逻辑符号研究中命题的推导方式的……然后，我们可以立刻根据这些方程式画出电路图。

名称	GB/T 4728.12-1996		逻辑函数	逻辑功能
	限定符号	国标图形符号		
与门	&	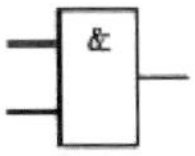	$Y = A \cdot B = AB$	有 0 出 0，全 1 出 1
或门	$\geqslant 1$	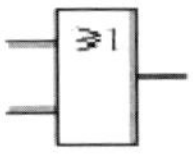	$Y = A + B$	有 1 出 1，全 0 出 0
非门	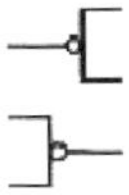 逻辑非入和出	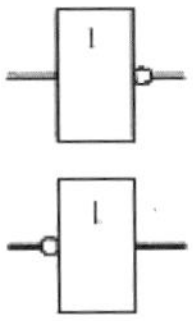	$Y = \overline{A}$	0 出 1，1 出 0
与非门		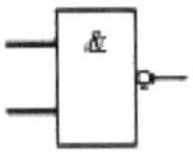	$Y = \overline{A \cdot B} = \overline{AB}$	有 0 出 1，全 1 出 0
或非门		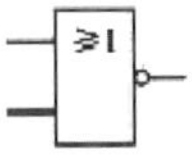	$Y = \overline{A + B}$	有 1 出 0，全 0 出 1
与或非门		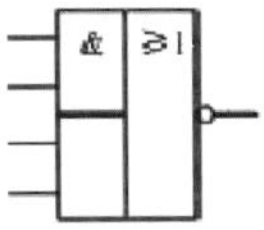	$Y = \overline{AB + CD}$	
异或门	=1	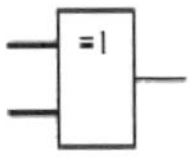	$Y = A \oplus B$ $= A\overline{B} + \overline{A}B$	同出 0，异出 1
同或门	=	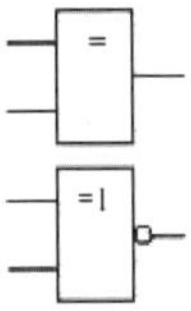	$Y = A \odot B$ $= AB + \overline{A}\,\overline{B}$	同出 1，异出 0

◎图 3-7 电子逻辑门及其逻辑规律

就是沿着这个思路，科学家们构建出未来电子信息学中最为重要的概念——逻辑门（Logic Gates）。逻辑门是当代集成电路（Integrated Circuit）中的基本组件。逻辑门的基本思路就是基于香农的开关理论。但是随着技术手段的发展，这些简单地用串联、并联等进行控制继电器开关，也逐步被晶体管所取代。几个晶体管进行简单链接，就可以组成多个经典的逻辑门。这些晶体管的组合可以使代表两种信号的高低电平在通过它们之后产生新的高电平或者低电平的信号。

在逻辑门测试操作中，逻辑真值表上的"真"与"假"可以用二进制当中的 1 和 0 来表征，在操作上可以用高、低电平来表征。通过电信号的控制实现逻辑运算，而控制这些运算的电信号控制器（对应香农时期的继电器开关）就是电子逻辑门。

常见的逻辑门包括"与"门（AND gate）、"或"门（OR gate）、"非"门（NOT gate）、"异或"门（Exclusive OR gate）（也称：互斥或）等等。逻辑门可以组合使用实现更为复杂的逻辑运算。下面我们简单地对这些逻辑门做个介绍。

（1）与门（AND gate）又称"与电路"，是执行逻辑"与"运算的基本逻辑门电路。这个逻辑门有多个输入端，一个输出端。当所有的输入同时为高电平（可以用二进制的 1 来表示）时，输出才为高电平，否则输出为低电平（可以用二进制的 0 来表示）。与门的逻辑表达式为 $Y = A \times B$，真值表如下：

输入 A	输入 B	输入 Y
0	0	0
0	1	0
1	0	0
1	1	1

◎图 3-8　逻辑与门的真值表

（2）或门（OR gate）又称"或电路"。它的逻辑判断规律是，如果几个条件中，只要有一个条件得到满足，某事件就会发生，这种关系叫作"或"逻辑关系。具有"或"逻辑关系的电路叫作"或"门。或门有多个输入端，一个输出端，多输入或门可由多个二输入端或门联合构成。只要输入中有一个为高电平时（二进制的 1 表示），输出就为高电平（二进制中的 1 表示）；只有当所有的输入全为低电平时（二进制中的 0 表示），输出才为低电平（二进制中的 0 表示）。或门的逻辑表达式为 $Y = A + B$，真值表如下：

输入 A	输入 B	输入 Y
0	0	0
0	1	1
1	0	1
1	1	1

◎图 3-9　逻辑或门的真值表

（3）非门（NOT gate）又称"反相器"，是逻辑电路的基本单元，逻辑符号中输出端信号反相的意思。非门有一个输入和一个输出端。当其输入端为高电平（二进制中的 1 表示）时，输出端为低电平（二进制中的 0 表示）；当其输入端为低电平（二进制中的 0 表示）时，输出端为高电平（二进制中的 1 表示）。也就是说，输入端和输出端的电平状态总是反相的。非门的逻辑表达式为 $Y=\overline{A}$，其真值表如下：

输入 A	输入 Y
0	1
1	0

◎图 3-10 逻辑非门的真值表

以上是三种基本的逻辑门，而由这些基本逻辑门进行组合就能够产生更多可以进行更为复杂的逻辑运算的逻辑门。例如，"与非"门（NAND gate）、"或非"门（NOR gate）、"异或"门（XOR gate）、"同或"门（XNOR gate）等。

（4）与非门（NAND gate）是"与"门和"非"门的结合，先进行"与"运算，再进行"非"运算。在 1913 年，亨利·M. 谢费尔（Henry M. Sheffer）首先阐述了与非门运算自身具有功能完备性。与非门要求有两个输入，如果输入都用低电平（逻辑"0"）和高电平（逻辑"1"）表示的话，那么与运算的结果就是这两个数的乘积。如两端都是高电平信号（输入为两个逻辑"1"），则输出为低电平信号（逻辑"0"）；输入端电平一高一低（即逻辑"1"和"0"），则输出为高电平（即为逻辑"1"）；两端都是低电平信号（输入为两个逻辑"0"），则输出为高电平信号（即为逻辑"1"）。与非门的结果就是对两个输入信号先进行与运算，再对此与运算结果进行非运算的结果。简单说，与非，就是先与后非。当其输入端为低电平（逻辑"0"）时输出端为高电平（逻辑"1"）。也就是说，输入端和输出端的电平状态总是反相的。与非门的逻辑表达式为 $Y=\overline{(A \times B)}$，其真值表如下：

输入 A	输入 B	输入 Y
0	0	1
0	1	1
1	0	1
1	1	0

◎图 3-11 逻辑与非门的真值表

（5）或非门（NOR gate）具有多端输入和单端输出的门电路。当任一输入端（或多端）为高电平（逻辑"1"）时，输出就是低电平（逻辑"0"）；只有当所有输入端都是低电平（逻辑"0"）时，输出才是高电平（逻辑"1"）。或非门的逻辑表达式为 $Y=\overline{(A+B)}$，其真值表如下：

输入 A	输入 B	输入 Y
0	0	1
0	1	0
1	0	0
1	1	0

◎图 3-12　逻辑或非门的真值表

（6）异或门（Exclusive-OR gate，简称 XOR gate）具有实现逻辑异或的功能。异或门有多个输入端、一个输出端，多输入异或门可由两输入异或门组织构成。若两个输入的电平相异，则输出为高电平（逻辑"1"）；若两个输入的电平相同，则输出为低电平（逻辑"0"）。即如果两个输入不同，则异或门输出高电平（逻辑"1"）。异或不是开关代数的基本运算之一，但是在实际运用中相当普遍地使用分立的异或门。大多数开关技术不能直接实现异或功能，而是使用多个门组合设计。异或门的逻辑表达式为 $Y=\overline{A}B+A\overline{B}$，其真值表如下：

输入 A	输入 B	输入 Y
0	0	0
0	1	1
1	0	1
1	1	0

◎图 3-13　逻辑异或门的真值表

（7）同或门（Equivalence gate，简称 XNOR gate）也称为"异或非门"，在异或门的输出端再加上一个非门就构成了异或非门，是数字逻辑电路的基本单元，有两个输入端、一个输出端。当两个输入端中有且只有一个是低电平（逻辑"0"）时，输出为低电平；当输入电平相同时，输出为高电平（逻辑"1"）。同或门的逻辑表达式为 $Y=AB+\overline{A}\,\overline{B}$，其真值表如下：

输入 A	输入 B	输入 Y
0	0	1
0	1	0
1	0	0
1	1	1

◎图 3-14　逻辑同或门的真值表

这些逻辑门是现代计算机的基本组成部分，除了执行逻辑操作之外，我们还可以用门来进行信息计算。经典的计算机就是通过以上这些逻辑门链接到一起组成的电路，电路一般是线性的，电信号从左到右传输，信号依次通过各种组成电路的各种逻辑门，并根据逻辑门的操作而做相应的改变。我们在导线的左侧输入原始的电信号，并在导线的右端读取输出的信号，从而实现最简单的信息处理，这便是最简单的信号线路。

与之相类似的是，人们在处理量子信息时是用量子计算的语言来描述，而人们在对量子计算的研究，也是使用类似于经典计算机中包括逻辑门和逻辑线路等来建造。量子计算机也是由包含基本量子逻辑门和将其链接的量子线路构成的，它们共同形成了处理量子信息的基本单位。

量子逻辑门最早可以追溯到 1985 年，牛津大学的大卫·多伊奇（David Deutsch）在发表的论文中，证明了任何物理过程原则上都能很好地被量子计算机模拟，并提出了基于量子干涉的计算机模拟"量子逻辑门"的概念，并将其定义为量子计算与量子线路中对量子位进行量子态逻辑操控运算的幺正变换。

前面提到量子比特可以表示为一个二能级体系的量子叠加态，这个量子叠加态是由两个本征态波函数通过线性叠加构成的。而由于量子力学的量子态公设中提到，任何一个量子态都可以用希尔伯特空间中的一个状态矢量来表达，用狄拉克符号可以表示为：

$$|\psi\rangle = \alpha |0\rangle + \beta |1\rangle$$

其中：$|0\rangle$ 和 $|1\rangle$ 可以用希尔伯特空间中的两个正交的二维单位矢量表示，我们可以假设它们为 $\begin{pmatrix} 1 \\ 0 \end{pmatrix}$ 和 $\begin{pmatrix} 0 \\ 1 \end{pmatrix}$，那么 $|\psi\rangle$ 可以写为 $\begin{pmatrix} \alpha \\ \beta \end{pmatrix}$。而如果我们想对这个量子态进行变换，比如我们想做一个最简单的量子非门（quantum NOT gate）对

$|\psi\rangle = \alpha |0\rangle + \beta |1\rangle$ 进行变换，那就是把这个状态中 $|0\rangle$ 和 $|1\rangle$ 状态角色互换，形成了新的量子位：

$$|\varphi\rangle = \alpha |1\rangle + \beta |0\rangle$$

由于这种变换是一种线性变换，基于线性代数理论，这种量子非门可以很方便地用希尔伯特空间中的一个矩阵来完成，我们可以定义一个矩阵 X 来表示量子非门：

$$X = \begin{pmatrix} 0 & 1 \\ 1 & 0 \end{pmatrix}$$

则通过这个矩阵，就可以达成量子位反转的效果，即有：

$$X|\psi\rangle = X\left(\alpha|0\rangle + \beta|1\rangle\right) = X = \begin{pmatrix} \alpha \\ \beta \end{pmatrix} = \begin{pmatrix} \beta \\ \alpha \end{pmatrix} \alpha|1\rangle + \beta|0\rangle = |\varphi\rangle$$

类似地，其他的量子逻辑门也可以使用矩阵表示。一般地，操作 k 个量子位的逻辑门可以用 $2^k \times 2^k$ 的幺正矩阵表示。每一个逻辑门输入跟输出的量子位元的数量必须要相等。量子比特应具备幺正性、可逆性等符合量子力学基本原理和逻辑门的基本要求。量子逻辑门的基本操作可以用代表它的矩阵与代表量子比特的相乘来表示。

下面介绍几种经常用到的量子逻辑门：

（1）恒等变换：在其作用下，量子位的状态保持不变的逻辑门属于恒等变化，其变换的算符表示为：

$$I = \sigma_0 = \begin{pmatrix} 1 & 0 \\ 0 & 1 \end{pmatrix}$$

（2）量子非门（quantum NOT gate）：在其作用下，量子位的状态 $|0\rangle$ 和 $|1\rangle$ 相互交换，即 $|0\rangle$ 变 $|1\rangle$，$|1\rangle$ 变 $|0\rangle$。其变换的算符可以表示为：

$$X = \sigma_x = \begin{pmatrix} 0 & 1 \\ 1 & 0 \end{pmatrix}$$

（3）相位门（Phase gate）：在其作用下，量子位的相位发生变化，即 $\alpha|0\rangle + \beta|1\rangle$ 变为 $\alpha|0\rangle + e^{i\varphi}\beta|1\rangle$（$\alpha$，$\beta$ 均为任意复数）。它是量子比特特有的一种逻辑门，相位门的作用是让原来的量子逻辑门在 Bloch 球面上绕 z 轴旋转角度 φ。其变换算符可以表示为：

$$U(\varphi) = \begin{pmatrix} 0 & 1 \\ 1 & e^{i\varphi} \end{pmatrix}$$

（4）泡利–Z门（Pauli–Z gate）：在其作用下，基本量子位 |0⟩ 保持不变，且将 |1⟩ 换成 –|1⟩。其变换算符可以表示为：

$$Z = \sigma_z = \begin{pmatrix} 1 & 0 \\ 0 & -1 \end{pmatrix}$$

（5）泡利–Y门（Pauli–Y gate）：它可以看作是对量子位做非门和泡利–Z门的联合变换。其变换算符可以表示为：

$$Y = \sigma_y = \begin{pmatrix} 0 & -i \\ i & 0 \end{pmatrix}$$

（6）哈达马德门（Hadamard gate）：对量子比特的状态做基底的变换，进行基底 {|0⟩，|1⟩} 与 {|+⟩，|−⟩} 间相互转换。其中 {|0⟩，|1⟩} 为泡利 Z 矩阵的本征矢量；{|+⟩，|−⟩} 为泡利 X 矩阵的本征矢量。这个逻辑门在以光学系统来表达量子比特时非常有用，在其作用下，基本量子位 |0⟩ 变成 $|+\rangle = \dfrac{|0\rangle + |1\rangle}{\sqrt{2}}$，而将 |1⟩ 变成 $|-\rangle = \dfrac{|0\rangle - |1\rangle}{\sqrt{2}}$。其变换算符可以表示为：

$$H = \sqrt{2} \begin{pmatrix} 1 & 1 \\ 1 & -1 \end{pmatrix}$$

（7）量子交换门（quantum Swap gate）：它是指交换两个量子比特态矢量的逻辑门，它是一种受控量子门。其变换算符可以表示为：

$$SWAP = \begin{pmatrix} 1 & 0 & 0 & 0 \\ 0 & 0 & 1 & 0 \\ 0 & 1 & 0 & 0 \\ 0 & 0 & 0 & 1 \end{pmatrix}$$

（8）受控非门（CNOT gate）：它是一种受控量子门，它的作用是如果控制量子比特值为 |0⟩，则目标量子比特保持不变；如果受控量子比特值为 |1⟩，则目标量子比特翻转。其变换算符可以表示为：

$$CNOT = \begin{pmatrix} 1 & 0 & 0 & 0 \\ 0 & 1 & 0 & 0 \\ 0 & 0 & 0 & 1 \\ 0 & 0 & 1 & 0 \end{pmatrix}$$

（9）托佛利门（Toffoli gate）：也叫受控–受控非门（Controlled-controlled NOT Gate，缩写为 CCNOT），由托玛索·托佛利（Tommaso Toffoli）提出的

通用可逆逻辑门，其中任意可逆电路可由托佛利门构造得到。它是一个三比特量子受控门。它的作用是，如果前两个量子位是|1)，则对第三个量子位元进行泡利 –X运算，反之则不做操作。其变换算符可以表示为：

$$
CNOT=\begin{pmatrix}
1 & 0 & 0 & 0 & 0 & 0 & 0 \\
0 & 1 & 0 & 0 & 0 & 0 & 0 \\
0 & 0 & 1 & 0 & 0 & 0 & 0 \\
0 & 0 & 0 & 1 & 0 & 0 & 0 \\
0 & 0 & 0 & 0 & 1 & 0 & 0 \\
0 & 0 & 0 & 0 & 0 & 0 & 1 \\
0 & 0 & 0 & 0 & 0 & 1 & 0
\end{pmatrix}
$$

托佛利门的提出是从研究可逆计算发展而来的。20 世纪 60 年代，人们开始研究可逆逻辑门，初衷是减少计算过程的能量耗散，因为原则上可逆逻辑门在计算过程中不产生热量。对于一般逻辑门，输入状态在运算后会丢失，这导致输出的信息少于输入信息。根据熵增加原理，信息的损失以热的形式耗散到环境中。而可逆逻辑门只将信息状态从输入搬移到输出，不会损失信息。

在介绍了一些简单的量子逻辑门之后，就可以利用它们设计包含多个量子逻辑门的量子线路。量子线路可以从左至右地读取，每一条线路表示量子线路中的连线，连线不一定对应物理上的接线，而可能是对应一段时间或是一个从空间中的一处移动到另一处的物理粒子，如光子、离子等。我们默认量子线路的输入状态是基态，通常是全 |0) 组成的状态，这个约定在量子信息和量子计算的诸多研究中是默认的。

对比量子线路和经典线路我们可以知道，一些经典线路特有的概念在量子线路中通常是不出现的。首先，量子线路中不允许出现回路，即从线路的一部分到另一部分的反馈，也就是说量子线路是无环的。其次，经典线路允许连线汇合，导致单连线包括所有输入位进行"按位或"（bitwise OR）操作。显然这个操作是不可逆的，因而也是不可能表示为一个么正矩阵，而这种不能表示为么正矩阵的操作，在量子线路中是不允许出现的。最后，对于这种操作的拟操作，即产生一个比特的多个拷贝在量子线路中也是不允许的。事实上，量子力学禁止量子比特的复制，这一条在后面的量子不可克隆原理中我们还将详细地介绍。量子线路可以对所有的量子过程进行有效表示，包括但不限于量子计算、量子通信、量子噪声等等，这是我们研究量子信息的非常好的一种表达方法。

四、纠缠态测量与关联坍缩

物理学中的测量是指人们用自己的感官或者借助仪器对客观事物的某一属性进行的一种有目的、有计划的了解活动。在整个科学哲学的理论体系中，测量是将人的经验与感知同客观世界的状态与规律之间建立联系的重要桥梁，在物理学发展过程中，测量为人类从定性到定量地认知客观物理世界性质、状态、规律提供第一手的研究数据，从而支撑对物理规律的可计算、可演化、可预言的逻辑推理体系的认知源头。借用英国物理学家、科学哲学家坎贝尔（Norman Robert Campbell）的话："物理学是关于测量的科学。"

近代物理学的测量是从经典力学建立开始的，其重要的标志就是对宏观物体进行低速机械运动的显现和规律进行数学化描述，通过逐步引入各种"物理量"的概念，使得物理学开始发展成为一门依赖于测量的科学。广义地说，一个测量过程就是在一个用数字表示的表征体系和一个经验的、可观察的范围之间建立特定的对应关系。这些对应关系是由观察者与待测物之间的关联来确定的，并且依赖于所考虑的测量过程的本性。下面我们分别针对测量的两个步骤做一个详细的分析。

对于第一个步骤，即测量仪器与被测量物体进行相互作用。在这个过程中，仪器通过与被测物体的相互作用使得测量仪器产生某些物理变化，从而显示出被测量客体的某种物理特征。这个过程的解释是：当需要测量的物理量不能够被人的感知直接感受，或者即使能够被人类感知感受但是不能科学地、定量地、精确地形成可以被加工和处理的数据时，需要借助那些针对被测量物体的某些能够表征其物理特征的物理量进行放大或者转化为可读性强的信号而设计的测量仪器与被测物体相互作用，从而形成对被测客体某种特征的认知过程。这个过程实质就是通过测量仪器，得到能够被人的感知从宏观层次上得到相应认知的同构体系，换句话说，测量的这个步骤就是将被测对象某种物理属性的量值转化为宏观意义上可以被直接感知的量值的过程。

对于第二个步骤，即测量装置与观察者的相互作用。经典物理学的测量过程对于这个步骤处理得非常简单，它认为人作为观察者完全可以通过自身感官直接地、不产生任何干扰地了解，观察者同测量仪器之间的相互作用是可以忽略不计的。至于这种客观数据如何形成人的主观认知，很多物理学家认为这已经超出了物理理论需要讨论的范畴，属于心理物理学问题。在经典物理学只研究"客观化"世界的铁律之下，对物体的测量过程应当是独立于观察者，并忽略观察者对装置的作用。

但是当将这套测量理论应用于量子力学所描绘的体系时，问题没有想象的那么简单。我们首先来讨论量子测量中被测量对象、测量仪器与观测者之间相互作用的物理过程部分，即量子测量中如何让观测者、测量仪器与被测量的量子客体之间产生相互作用从而形成对某一物理量的"同构"关系；之后，我们再来讨论人作为观察者，其意识对量子测量装置的作用，从而引发人的感官对物理体系的作用，这涉及心理物理哲学问题。

量子体系不同于经典物理对象，其最大的特点是受到一个决定性作用的参数——普朗克常数 h 的限制，这个量目前公认的值为：

$$h = 6.626070040（81）\times 10^{-34} J \cdot s$$

由于这个数值不是无限小，所以当涉及对量子体系进行测量时，测量仪器对待测对象的作用与被测对象对测量仪器产生的作用可能在同一个数量级上，这时经典物理学中忽略仪器对被测量客体的影响的基本假定就不成立了。这也是量子力学与经典物理学"过渡"与"边界"讨论中的重要问题，是量子世界不同于经典物理的奇异性特征的集中表现。

在量子力学的理论体系中，第一次较为完整地对量子测量过程进行定量的深入探讨，可以追溯到 1932 年，冯·诺依曼在其量子力学领域开创性著作——《量子力学的数学基础》（*Mathematische Grundlagen der Quantenmechanik*）一书的第四章到第六章中用希尔伯特空间中的数学结构，对量子力学的形式体系进行了重新表达，利用希尔伯特空间中的态矢量表达量子体系纯态，利用线性算符表达量子体系的可观测量，从而将量子体系随时间的演化区分为两种方式：一种是量子体系没有与宏观测量仪器发生相互作用时，根据量子力学的基本假设，量子体系的状态按照薛定谔方程，以确定的、线性的方式随着时间演化而连续地、可逆地、遵循因果规律地变化，这种演化被冯·诺依曼称为"自动改变"（automatische Veränderungen）；另一种方式就是在对量子态进行某种量子测量时，或者说量子体系与测量仪器进行了一系列的相互作用之后，由被测对象和测量仪器构成的一个系统组合态，将会由一种量子叠加态突变成一个具体的、可能存在的本征态。在这个演化过程中，量子态发生了不连续的、不可逆的、非因果关联的瞬间作用，这种演化被冯·诺依曼称为"测量造成的任意改变"（willkürliche Veränderungen durchMessungen）。

　　按照冯·诺依曼的说法，量子测量可以看作是被测量对象 O 和测量仪器 A 之间的相互作用，而与经典测量不同的是，量子测量中仪器 A 与被测对象 O 一样具有量子特性，需要用量子力学理论来进行描述和分析。在具体的测量过程中，被测对象、测量仪器、甚至是观测者（但不包括不属于客体系统的人的意识）之间形成了一个互相关联的复合量子体系。这种体系可以用三者所在的希尔伯特空间相互直接扩张而成的空间加以描述。在这个新的空间中三者的波函数相互纠缠在一起，形成复杂的量子叠加态。在测量过程中，被测对象和测量仪器之间的相互作用可以用量子力学术语来描绘，当测量仪器与被测对象之间的相互作用终止时，一次测量就完整地结束了，此时测量仪器的指示器应该出现一个定值，作为本次测量的结果。但是，因为测量仪器与微观系统之间是一个具有复杂纠缠关系的叠加态，所以在理论意义上说，量子测量时测量仪器的指针将不会处于某一个特定的位置，也就不能给出某个确定的测量结果。那么，如果依据经典物理的测量理论，这种测量是无法得到任何有意义的结果的。

　　然而，在具体实验操作上，测量者在完成一次测量后，由被测物体、测量仪器和观察者组成的体系会随着测量过程而变为某种具有确定值的态，这个过程是一个经验事实，而理论上冯·诺依曼在建立量子力学的理论假设体系时，将这个过程作为量子力学的基本假设，即量子力学"测量公设"，或者称为"投影公设"，或者称为"平均值公设"。这个公设的具体表述为：

　　量子测量由一组测量算子 $\{M_m\}$ 描述，这些算子作用在被测系统状态空间上，指标 m 表示实验中可能的测量结果。若在测量前，量子系统的最新状态是 $|\psi\rangle$，则结果 m 发生的可能性由

$$p(m)=\langle\psi|M^\dagger_m M_m|\psi\rangle$$

给出，且量子测量算子需要满足完备性方程：

$$\sum_m M^\dagger_m M_m = I$$

　　它表达了量子测量的总概率之和为 1。这个公设是在数学逻辑体系和物理实验验证之间建立某种联系的唯一一条公设，对这条公设的诠释是各种量子力学解释成功与否的关键。这个公设具有两个功能：第一，它给出了描述量子测量统计特征所遵循的一般规则，即得到不同测量结果的概率分布；第二，它给出了量子测量后，

系统状态的演变规则。量子测量会导致波函数的坍缩，尤其是对量子纠缠态的测量会引发粒子状态的突变，形成对体系演化时空的坍缩，这些特点将在量子信息科学的应用中表现出巨大的能量。

我们可以引入矩阵论中的特征值与特征矢量的概念，将量子测量看作一个力学量算符作用于由待测对象、测量仪器和观测者构成的状态矢量的过程，而这个矢量在被测量后，演化成为该力学量算符的一个特征矢量，同时对应一个特征值。这个特征矢量所表示的波函数称为"本征态"（eigenstate）；这个值就是该力学量的测量值，称为"本征值"（eigenvalue）。

下面我们详细地来剖析一下量子测量过程的具体细节。对于归一化的量子系统的波函数 $\psi(x)$ 进行某一物理量 P 的测量，总是可以将这个波函数用一系列正交的属于待测物理量 P 的本征态函数构成的基底来展开。即：

$$\psi(x) = c_1\varphi_1(x) + c_2\varphi_2(x) + \cdots + c_k\varphi_k(x) + \cdots + c_i\varphi_i(x)$$

它们是符合前几节中我们提到的"态叠加原理"的。这时候我们如果对系统进行单次量子测量，测量仪器对于所测物理量 P 必然会随机地显示出某一个属于其本征值集合 $\{p_i\}$ 中的一个确定的值 p_k，与此同时，描述系统的波函数 $\psi(x)$，也会随即相应地突变为与那个本征值 p_k 所对应的本征态函数 $\varphi_k(x)$。这个过程在量子力学的测量问题上非常重要，也是量子力学测量区别于经典测量的突出特性，物理学上称这个过程为"波函数的坍缩"（wave function collapse）。

对于大量相同的量子态构成的量子系综进行同一条件下的多次重复测量时，我们会发现对于得到某一测量结果 p_k 出现概率是波函数 $\psi(x)$ 展开式中对应项 $c_k\varphi_k(x)$ 的系数的模平方 $|c_k|^2$。

对于这样一个完整的理想量子测量，我们可以将其划分为三个阶段：波函数分解、波包坍缩、初态制备。

（1）波函数分解阶段：指状态波函数 $\psi(x)$ 按照被测物理量 P 的本征态分解并同测量仪器中各种能够被感知的可区分态进行相互作用，形成新的纠缠态。

（2）波包坍缩阶段：指状态波函数 $\psi(x)$ 以 P 展开式系数的模平方为概率向某一本征态进行随机的坍缩。

（3）初态制备阶段：原来的量子态坍缩后，作为一个新的量子体系初态在新环境的作用下按照薛定谔方程随时间继续演化，即开始新一轮的量子演化。

回到冯·诺依曼提出的量子体系两种时间演化方式，即依据薛定谔方程的"自动改变"和因测量使得量子态由叠加态突变到某个本征态的"测量造成的任意改变"。

第一种演化方式是一个纯粹的微观物理系统的自发演化行为，它受到符合决定因果律的动力学方程的支配，我们可以称之为"幺正过程"（记作 U 过程）。幺正过程的特征是符合决定论的、可逆的、保持量子相干性的。

第二种演化方式是一个含有宏观观察者在内的演化行为。系统在"被测量"的时候突然地变化为某一种投影本征态，我们可以称之为"随机坍缩过程"（记作 R 过程）。随机坍缩过程符合随机性、不可逆性和斩断量子相干性的特征。

当然，在现在的量子力学理论研究中，对量子态坍缩的内在机制的研究其实还很不深入，比如，到底是什么引发的量子态从一个叠加态坍缩到一个本征态？这种坍缩的响应时间是多少？甚至很多物理学家认为这种坍缩与测量者的意识相关，从而引发很多涉及人的意识与量子体系之间如何相互作用的问题。这些问题不仅引起了物理学家的兴趣，还引起了很多哲学家的关注，因为它直接撼动了物理体系的客观性，从而掀起了许多的哲学讨论。

在这里，我们不去更加深入地探讨量子物理与人的意识的关系。目前让我们更加关心的是，前面提到了量子力学除了在测量坍缩方面引发了很多与经典物理学思想相悖的现象以外，量子力学中还有一个令人费解的现象，那就是在这一章第一节中提到的以薛定谔猫为代表的量子纠缠。那么，当测量坍缩遇到量子纠缠会发生什么呢？下面我们就以薛定谔猫实验为例，来讨论一下关于量子纠缠态的测量。

前面说了，薛定谔在设计薛定谔猫实验时，巧妙地通过一系列装置的联动将宏观的物理客体——那只可怜的小猫，同符合量子力学描述的微观粒子——那个可能随时衰变的原子相联系。这种联系是一种非常复杂的强关联，薛定谔给它起了一个让人很纠结的名字叫作"纠缠"。我们以猫刚放进去的时候还是活的，并且那个不稳定的原子也还没有衰变为初始态来构造一个薛定谔猫实验。经历了一段的时间演化（这段时间的演化系统的自发演化行为，它受到符合决定因果律的动力学方程的支配，是我们前面了解的"U 过程"），此时，我们并不知道这个密闭的空间里到底发生了什么，到底这个原子是否发生衰变，到底这个猫是活着还是死了。但是我们所知道的是，根据我们事先的假定，原子的状态与猫的状态是具有强关联的，它们组成了一个薛定谔所说的"纠缠态"，如果我们用狄拉克符号 I0) 表示原子没有发生衰变，用 I1) 表示原子发生了衰变，那么由原子和猫组成的纠缠态的状态函数可以表示为以下形式：

$$|\psi\rangle = \alpha\ |0\rangle|alive\rangle + \beta\ |1\rangle|dead\rangle$$

从这个表达式中可以看到，猫已经和原子成为密不可分的一个整体，它们之间的强关联导致我们一旦测知原子的状态就能够马上得知猫的死活。

前面说了，要想了解一个微观粒子的量子状态，就要对这个粒子进行观测。在观测中，这个原子的量子态就会随机地坍缩到某一本征态。在这个例子中，要么原子衰变，即为 $|1\rangle$，其发生的概率为 $|\beta|^2$；要么原子没有衰变，即为 $|0\rangle$，其发生的概率为 $|\alpha|^2$。这种坍缩是随机发生的。但是可以肯定的是，无论最后原子坍缩到什么状态，猫的状态都会跟随原子发生相应的变化，即如果原子衰变了，那么猫就死了，即为 $|dead\rangle$，其发生的概率一样为 $|\beta|^2$；如果原子没有衰变，那么猫还活着，即为 $|alive\rangle$，其发生的概率一样为 $|\alpha|^2$。如果我们认为猫和原子是平等的，当我们反过来操作，先来观察猫，那么原子的状态也会同猫的死活一起来进行状态波函数的坍缩。

在这个过程中我们可以发现，猫和原子处在纠缠态上，那么对其中一个的测量不仅会引发被测量体系的状态坍缩，同时也会引起与之纠缠的体系进行相应的状态坍缩，后面的这个过程我们在量子力学中称之为"关联坍缩"（correlated collapse）。

量子关联坍缩在量子信息与量子计算的发展中扮演了非常重要的角色，著名的量子隐形传态、量子保密通信、量子密码等都是基于对量子纠缠态进行测量后产生的关联坍缩。关联坍缩也使得量子纠缠成为量子信息中非常重要的资源，被广泛使用。

第四章

本领高强：
量子比特是否具有超能力

一、量子传输能超越光速？

在我们的宇宙中，有一些规则是所有事物都必须遵守的。任何两个量子客体相互作用时，总是符合能量、动量和角动量的守恒定律。任何粒子在时间上向前运动的系统的物理性质都与镜像中的同一系统的物理性质相同，粒子转变成反粒子，时间的方向相反。还有一个终极的宇宙速度极限，适用于每一个物体：没有任何物质的运动能超过光速，任何有质量的物质的运动都不能达到这种速度。这个限制对于天文学以及宇宙空间探测具有十分重要的意义，它既给出了研究天文学和空间探测的基本原则，更显示出开展空间探测的困难和限制。我们举个例子。1977 年，美国航天局发射了旅行者 1 号和旅行者 2 号宇宙飞船，目的是为了探测星际空间，在 40 多年里，它们飞行了数百亿公里。但这个距离相对于天文学中以光年 ① 为单位的各种距离来说不值得一提。

那么，为什么光速是一个常数？为什么任何物理物体的运动速度都无法越过它呢？人类是如何了解光速到底有多快？为了弄清楚这些问题，我们一起来回顾一下人类对光速的认知历程。

在历史上，人们很早就意识到光速是最大的。近代物理学的鼻祖伽利略和胡克等科学家就认为，光在太空中的运动速度是绝对最大值，是世界上加速的终点，所有物体的运动速度都不可能逾越光速。但这时候的判断并没有很扎实的科学依据，更多地是凭借科学家们的直觉。所以，同时代的另外一些科学家如约翰·开普勒、笛卡尔则认为，光速是无限的。当然今天我们站在更加先进的事实面前，可以证明伽利略和胡克的理论是正确的。

第一个试图测定光速度的也是伽利略。1667 年，他与助手在两座相距 7.5km 的山顶上，每人携带一盏灯，两人约定，其中第一人先打开灯罩，同时开始计时，第二人看见灯光后，立刻打开灯罩，第一人看见灯光后，再计时。显然，对于光速这么快的速度，这样原始的测量方法自然是以失败而告终。

1676 年，丹麦天文学家奥利·罗默（Olaf Romer）有史以来第一次估计了光

---

① 光年是天文学中经常用到的一种长度单位，它通常是指在一儒略年（定义值为 365.25 日）的时间中，在自由空间以及距离任何引力场或磁场无限远的地方，光所行走的距离。因为真空中的光速是每秒 299,792,458 米，所以一光年大约等于 9,460,730,472,580,800 米。

速，而且估计值与光速的真实值比较接近。他采用了天文观测的方法，通过测量木星的一颗卫星被木星遮挡的时间与轨道的关系来测量光速。他注意到，连续两次卫星蚀相隔的时间存在差异，当地球背离木星运动时，要比地球迎向木星运动时长一些，这一现象本身就说明光传播速度是有限的。这个研究对木星及其卫星的持续观察了整整一年。罗默通过观察卫星蚀的时间变化和地球轨道直径求出了光速。由于当时只知道地球轨道直径的近似值，故测得光速为 215 000km/s，尽管与实际光速相差很远，但这是人类第一次完成的有效光速测量。后来人们用照相法升级了罗默测量法，测得光速为（299 840±60）km/s。

接下来对光速的测量，变成了一场比赛，大家看谁能更精确地测量出光速，这些参加比赛的人分为两个阵营，一个是以天文学家为代表的，一个是以物理学家为代表的。天文学家利用天文观测的方法来计算光速，而物理学家试图在实验室中利用精密设计的实验装置实现更加精准的测量。

刚开始天文学家一直跑在前面，毕竟光的速度太快了，想测定它的速度，在天文学的大尺度范围内观测那些因为光速有限而产生的各种天文现象更容易。比较典型的例子是英国天文学家布拉德雷（James Bradley）发现了恒星的"光行差"现象。他注意到，在地球上观察恒星时，恒星的视位置在不断地变化，一年内，所有恒星似乎都在天顶上绕着长半轴相等的椭圆运行。布拉德雷认为这种现象的产生是由于恒星发出的光传到地球是需要一定时间的，而在此时间内，地球已经因为公转而发生了位置变化。他用地球公转的速度与光速的比例估算出了太阳光到达地球需要 493s。1726 年，他测得光速为 301 000km/s。这个数据与实际光速比较接近。

但对于物理学家来说，在各种精密加工技术手段还落后的条件下想要将实验精度提升到足以测定光速，简直比登天还难。不过结果却恰恰相反，在普通大众的测量结果认可度上，人们总是更愿意相信实验室中的数据，毕竟天文学观测距离我们太遥远，人们迫切地希望能够在实验室中真正测量出愈加精密的光速数据。但是要想真的提高实验精度谈何容易。直到天文学家罗默证明"光速有限"之后又过了 170 多年，到了 1849 年，法国物理学家菲佐（Armand Hippolyte Louis Fizeau）才想出了一个绝妙的主意来测量光速，从而首创了在实验室的条件下进行光速测定的方法。1849 年 9 月，菲佐利用旋转齿轮机将通过两齿轮隙的光束用远处的反射镜"劈开"，从测量间隔时间和被拉长了的距离两者的关系在实验室测出光速。注意，这个实验的最伟大之处就是不再需要一个计时器，在这之前所有的实验室测量失败的根本原因，就在于找不到具有足够精确度的计时器。但是不要以为菲佐的实验很轻松，事实上因为光速实在太快了，菲佐只能不断地加长光源到镜子的距离，这就对光源的发光强度提出了更高的要求，同时还要不断地提高齿轮的齿数，齿数太少精度也不够。就这样，在菲佐不懈的努力下，终于当齿数上升到720 齿，光源距镜子的距离长达 8 千米之遥，转数达到每秒 12.67 转的时候，菲佐欢呼一声，他首次看到了光源被挡住而消失了，当转速被提高一倍以后，他又再次看到了光源。菲佐终于胜利了，他计算出了光的速度是 315 000km/s，和光速的真实值已经咫尺之遥了。对于他的实验，他曾评价说："我最近用了一个新方法来观察光传递的速度，结果颇为成功。在我看来，它为准确研究这一重要现象提供了一个新途径。"在谈及测得的光速值的误差时，他说："初次实验提供的光速值，与天文学家们公认的光速值只有很小的差别。"

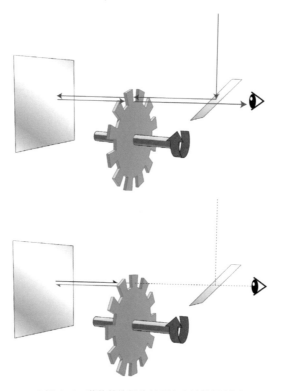

◎图 4-1　菲佐的旋转齿轮测定光速的原理图

1850 年 5 月，菲佐又利用这一方法测定了光在水中的速度，并与空气中的光速值进行比较，得出水中的光速小于空气中光速的结论。这一结论有利于光的本性的争论中波动说一派的观点，因此历史上它被认为是光的微粒说还是波动说正确的判决性实验，但这已是一个迟到的判决。

1862 年，法国物理学家傅科（Jean Bernard Léon Foucault）用旋转反射镜的方法测量光速值为（298 000 ± 500）km/s。此外傅科还利用这套旋转反射镜装置，首次测出了光在各种介质中的速度低于光的真空速度。

1926 年，波兰裔美国籍物理学家阿尔伯特·迈克耳逊（Albert Michelson）改进了菲佐和傅科的装置，采用旋转八面镜的方法，很大地提高了测量准确度，测量值为（299798 ± 4）km/s。

再后来，由于电子技术的发展，用克尔盒、谐振腔、光电测距仪等方法对光速进行测定，比直接用光学方法又提高了一个数量级。

20 世纪 60 年代，由于激光器的发明，运用稳频激光器可以大大降低光速测量的不确定度。在 1983 年第十七届国际计量大会上作出决定，将真空中的光速定为精确值。具有稳定辐射频率的激光光学装置能记录光子的准确速度，即299 792 458 m/s。但是，这是一个极限值，即使到今天，有了足够的先进科学技术，我们也不能逾越这个值。那么，在理论上，我们能突破光速这个速度的极限吗？要解决这个问题必须得了解一些关于狭义相对论的有关知识。

还记得上一章中我们提到的开尔文男爵在 1900 年发表的那篇著名的演讲《在热和光动力理论上空的 19 世纪乌云》吗？除了前面我们提到的量子论，另一朵乌云就是被誉为 20 世纪最伟大的物理学家阿尔伯特·爱因斯坦（Albert Einstein）提出的相对论了。

在科学史上，1905 年被誉为"爱因斯坦奇迹年"。这一年，爱因斯坦 26 岁，他还是一名在瑞士专利局工作的小职员。而就在这一年中，爱因斯坦发表了五篇划时代的物理学论文，创造了科学史上的一大奇迹。这五篇经典性论文，包括爱因斯坦的博士论文、论布朗运动的论文、两篇奠定狭义相对论基础的论文，以及关于量子假说的论文。其中关于量子假说的论文前面我们提到过，它为爱因斯坦带来了诺贝尔物理学奖。现在我们要说的是另外一篇奠定了狭义相对论的基础的重磅论文，论文原文为德文，题目为"Zur Elektrodynamik bewegter Körper"，翻译成中文就是大家都熟悉的《论动体的电动力学》（*On the Electrodynamics of Moving*

Bodies)。在这篇文章中，爱因斯坦提出了区别于牛顿时空观的新的平直时空理论，这就是著名的"狭义相对论"（ Special Theory of Relativity ）。这里的"狭义"表示它只适用于惯性参考系。狭义相对论的出发点是两条基本假设：狭义相对性原理和光速不变原理。它们的具体表述如下：

（1）狭义相对性原理：一切物理定律（除引力外的力学定律、电磁学定律以及其他相互作用的动力学定律）在所有惯性系中均有效；或者说，一切物理定律（除引力外）的方程式在洛伦兹变换下保持形式不变。

（2）光速不变原理：光在真空中总是以确定的速度 c 传播，速度的大小同光源的运动状态无关。在真空中的各个方向上，光信号传播速度（即单向光速）的大小均相同（即光速各向同性）；光速同光源的运动状态和观察者所处的惯性系无关。

狭义相对论预言了牛顿经典物理学所没有的一些新效应，我们称之为"相对论效应"，如时间膨胀、长度收缩、横向多普勒效应、质速关系、质能关系等。

在狭义相对论中，两个沿着 x 轴以不变的速度 v 做相对匀速运动的惯性参考系 S 和 S' 之间的坐标变换满足如下的洛伦兹变换：

$$\begin{cases} x' = \dfrac{1}{\gamma}(x - vt) \\ y' = y \\ z' = z \\ t' = \dfrac{1}{\gamma}\left(t - \dfrac{vx}{c^2} \right) \end{cases}$$

式中 $\gamma = \sqrt{1 - \dfrac{v^2}{c^2}}$ 成为洛伦兹因子，c 为真空中的光速，因为 $v < c$，所以 $0 < \gamma < 1$。不同惯性系中的物理定律在洛伦兹变换下数学形式不变，它反映了空间和时间的密切联系，是狭义相对论中最基本的关系。有了洛伦兹因子，很多相对论效应就可以用它来表示。例如相对论中的运动长度收缩效应，指的是一个在静止坐标系 S 中长度为 L_0 的尺子，如果在运动坐标系 S' 中的长度为 L，则两者满足以下关系：

$$L = \gamma L_0$$

可以看到在运动的坐标系中长度缩短了。我们再来看时间膨胀。我们在静止坐标系 S 和运动坐标系 S' 中分别放一个极其精密的原子钟，这时候我们会发现，在

运动坐标系 S' 中的原子钟比静止坐标系 S 中的原子钟运行慢了。这种慢并不是因为原子钟本身出现了问题，而是一种典型的相对论效应，运动坐标系中的原子钟经过了 t' 的时间，静止坐标系相应经过了时间 t，两者之间满足以下关系：

$$t'=\gamma t$$

我们会发现因为 $0<\gamma<1$，所以 $t'<t$，这就意味着，如果静止坐标系中需要经历 t 的时间，则在运动坐标系中不需要这么久，也就是说随着运动坐标系运动的速度越来越大，在这个坐标系中的时钟就走得越来越慢，它被命名为"相对论时间膨胀效应"。极端地，当坐标系运动速度 v 的速度远远小于光速时，比如我们日常遇到的汽车、火车、飞机的速度都不及光速的百万分之一，那么基本上洛伦兹因子 $\gamma=1$，所以洛伦兹变换就退回到我们在牛顿力学这种熟悉的伽利略变换：$t'=t$。而另一个极端，当运动坐标系的速度达到光速，那么 $t'=0$，这代表什么呢？我们还真的不知道，也许在这时，时间就停止了吧。我们再大胆地想象一下，如果真的可以超过光速会怎么样？当洛伦兹因子在根号下居然是一个负数，那就意味着洛伦兹因子变成了虚数，这个虚数用在时间上表示什么？难道就是我们心心念念的时光穿梭或者时光倒流？事实上我们可以证明超过光速其实是不被允许的，即使是在广义相对论中讨论过穿越时空，也绝不是通过超过光速来实现的。

最后，我们再来看看关于质量的变化。在牛顿力学中，物体的质量是不会随着其所在的参考系变化而变化的，但在狭义相对论中却不是这样。在保证动量守恒定律和洛伦兹变换的作用下，我们假设一个物体在静止时的质量为 m_0，而其运动时的运动质量为 m，则两者之间满足以下关系：

$$m=\frac{m_0}{\gamma}$$

总结一下，我们用一句简单的结论来总结相对论引发的奇特效应：**速度更快，质量更大，尺寸缩短，时间更短**。而且在这些效应中洛伦兹因子似乎起到了一个非常重要的作用。那么，我们来一起研究研究这个洛伦兹因子。

这个洛伦兹因子中实际上只有一个变量，就是速度 v。这个速度是指运动坐标系相对于静止坐标系的速度，而在洛伦兹因子里，它要与光速相比较。前面我们一起回顾了人类对于光速到底有多快所进行的探索，无论大家测定的具体数字是否准确，可以肯定的是，光速是一个非常大的值。我们用日常遇到的一些与速度有关的事情来举例，以坐火车为例，我们近似地认为火车的速度为 200 公里 / 小时，换算一下大约 55 米 / 秒，我们带入洛伦兹因子中，可以求得 $\gamma \approx 0.999999983$。那么在这个条件下，我们根据相对论时间膨胀效应，时间能变慢多少呢？根据一番计算，我们发现，在这列火车上连续不停地坐了 100 年，下了车以后，我们跟那个一直坐在站台上的孪生兄弟相比，年轻了 53.6 秒，还不到一分钟。那么你可能说，这是因为火车的速度不够。那么我们直接坐飞机，飞机的速度大约接近真空中的音速，我们取 300 米 / 秒，这时候粗略的计算 $\gamma \approx 0.9999995$，也就是说你在飞机上坐了 100 年以后，下来，也就年轻了 26.3 分钟，明显得不偿失。那么我们再狠一点儿，我们索性不计成本直接上登月飞船，登月飞船速度可以达到 10 500 米 / 秒，这时候 $\gamma \approx 0.999387312$，也就是说，你在登月飞船上飞 100 年下来，你发现你年轻了 22.4 天。可见相对论的这个效应用在我们日常生活上似乎对改变我们的生活没什么意义。

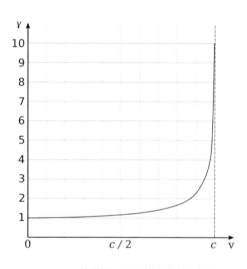

◎图 4-2　洛伦兹因子随着速度变化曲线

从左面这个曲线可以看到，当速度较低的时候洛伦兹因子基本上变化不大，而随着速度越来越接近光速，洛伦兹因子会迅速地上升。当速度达到 0.9c 时，洛伦兹因子达到 0.44，这时候运动中的 1 年大约相当于静止中的 2 年；当速度达到 0.99c 时，洛伦兹因子达到 0.14，运动中的 1 年相当于静止中的 7 年；当速度达到 0.999 999c 时，洛伦兹因子达到 0.004，这时候运动中的 1 年相当于静止中的 250 年。但是这种设想只能停留在理论计算上，因为想要达到这个速度，所付出的代价将是惊人的，是在现实中根本不可能实现的。

这个问题在长度收缩上体现的更加明显。一辆时速 300 公里的高铁火车从我们身边呼啸而过，那么它的长度会收缩多少呢？我算了一下，大约收缩了 10^{-13} 米。什么概念呢，差不多一根绣花针的针尖的千万分之一大小，人类目前为止还不具备精确测量这个数量级长度差别的能力。但是，如果坐上一艘速度为 0.999 99c 的"超级飞船"，那么这个长度收缩效应就可远了。地球上的人会看到你的飞船的长度缩小到了 250 分之一，如果在飞船没发射的时候测量出飞船是 10m，那么当飞船加速达到 0.999 99c 时，飞船上的你测量飞船依然是 10m，但是地球上的人看到你的飞船已经变成了一个 4cm 的小玩具模型了。

还有一个问题就是质量问题。在质量变换公式中洛伦兹因子在分母的位置，也就是说物体的运动速度越大，γ 就越小，这样物体的质量就越大。如果你把最简单的粒子加速到光速，那么它的质量将增加到无限大。正如我们从物理课上所知道的那样，要确保一个大质量物体能运动的话，那就需要大量的能量。然而，在地球上我们还找不到这样一个大能量的来源。

那么，为什么电磁辐射中的粒子能以这样的速度运动呢？答案很简单，因为光子没有静止质量，也没有电荷，就像所有无质量粒子一样。除了光子之外，我们现在还知道其他两种没有质量的粒子，即：引力子和胶子。

从上面的讨论中我们发现，想要让一个客观粒子达到光速在现实实验中是一件很难很难的事情。那么在理论上是否存在呢？爱因斯坦说没有物体的运动速度能够超过光速，准确地说是没有能量或者信息的传递速度能超过光速。如果失去这个前提，那么超光速的"东西"似乎还很多。

自从爱因斯坦的狭义相对论指出光速是不可超越的之后，很多人都一直在设计各种各样的思想实验来谋求突破光速限制，也有一些科学家宣称自己成功地设计出超光速信息传递方案。其中最引人注目的就是利用量子纠缠中关联坍缩的实验，甚至有文献表明这种关联坍缩的速度可以达到超光速的至少 10^7 倍[1]，但这是否违背相对论呢？

狭义相对论的速度极限仅指物质的运动。如果某种速度不是物质的运动速度，有可能摆脱相对论的约束吗？有可能超过光速吗？答案是肯定的，只要不是物质运动的速度，相对论就不会产生约束。到目前为止，还没有科学家得出量子纠缠超过光速的绝对结论，但它依然得到了许多权威人士的支持。有报道称，2008 年 8 月 14 日出版的最新一期《自然》(Nature) 杂志上，五名瑞士科学家公布了一项最新的研究成果，他们已经在实验中证明，处于量子纠缠态的亚原子粒子之间的信号传输速度远远快于光速。为了证实这种可能性，瑞士科学家着手对一对相互纠缠

① ZBINDEN H, BRENDEL J, GISIN N, et al. Experimental test of nonlocal quantum correlation in relativistic configurations [J]. Physical Review A, 2001, 63 (2): 022111.

的光子进行实验研究。首先他们将光子对拆散，然后通过由瑞士电信公司提供的光纤向两个接收站进行传送，接收站之间相距大约 18 公里。沿途光子会经过特殊设计的探测器，因此研究人员能够随时确定它们从出发点到终点的"颜色"。最终，接收站证实每对相互纠缠的光子被分开传送到接收站后，两者之间仍然存在纠缠关系。通过对其中一个进行光子测量，科学家可以预测到另一个光子的特征。在实验中任何隐藏信号从一个接收站传送到另一个接收站，仅仅需要一百万兆分之一秒。这一传输速率保证了接收站能够准确地检测到光子。由此可以推测，任何未知信号的传输速率至少是光速的 10 000 倍。

近年来，不少实验都试图测量量子纠缠关联塌缩的速度下限。但是，所有这些实验都存在局域和自由基矢选择两个漏洞，以致以前所有的实验都无法真正证明其中存在量子纠缠，因而其对量子纠缠关联塌缩速度的测量就失去了严格的意义。

2013 年，由中国科学技术大学潘建伟院士领衔的自由空间量子通信团队彭承志、张强研究小组，在国际上首次成功实现了无局域性漏洞的量子纠缠关联塌缩的速度下限测量。该研究成果发表在《物理评论快报》上。

潘建伟团队在青海湖外场实验基地选取了地球上纬度严格一致的东西方向两个地点设置类空间隔的测量事件，同时加入随机数控制的主动基矢选择，通过连续测量 12 小时贝尔破缺，遍历了地球同步的所有参照系，实现了无局域性漏洞的纠缠关联塌缩的速度下限测量。结果表明在所有相对地球以千分之一光速或更低速度运行惯性参照系中，量子纠缠关联塌缩的速度下限为光速的一万倍。

该成果的取得一方面标志着我国在自由空间量子物理实验领域保持着国际领先地位，另一方面也为未来基于量子科学实验卫星进行大尺度量子理论基础检验，以及探索如何融合量子理论与爱因斯坦广义相对论奠定了必要的技术基础。

从这个结论上看，量子纠缠理论上可以造成超过光速，因为在量子纠缠系统中，不管两个粒子相距有多远，一个粒子会改变，另一个也会改变。即使一对纠缠粒子分别放置在地球和火星上时，对地球上纠缠粒子的观察将同时影响火星上的纠缠粒子。这种效应几乎没有时间间隔，光从火星传到地球的最快也需要 184 秒。然而，地球和火星上纠缠粒子之间的相互作用是瞬时的。这说明它们之间不是通过信使粒子的传递发生的。

地球上的纠缠粒子没有发射超光速的信使粒子飞到 5500 万公里外的火星，迫使火星上的纠缠粒子发生变化。但我们并不能用如此快的速度控制和传输信息，纠缠粒子之间的超光速相互作用不会将粒子加速到超光速，超光速不涉及物质的运动。所以相对论的统治范围不囊括量子纠缠。宇宙中的超光速行为属于非物质运动形式的速度现象，而受相对论限制的速度极限是物质运动形式的速度现象。事实上，信息和能量的传递都需要物质的参与，这也意味着超光速现象不能传递信息和能量。所以爱因斯坦关于没有任何能传递信息的速度会快过光速的规则仍然成立。

二、量子作用是超距作用?

与超越光速问题相类似，在物理学里，还有一桩悬案一直萦绕在物理学家头上，那就是被爱因斯坦称之为"鬼魅幽灵般的超距作用"（spooky action at a distance）。超距作用（action at a distance）指的是分别处于空间中的两个不毗连区域的两个物体彼此之间的非定域（non-locality）相互作用。

"定域性"这个词是物理学的专业术语，有时也翻译成"局域性"，是从英文"locality"一词得来的。在日常用语之中，这个词的本意是指邻里、小区，围绕某一处所或者提及的某个地方附近的区域。早在 17 世纪，人们用这个词来表示某人或者某物存在的地方。在我们的生活中，我们有很强烈的方位感，比如和爱人分离时总会有"多情自古伤离别"的慨叹；当相隔很远的时候，人们都抱有着"天涯若比邻"的美好期待。可以显示的空间概念让人们从骨子里产生了对"定域性"的重视，也许只有到了像桃花源这样的地方才能真正达到"忘路之远近"的境界吧。其实人类如此重视定域性问题是有非常深刻的历史原因的。

物理学和其他的一些具体学科有一个非常大的不同，如果你问一个地质学家、天文学家或者生物学家他们研究什么，他们可以指着山上的岩石、天上的星星或者草中的昆虫告诉你他们的研究对象。而对于物理学家，他们的研究范围几乎包含周围所有的东西。当然，他们也可以说他们并不研究某一特定的东西，他们研究侧重的不是具体的对象，而是追求某种目标：那就是无论什么具体对象，物理学家们都是追求将复杂的东西简单化，将多样的东西统一化。在这方面哲学家是物理学家的师兄。的确，物理学家关于简单性和可理解性的一般标准已经经历了几代人保持不变，他们的前辈、来自古希腊的第一批唯物主义的自然哲学家，早就开始从简单化的视角客观地看待这个世界了。

古代原子论者认为，世界是由微粒和真空两者组成的，需要注意的是，这里的

"真空"一词并不表示后来现代物理学中的那么多复杂的物理含义，仅仅是表示一种空虚的空间的意思。在这些空虚的空间之中，各种微粒之间的相互作用就是在这种真空之中传递的，这是最早的关于超距作用的思想。

关于超距作用的讨论中，有一个历史上的物理概念不得不提，这个概念就是"以太"。"以太"一词是英文 Ether 或 Aether 的音译，这个词是古希腊哲学先贤亚里士多德最先提出来的。在亚里士多德的哲学思想中，以太是一个古老而神秘的概念。古希腊人用以太泛指青天或上层大气。在亚里士多德看来，物质元素除了水、火、气、土之外，还有一种居于天空上层的以太。他的思想来源于特别注重几何学传统的古希腊传统哲学，他的老师柏拉图就非常重视几何学，他把四元素几何化，认为组成它们的原子形状分别是体现其性质的一种正多面体。但是正多面体共有 5 种，除了 4 种多面体之外，柏拉图认为，还有一种物质对应的是第五种元素，宇宙和天体即由这种最高元素构成。作为柏拉图的学生，亚里士多德就把这种元素称为以太。从此，以太成了一个自然哲学的概念。

中国古代就有"气"这一概念，它与西方以太的概念是相似的。"气"与金、木、水、火、土不同：人们对金、木、水、火、土看得见，摸得到；而对"气"却看不见，摸不到，人们是在自然界刮风的时候或在自己呼吸的时候感觉到"气"的存在。在东方思想中，世界上并不存在所谓"空虚"，在中国传统哲学中，阴阳二气充满太虚，相互作用，无论是我们今天称为电的、磁的、星体间的，还是因为潮汐作用引起的各种作用，在古人看来，都是由充斥在太虚之中的阴阳二气相互作用，并通过金、木、水、火、土等五种物质为传递的媒质而形成的。这是中国哲学中最早的关于接触作用的思想。

早在牛顿以前，对于物体之间的作用就存在两种对立的猜想：一种认为物体之间除了通常的接触作用（拉压、冲击）之外，还存在超距作用；一种认为物体之间的所有作用力都是近距作用，两个远离物体之间的作用力必须通过某种中间媒介物质传递，不存在任何超距作用，而这种中间媒质就被称为"以太"。当时的大多数自然哲学家认为超距作用带有神秘的色彩，而倾向于支持近距作用观点。

科学家们围绕"以太"展开过热烈的讨论，提出了许多有意义的见解，从而有力地推动了科学的发展。纵观历史，以太的发展经历了两起两落，这也意味着科学上对超距作用的理解也经历了几番波折。

以太首次应用于科学是在 17 世纪，法国哲学家、科学家勒内·笛卡尔（René

Descartes）反对物体之间可以通过真空而传递力的"超距作用"概念，认为只有通过某种物质接触才能发生相互作用和产生运动。他认为"真空不空"，真空中存在着的那个虽然稀薄但足以传递相互作用的介质，就是亚里士多德学说中的"以太"。因此他提出了物理学中的"以太说"。为了解释行星围绕太阳的运转现象，1644年笛卡尔提出了"以太旋涡学说"，并用它解释星体周围的以太围绕星体形成大小、速度和密度不同的旋涡式运动，它产生的旋涡卷吸着周围的物体趋向中心，这就表现为引力作用。除此之外，笛卡尔还提出光是以太介质中某种压力的传播过程，光在真空中的传播就是靠以太作为媒介。1678年荷兰物理学家、天文学家惠更斯（Christiaan Huygens）向法国科学院提交《论光》一书，该书在1690年增补后出版，其中提出了光的波动理论。他与笛卡尔的"把光看作是以太媒质中传播的波"的思想一致，不承认超距作用的存在。他认为光波是与声波类似的纵波，声波靠空气传播，光波靠以太传播，并把它叫作"光以太"。由于以太说从接触作用来说明引力的本质，符合人们对旋风、水涡流的直觉，比起超距作用说更易被理解和接受，因此成为当时英法各国教科书的正统观点。对于光是以以太作为介质的学说，其他科学家并没有权威的反对意见，以太说在当时风靡一时。

同样在17世纪，在法国唯物主义哲学家伽森狄（Pierre Gassendi）的努力下，古希腊唯物主义者伊壁鸠鲁的原子论得到了新的生机。伽森狄认为宇宙间只有两个本原：原子与空虚。空虚是永恒不动的，是物质的否定；原子是永恒运动的，空虚是它运动的场所。他首先承认原子有大小、轻重以及不同形状的区别，由此而构成各式各样的分子，由分子的结合而构成不同的物体。原子论的复兴让大多数物理学家更加关注定域性的问题，因为空间概念就是这些原子论者创造出来的，他们是最早提出物质都需要有一个地方放置或者移动的哲学家。在他们看来，原子是一名运动员，那么空间就是运动场，定域性就是游戏规则。当然，古代原子论者认为定域性也是有两个方面：一方面，空间把诸多原子区分开，并赋予每个原子唯一的标识符，这就是可分离性原则（后来的著名的物理学家爱因斯坦认为这对物理学非常关键，然而后面我们会说到量子力学恰恰违背了这一原则）；另一方面，空间规定了原子之间应该如何相互影响（原子论者认为原子只能通过直接出发才能发生相互作用，两个原子在和对方发生碰撞之前是不可能知道对方的存在的）。这就是定域作用原则的早期版本，后来爱因斯坦在他的相对论理论中将这个原则形式化了。

虽然原子论者坚持定域性，但是他们并没有给出物体遵从定域性的真正理由，他们甚至没有明确指出定域性只是一个试探性的结论，有待实验确认。当然，那个时候也没有实证科学的概念。他们把定域性看作自显然的真理，认为任何超距作用都会使得事件的因果链断开，从而导致整个宇宙不可理解。

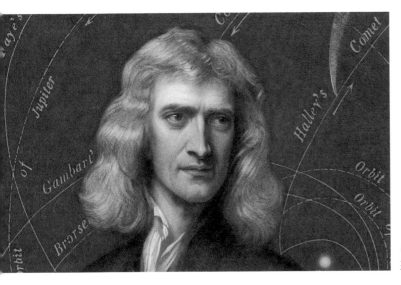

◎图 4-3　近代经典力学的开拓者——牛顿（1643—1727）

1686 年，牛顿发表其根据开普勒行星运动定律而得到的万有引力定律，并以此说明月球和行星的运动规律，以及潮汐现象。万有引力定律只提到两粒子相互作用直接来源于对方的引力，并未解释引力传递过程。他强调这条定律与时间无关，这意味着存在瞬时直接的超距作用。引力理论不能给出任何引力相互作用需要媒介。它假设引力作用具有瞬时性，不管相互作用的两者距离有多远。从牛顿力学的观点，超距作用可以视为一种现象，在这一现象中，一个系统的内秉性质会影响遥远之外的另一个系统的内秉性质，并且，没有任何过程毗连地传递其影响于空间和时间。牛顿试图寻找引力产生的原因，但并未获得成功。牛顿的引力定律是支持超距作用的，但是牛顿本人并不认为引力是超距的。他在给 R. 本特利的一封信中曾写道：

　　很难想象没有某种无形的媒介，无生命感觉的物质可以毋须相互接触而对其他物质起作用和产生影响。……一个物体可以通过真空超距地作用在另一个物体上而不需要任何其他介质，它们的作用和力可以通过真空从一个物体传递到另一个物体，这种观点在我看来是荒唐之极，以致我认为没有一个在哲学上有足够思考力的人会同意这种观点。

牛顿本人其实是倾向于以太存在的。他在给 R. 玻意耳的信中私下表示相信最终一定能够找到某种物质作用来说明引力。牛顿曾经以"稀薄的以太""以太精气的连续凝聚"等观念来解释引力和光的现象。但是，他对以太的具体设想与当时颇具影响的笛卡尔观点在细节上有所不同。到了 18 世纪以后，人们往往把引力作用中的"超距"信条归之于牛顿是不正确的。其实，将此信条归之于牛顿的追随学者罗杰·科次（Roger Cotes）更合适些。

科次于 1713 年为牛顿的著作《自然哲学之数学原理》（*Philosophiae Naturalis Principia Mathematica*）第 2 版作序。该序言从哲学方法上推崇了牛顿学说的意义，并以大量文字攻击笛卡尔的涡旋以太论。序文中虽然没有引用"超距作用"一词，但他在抨击以太论的同时认为宇宙中存在真空，这一观点无形中让人们以为牛顿的引力定律是倡导超距作用的。而在他的其他文章中，他愉快地用非定域性解释了除引力以外的许多现象，包括光的反射和折射、蒸汽扩散、气压、材料的内聚力和热。科次把牛顿的引力定律看作是超距作用的典范，并把它说成是实验事实的唯一概括。

◎图 4-4　牛顿所著的《自然哲学之数学原理》

超距作用和近距作用两种相互对立的观点在 18 世纪初引起了非常激烈的争论。甚至于出现了这样的情形：法国笛卡尔主义者在反对超距作用的同时，不恰当地否认引力的平方反比定律；年轻的牛顿追随者为捍卫牛顿的学说，又反对包括以太在内的全部笛卡尔观点。

由于引力定律在说明太阳系内的星体运动方面获得极大成功，而对于以太的探索却未有任何实际结果，超距作用观点因之流行。拉格朗日、拉普拉斯等人又从引力定律发展出数学上简单而优美的势论，更加支持了超距作用的观点。于是，超距观点被移用到物理学其他领域，早期的电磁理论就是一例。尤其是法国物理学家库仑等人在静电、静磁领域假定电荷或磁体是超距地彼此吸引或排斥，而不受其间介质的任何影响。德国艾皮努斯、英国卡文迪什和法国泊松等人也以超距的直线作用观点解释静电和静磁的感应现象。整个 18 世纪和 19 世纪的前半个世纪，超距作用观点在物理学中都居统治地位。一些持此观点的物理学家也曾对物理学的发展做出相当的贡献。1872 年，奥地利物理学哲学家恩斯特·马赫（Ernst Mach）曾经评价道：

> 我们总是把复杂的事情简化成简单的事情，而这些简单的事情并不总是那么自显然的容易理解，那就是说无法进一步解决下去……人们总是把不常见的、不易理解的事情简化成常见的、容易理解的事。
>
> 从表面上看，牛顿万有引力搅乱了几乎所有大自然的研究者，因为它是建立在不常见、不易理解的概念基础上的……人们本来把引力还原成非超距的压力和碰撞作用。现在人们再也不会受到扰乱了，因为这种超距的作用已经变成了常见的、不易理解的东西。

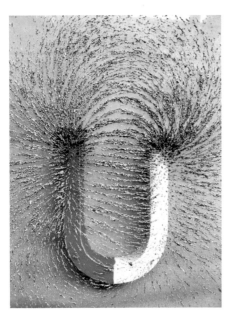

◎图 4-5　用碎铁屑模拟出磁铁周围的场

对超距作用的挑战来自电磁学，发起挑战的人就是被称为"电学之父"的电磁感应现象发现者英国物理学家迈克尔·法拉第（Michael Faraday）。他注意到了 1820 年丹麦物理学家奥斯特发现的一根连接电池的金属线引起了附近指南针的偏转现象。当时的人们还不认为电和磁有什么联系，而这个实验证明，电流和指南针之间存在的这种联系明显对牛顿力学中非局域相互作用构成了严重的挑战。他认为存在一种无所不在的介质，影响力通过这种介质快速表现出来，如果撒一些碎铁屑在一块磁铁周围，它们就会自我组织起来，形成一些优雅的弧线，而这些磁力线所表征的就是传递电磁作用的物质。1852 年，法拉第引入了电力线（今天我们称之为"电场线")、磁力线（今天我们称之为"磁感线"）的概念，并用铁粉显示了磁棒周围的磁力线形状。场的概念和力线的模型，对当时的传统观念是一个重大的突破。

场的概念的提出，就意味着我们周围充满了"场"这种物质。首先，场是符合定域性的，它只能影响到它周围的物质；其次，通过场来产生的效应需要事件才能施加影响，场效应必须扫过场才能对其他物体产生影响。场这一概念的提出让人们又回到了定域性的接触作用时代。

19世纪末，电磁理论和牛顿力学的不相容折磨着每一个物理学家，如果想了解棒球或者行星的运行轨迹，那么应该选用牛顿力学；如果要制造发电机或者电磁铁，那么就得去找麦克斯韦方程组；但是如果遇到既涉及机械运动又有电磁效应的混合体系呢？人们开始头疼。

这两种理论看起来彻头彻尾地不相容，牛顿力学的核心概念——引力，在电磁理论中没有地位。同时，引力场不满足任何电磁场展示出来的物理实在的判断条件，比如观察者并没有看见引力传播出去所需要的时间延迟。在牛顿力学中速度总是相对的，不同的参考系下，速度可以根据坐标系的不同而进行变换。比如一个人在火车上扔棒球，那么对于地上的人来说，他扔出去的棒球速度就是火车速度加上棒球速度；但是如果这个人扔的不是棒球，而是打开手电筒发射出的一束光呢？麦克斯韦方程组说光也是一种电磁场，它的速度是特殊的，并不因为坐标系变化而变化。那么在车上的光速与车下的光速有什么不同？于是人们彻底懵了。

时间终于来到了20世纪，在1905年，爱因斯坦的狭义相对论确立了崭新的时空观，并指出真空中的光速是一切物理作用传播速度的极限。这就在整个物理学中排除了瞬时超距作用的可能性。1916年，爱因斯坦建立了广义相对论，他将牛顿的引力定律作为一种近似保留下来，并且提出了引力波、引力辐射的概念。根据广义相对论，物体振荡时辐射引力波，引力辐射也是以光速传播的；两个致密星体组成的系统由于发生引力辐射而导致其能量衰减（称为"引力辐射阻尼"），导致其转动周期变短。1978年12月，美国马萨诸塞州大学的教授约瑟夫·胡顿·泰勒（Joseph Hooton Taylor）等人在慕尼黑召开的第九次"德克萨斯"相对论天体物理学研讨会上，宣布了他们对射电脉冲双星PSR1913+16四年多的监视性观测，他们首次间接地确认了它由于引力辐射阻尼引起的转动周期稳定地变短确实存在。这对于引力波的存在是一个很好的支持。星际空间的引力场也为人们普遍接受，星体之间的超距引力作用也被彻底地放弃了。

人们认识到自然界中存在着四种基本相互作用，即引力相互作用、电磁相互作用、弱相互作用和强相互作用。它们都是通过场来彼此传递作用的。

早期的超距作用认为作用是瞬时的，这一点在后来曾有所修改。有些物理学家提出"延迟超距作用"，认为源对某一粒子的作用是延迟了一段时间 r/c 的超越空间的直接作用，其中 r 是源和粒子之间的距离，c 为真空中的光速。这种修正了的超距作用观点在说明某些现象时与场作用观点是等效的；但是，在说明另一些现象，特别是正反粒子发生湮没时这种理论就显得牵强附会。因此，它并未被一般物理学家所接受。

而 20 世纪的另一场革命给超距作用带来了新的希望，量子力学对于物理过程是否应该遵守定域性理论（即在量子力学中是否排除超距作用）这一问题给出了崭新的挑战。关于这个问题我们还是要回到 1935 年，爱因斯坦、波多尔斯基和罗森共同提出的 EPR 思想实验，即后来知名的 EPR 悖论，这个理想实验可以凸显出局域实在论与量子力学完备性之间的矛盾。大致而言，假设两个粒子相互作用后向相反方向移动，过了一段时间，虽然两个粒子相隔极远，彼此之间不存在任何经典相互作用，但是若分别测量它们的性质所获得的结果，则可发觉它们的性质非常怪异地相互关联，意味着其中可能存在某种超距作用。实际而言，量子力学的哥本哈根诠释表明，这是因为波函数关联坍缩机制，是一种违反狭义相对论的超距作用。

有一种类似的观点认为，如果你知道一对粒子之间存在纠缠关系（它们之间就像有纽带束缚着），其中一个向左自旋，另一个就会向右自旋，爱因斯坦说这个现象的存在证明量子理论是荒唐的，因为如果它成立，那么人们能以比光快的速度传递信息。

1953 年，英国物理学家大卫·玻姆同样认为哥本哈根诠释对量子体系的物理实在的解释是不完备的，需要附加更多的参量来描述，从而提出隐变量理论。1965 年，北爱尔兰物理学家约翰·贝尔提出贝尔不等式，为证明隐变量理论提供了实验验证方法。从 20 世纪 70 年代至今，对贝尔不等式的验证给出的大多数结果是否定的，但其中绝大多数实验都存在不同程度的"探测漏洞"或"通信漏洞"，不能严格证实隐变量错误。

在量子力学的理论中，量子测量的实验事实表明，对一个粒子的波函数进行量子测量会导致全空间波函数的坍缩，这种坍缩会引起波函数在整个希尔伯特空间中分布的改变，而不是某些局域部分的变化，它是一种全空间的、瞬间的、不可阻断的超时空突变。这种突变典型例证就是在量子隐形传态实验中发生的量子关联坍缩，一个粒子的空间波函数坍缩，会直接引起与之有量子纠缠关系的另一个粒子的空间波函数坍缩，这是量子力学不同于经典物理的独特之处，也是量子隐形传态区别于经典信息传输的最大优势所在。

2015 年 8 月 24 日，荷兰代尔夫特大学的物理学家罗纳德·汉森（Ronald Hanson）领导的团队在论文预印本网站 arXiv 上传了他们最新的论文，报道他们实现了第一例可以同时解决探测漏洞和通信漏洞的贝尔实验。该研究组使用了一种巧妙的技术，称为"纠缠交换"（entanglement swapping）。他们选取了位于代尔夫特大学两个不同实验室中的一对非纠缠电子，彼此间距离为 1.3 千米，每个电子都与一个光子相纠缠，而这两个光子都被发送到了第三个地点。在第三个地点他们让这两个光子纠缠，这就导致了与光子相纠缠的两个电子也处于纠缠态。这个实验表明量子力学之中"幽灵般的超距作用"得到严格检验。

在量子力学中的非定域描述可以分为两个不同层次的含义：其一是带有某种弥散性的描述。对于这种过程的描述依旧可以借助于时空变数，只不过这个时候时空变数是弥散的，即在某一空间点 x 处的相互作用也以某种方式在一定程度上依赖着别处的场量。其二是一种拓扑性描述。例如粒子的自旋，它不依赖于某个空间变数，其表现为一种旋量场的整体非定域性，它具有某种未知的拓扑结构，换句话说，这种场具有一种超空间的性质。

量子在不同方面体现出的非定域性具有不同的根源。有的来源于量子基本相互作用的内在属性，例如量子 EPR 态的纠缠关联；有的来自微观粒子的内禀属性，如波粒二象性；有的来自具体的拉格朗日量中参数空间的拓扑结构，例如量子力学中的阿哈罗夫－玻姆效应，其矢势 A 具有的非定域性就是由时空的非平凡拓扑结构导致；有的来源于粒子空间可能具有的整体拓扑性，例如量子空间波函数的坍缩，在坍缩中整个空间的波函数都会发生坍缩。由于非定域性产生的根源不同，所以其所表现出的现象以及其所影响的范畴也不尽相同，有的非定域性体现在局部空间的无法察觉，只依赖于某种空间整体具有的拓扑结构，比如各种量子拓扑相因子；而更多的非定域性表现，在量子坍缩和关联坍缩时表现出一种超空间关联现象，这种现象在量子隐形传态过程中的关联测量环节表现得尤为明显。

综上，量子力学中的非定域性是这样的一种性质：它使得微观体系不仅受到其所在局域的时空性质的影响，同时也与另一处与之有类空间隔的微观体系的性质和时空性质相关。这样就必然会产生这样的问题，即：对于处在类空间隔的两个相互纠缠的量子体系其中之一的测量，必然会引起的另一个体系的关联坍缩，那么这种非定域的关联坍缩是不是一种因果关系？如果是一种因果联系，那么这种联系是否违背狭义相对论中的定域因果律？其中是否含有超光速的信息传递？是否可以实现对信息载体的超时空瞬间转移？这些问题引起了对量子信息的因果律的分析，以及对其背后的哲学基础的探讨。

3. 量子信息不能被复制？

提起"克隆"（clone）这个词，大家最先想到的就是按照原来的物体复制一个一模一样的。其实汉语中这个词是从英文的 clone 音译而来，而 clone 这个英文单词来源于希腊语 κλονε，原意是指用"嫩枝"或"插条"的方式进行无性繁殖的植物培育的意思。现在"克隆"这个词是一个生物学术语，它是指生物体通过体细胞进行的无性繁殖，以及由无性繁殖形成的基因型完全相同的后代个体。通常

◎图 4-6　伊恩·维尔穆特教授和他培育出的"克隆羊多利"

我们把利用生物技术由无性生殖产生与原个体有完全相同基因的个体或种群称为"克隆"。"克隆"这个词最早是印度生理学家、生物化学家、群体遗传学家 J. B. S. 霍尔丹（John Burdon Sanderson Haldane）在 1963 年所作题为"人类种族在未来两万年的生物可能性"的演讲上采用了这个术语。后来科学家们就把人工遗传操作动物繁殖的过程叫"克隆"，这门生物技术叫"克隆技术"，其本身的含义是无性繁殖，即由同一个祖先细胞分裂繁殖而形成的纯细胞系，该细胞系中每个细胞的基因彼此相同。

对于植物而言，其实人类在很早之前就在做"克隆"，只是没有用这个称呼而已。植物的繁殖分为有性繁殖和无性繁殖，有性繁殖是通过种子进行繁殖的，而无性繁殖是通过营养体进行繁殖的。我们通常做的一些植物培植的操作，比如我们日常说的扦插、嫁接、分株、压条、组织培养等等都是无性繁殖。这种无性繁殖具有较为稳定的遗传基础，是营养体的继续分化和生长，其性状稳定。对于经济植物大多数采用无性繁殖技术进行繁殖。因为在农业生产上，我们需要的是性状一致高质量的有价值的种苗。植物克隆技术就是利用植物体的营养器官进行繁育，也是一种基于细胞全能性与植物的全息性的育苗技术。所以植物的克隆，作为一种无性繁殖的培育手段司空见惯。

而对于动物的克隆是从 1952 年开始的，科学家首先用青蛙开展克隆实验，之后不断有人利用各种动物进行克隆技术研究。由于该项技术几乎没有取得进展，研究工作在 80 年代初期一度进入低谷。后来，有人用哺乳动物胚胎细胞进行克隆取得成功。1996 年 7 月 5 日，英国科学家伊恩·维尔穆特博士用成年羊体细胞克隆出一只活产羊，给克隆技术研究带来了重大突破，它突破了以往只能用胚胎细胞进行动物克隆的技术难关，首次实现了用体细胞进行动物克隆的目标，实现了更高意义上的动物复制。经过半个多世纪的发展，也先后有青蛙、鲤鱼、绵羊、鼠、猕猴、猪、牛、猫、兔等多种动物被成功克隆，今天我们再谈到克隆动物，似乎也司空见惯了。

克隆最大的特征就是其形成的后代个体与原个体具有的基因型完全相同，用我们直观的语言描述，那就是克隆制作出来的个体与母体一模一样。

在生物学的世界中，无论是植物还是动物，都可以通过克隆形成一模一样的基因型。其实经典的物理世界也可以进行某种程度上的克隆，比如印刷一本页数一样、内容一样、排版一样的书，或者是一盘时长、内容都一样的录影带，复制品必须精确地包括同样的内容、同样的文本、同样的图像。这一切似乎并不难，因为在经典信息中，复制一个完全一致的经典比特并不复杂，甚至在电脑上只要进行拷贝（copy）命令就可以操作。而正是由于信息的这种可复制的特性，才使得今天各种信息媒体能够将信息广泛而快速地传播开去。

但是，在量子力学统治下的微观世界是否也可以通过某种技术克隆或者拷贝出一个一模一样的未知量子态呢？比如，是否可以在不破坏原有电子情况下，复制出一个质量相等、速度相同，以及其他的一切物理特性都完全一致的电子呢？很可惜，答案是否定的。

美国著名计算机科学家、算法和程序设计技术的先驱、图灵奖得主唐纳德·克努特（Donald knuth）曾经提到过一个重要的结论："量子的世界不同于经典的世界，经典的世界复印机可以复印相同的一份文件，但是在量子世界却不存在。"他所说的这个事实就是著名的"量子不可克隆原理"（No-Cloning Theorem）。

首次证明这原理的是 1982 年美国物理学家伍特斯（W. K. Wootters）和祖瑞克（W. H. Zurek）发表在《自然》杂志上的一篇名为"单量子态不可克隆"（*A single quantum cannot be cloned*）的文章。在这篇文章中，他们提出了一个对量子信息和量子计算非常重要的定理——量子不可克隆定理。所谓"量子不可克隆原理"，就是指量子力学的基本原理保证了某个任意的未知量子态是不能够被百分百精确地复制的。它可以表述为：

在量子力学中，不存在这样一个物理过程：实现对任意一个未知量子态的精确复制，使得每个复制态与初始量子态完全相同。

这个定理的证明其实并不复杂，它是基于量子力学的态叠加原理进行反证的。下面我们就做一个简单的证明。

证明：假设存在一台非常理想的量子信息克隆机，它必须存在两个接口，一个是对接着承载着"原稿"信息的粒子 A，它处于一个任意的未知量子态 $|\psi\rangle$；另一个是对接被拷入量子状态的粒子 B，它在被拷贝入"原稿"信息之前处于标准的状态 $|S\rangle$。那么这个立项的量子信息克隆机需要做的就是通过一个么正变换 U，在 B 粒子上复制出 A 粒子的状态。好了，两个端口状态都已经就位，下面要对这个系统的量子状态进行一个称之为"克隆"的量子变换，就是要实现下面的结果：

$$U(|\psi\rangle_A \otimes |S\rangle_B) = |\psi\rangle_A \otimes |\psi\rangle_B$$

假定我们要对某两个特殊纯态 $|\psi\rangle$ 和 $|\varphi\rangle$ 分别进行这样的拷贝。那么就会有：

$$U(|\psi\rangle_A \otimes |S\rangle_B) = |\psi\rangle_A \otimes |\psi\rangle_B \text{ 和 } U(|\varphi\rangle_A \otimes |S\rangle_B) = |\varphi\rangle_A \otimes |\varphi\rangle_B$$

我们取这两个方程的内积，可以得到

$$\langle \psi|\varphi \rangle = (\langle \psi|\varphi \rangle)^2$$

这个方程有两个解，1 和 0。要么 $\langle \psi|\varphi \rangle = 1$，要么 $\langle \psi|\varphi \rangle = 0$。也就是说，要么被拷贝的态 $|\psi\rangle_A$ 和 $|\varphi\rangle_A$ 完全相同，这对拷贝来说是平庸的；要么被拷贝的量子态 $|\psi\rangle_A$ 和 $|\varphi\rangle_A$ 相互正交。于是，以这种通过么正变换的方式—不含测量环节的方式运行的量子信息克隆机只能克隆两个正交的量子态，而不是任意的未知量子态。那种肯定成功、绝对准确并概率守恒的任意未知态量子克隆机是不存在的，这在理论上保证了量子态是不可被克隆的。

量子不可克隆原理是诸多的量子通信和量子计算的理论基础，这个原理从根本上保证了量子通信中的量子信道是无法被窃听的：通信双方通过公开地交换一些测量信息（这些信息可以让所有人都知道，比如说，通过大喇叭来喊话），就可以确认是否有人窃听。当然，通信保密是个系统工程，最终的保密效果依赖于系统每个环节的可靠程度。

需要注意的是，这里说的量子态，指的是任意的量子态，也就是说，我们事先不知道它的状态到底是什么。对于某个确定的量子态，我们当然是有办法精确复制的。其实，这等于说，对于某个任意的量子态，我们是无法通过测量确定它的特性的。在量子力学里，"知道"的意思其实就是对其"测量"：不经过测量，你就不知道；而测量总是要影响量子态的。想要从量子态上获得信息就必须选择量子测量的方法，具体的测量方法会决定测量得到的各种不同可能结果，这就是量子力学的精髓。

有一些特殊的测量，是可以保证某些特殊的量子态不受扰动的，这些量子态就是本征态，其对应的测量值就是本征值。本征态是非常特殊的量子态，任意的量子态通常是多个本征态的叠加。量子不可克隆原理说的是，任意量子态是不能够精确复制的——本征态是可以复制的，因为它是非常特殊的量子态，当然它也是要依赖测量方法的选择。

为什么说量子不能够被精确克隆？前面我们已经通过反证法基于量子态的叠加原理证得。下面我们再定性地对证明过程描述一下：首先要承认量子力学中海森堡不确定关系是前提，这是从无数实验中总结提炼出来的事实。假如任意量子态可以被精确克隆，那么我们就可以这么做：先把这个量子态精确地复制 100 份，然后用 100 种不同的测量方法来进行测量从而精确地得到 100 种不同的信息（当然，从统计学上讲 100 份未必够用，那么就克隆 1 万份好了）。通过选择测量方法，我们就可以知道每个特定备份的相关性质，再加上精确克隆的假定，我们就可以精确地知道任意量子态的任何信息，这个操作违背了海森堡不确定关系。所以从任意量子态可以被精确克隆的前提推导出的结论与量子力学必须遵循的海森堡不确定关系是矛盾的。因此，我们可以说量子不可克隆原理等价于海森堡不确定关系，也等价于测量会影响量子态的这个量子力学基本假定。

大家已经知道，按照量子不可克隆定理，一个任意极化状态的光子不可以在仍然保持原样的情况下被精确地复制出来。那么我们退一步，可不可以在保留信息态量子位的前提下，将任意量子态的副本量子位"置零"呢？答案是不可能。比照量子不可克隆定理，这个结论也被称为"量子不可删除定理"（quantum no-deleting principle），它的具体表述为：

量子态空间不容许人们理想地、真正地删除任意量子态的副本。

这个定理可以算是量子不可克隆定理的推论。同样地，还有人提出了纠缠不可克隆定理，即量子纠缠不可能被理想地克隆。也就是说，如果发现一个量子操作能够理想地拷贝所有最大纠缠态的纠缠，那么它必定不能保持可分离性，以致某些原本是可分离态在克隆之后变成纠缠态。这些都是量子信息区别于经典信息的典型特征。

经典信息只能用经典物理系统来实现，所以量子信息不可能被看作是利用量子系统表征的经典信息，量子信息与经典信息虽然在很多地方相互联系，但是它们之间没有逻辑关系，两者有着根本区别，主要表现在以下三个方面：

第一，经典信息不具备量子信息所具有的量子叠加性。一个经典信息比特只有一个状态，或者为 0 或者为 1。而一个量子比特也有两个可能的状态 I0) 和 I1)。然而，一个量子比特除了这两个态以外，还可以形成由这两个态构成的线性组合，即所谓的"量子叠加态"：$|\psi\rangle = \alpha|0\rangle + \beta|1\rangle$，其中，$\alpha$ 和 β 是复数。量子比特的态叠加是反直觉的，因为在经典信息中，一个表征二进制信息的经典物理系统（例如一枚硬币），只有表征一个经典信息（或者正面向上，或者反面向上）。相反，一个量子比特在对其进行观测前，它可以存在于 I0) 和 I1) 之间的连续中间态。这

就意味着一个量子比特不只能够表征一个二进制位的信息，而且是许多二进制位的信息。因此，量子力学的叠加原理扩大了量子比特存储、传递和处理信息的能力。然而，这并不意味着量子比特表征的信息无限多，因为量子比特中所包含的大多数信息是无法通过量子测量得到的。量子测量理论在我们执行任何可信测量时候，获得一个固定的量子本征态，这就在量子体系所承载的信息量上设置了严格的限制。如果我们想了解一个量子比特所表征的信息，我们就不得不把量子比特的叠加态投影到我们需要的测量基态（即 $|0\rangle$，$|1\rangle$）上，这样我们或者得到一个 0 的位值，或者得到一个 1 的位值，测量概率分别为 $|\alpha|^2$ 和 $|\beta|^2$，且受到归一化条件 $|\alpha|^2+|\beta|^2=1$ 的限制。因此，测量使得量子比特不再处于"脆弱的"叠加态上，而是从 $|\psi\rangle=\alpha|0\rangle+\beta|1\rangle$ 的叠加态坍缩到与测量结果一致的本征态（$|0\rangle$ 或者 $|1\rangle$）上。然而，我们无法从测量的结果来倒推出量子系统在测量之前的状态，如果我们测量到的结果为 0，我们无法知道是因为该量子体系初态本身就是这个样子，还是从一个包含 $|0\rangle$ 量子态的一个复杂的叠加态坍缩到这个态。在这个意义上说，每一个量子比特中隐藏了太多信息，而我们无法获取量子比特中那些被限制在允许得到的测量结果之外的信息。

第二，量子信息具备独有的相干性（coherence）和纠缠性（entanglement）。量子相干性在量子信息中起到至关重要的作用，它描述的是量子体系的波函数与波函数自己，或与其他波函数之间对于某种内秉物理量具有的关联性质，是量子态所具有的非经典关联。在量子计算机中实现高效率的并行运算，就要用到量子相干性。彼此有关的量子比特串列，会作为一个整体动作。因此，只要对一个量子比特进行处理，影响就会立即传送到串列中多余的量子比特。这一特点，正是量子计算机能够进行高速运算的关键。而量子纠缠中蕴含的丰富的信息传递资源，这是经典物理学中所有信息载体所不可能拥有的宝贵财富，在量子通信、量子隐形传态、量子编码上面都具有非常重要的意义。

第三，经典信息可以在不改变原有样本前提下进行信息的完全复制，而量子信息受到量子力学原理性的制约而无法复制。我们知道经典的信息是可以通过对信息编码的再造进行复制的，这就像一台复印机，可以在已知文本信息的前提下，用油墨在新的纸张上重现要复印的文本。而对于量子信息，需要遵循"量子不可克隆原理"，它对量子信息的复制进行了严格限制，它的提出表明了任意一个未知的量子态进行完全相同的复制的过程是不可实现的。

第五章

时空转移：
量子比特可以隐形传态

SHIKONG ZHUANYI

LIANGZI BITE KEYI YINXING CHUANTAI

一、从"遁地术"和"星际穿越"讲起

在中国古典神魔小说《封神演义》中有一个虚拟人物叫作"土行孙"。土行孙曾为商汤先锋将军，每当战斗时，他总能出人意料间遁地而行，最后一招制胜。他最擅长潜伏在地底下攻击敌人，且可日行千里。土行孙的这个绝技，被称为"遁地术"。遁地术其实是古代五行遁术的一种。遁术是一种用特殊技术进入各个维度空间借助其他物质逃生的办法。

中国旧时方士所谓"五遁之法"，是道教所称仙人五种借物遁形的方术。明代博物学家谢肇淛曾写过一本记录作者本人的读书心得，亦有国事、史事之考证的札记《五杂俎》，其中的《人部二》中记载着：

> 汉时，解奴辜、张貂皆能隐沦，出入不由门户，此后世遁形之祖也。介象、左慈、于吉、孟钦、罗公远、张果之流，及《晋书》女巫章丹、陈琳等术，皆本此。谓为神仙，其实非也。其法有五：曰金遁，曰木遁，曰水遁，曰火遁，曰土遁。见其物则可隐。惟土遁最捷，盖无处无土也。

意思就是，从汉朝开始，一些有名的得道仙人进出都不用通过门窗，而是通过遁形的方式，他们就是遁形之术的祖先。之后还有像介象、左慈、于吉等一众神人都会遁术。遁术的方法可以通过金木水火土进行逃生，只要见到某种金木水火土之一，便可以逃遁，而其中以土遁最为便捷，因为土无处不在。

民国时期的女学者傅勤家所著的《中国道教史》第八章第三节中也写道：

> 后世有五遁之法，言能依金木水火土五行而遁形。其不能变化隐遁及白日飞升而死者，道书谓之尸解，言将登仙，假托为尸以解化也。

说的也是道家利用五行进行遁形之术。

这里都提到的遁术是中国古代道教的法术，是一种用特殊技术和借助其他工具逃生的办法，主要分为金、木、水、火、土，是道教法术的基础。而在深受中华文

化影响的日本文化中也能找到类似的传说，日本著名的古代忍术中就有利用金木水火土进行逃脱的技术。这些记载表明，在东方的文化中，从人类的古代起就梦想着某种瞬间移动的能力。

那么西方人呢？这就要提到我们后来在量子信息中一个经常提到的英文单词"teleportation"。这个词最早出现在 19 世纪的科幻小说中。在 1897 年英格兰作家约翰·弗雷德里克·托马斯·简（John Fredrick Thomas Jane）的科幻小说《五秒钟到金星》（*To Venusin Five Seconds*）中，作者为了避免描绘用火箭或其他方法将主人公传送到金星的冗长运输的必要性，发明了一种瞬间从一个点到另一个点的转移方式。这种不用遍历两点之间物理空间的传输，通常出于简化故事叙事目的在小说中这种传输通常会被设计为比光速快。

科幻作家通过描述一种可以将人或者物品超越空间限制的瞬间转移的技术来推动小说中的情节发展。对于这种以当时的科学理论无法给予解释的现象，科幻作家起了一个极具魔幻色彩的名字"Teleportation"，中文译作"隐形传态"或者"物态超空间转移"。

后来，在 1966 年首次亮相的美国系列电影《星际迷航》（*Star Trek*）中，在来自公元 23 世纪的联邦舰队"企业"号舰长柯克指挥下，通过隐藏性传态方式进

◎图 5-1　电影《星际迷航》中的瞬间传输装置

行一次又一次的星际穿梭。在影视剧中，飞行员站在"隐形传态"控制室中，随着一番操作，飞行员的身体逐渐分解成闪烁的粒子，从控制室悄然消失，而与此同时，在传输目的地一团粒子魔术般地出现了并渐渐变得明亮起来，最终复现出了飞行员的身体。这样的一个过程中，科幻作家把人的身体分解为基本粒子，而通过隐形传输机取到所有的粒子信息，在瞬间将这些信息传输到另一个星球，再按照这些信息重新选择和组织基本粒子，重新组成一个完整的实体。这便是科幻作家对隐形传态原理的设计。

《星际迷航》中为了解决主人公在各星球之间穿梭的途径问题，就引入了Teleportation 这种瞬间传输的"高科技"装置，来解决科幻电影中说不清、道不明的手段。

无论是东方还是西方，人们都希望有朝一日可以不受到任何时空的束缚，而实现瞬间转移的美好梦想。人类的伟大想象力皆是从感性经验中得到启示，可以说这种思想并非是人类的异想天开，科幻小说的艺术创作在某些程度上预言了人类的未来生活。但是正如上一章所说，在物理学中，由于相对论的限制，最大的速度是不能超过光速的。而光速是一个有限值，所以这种瞬间将东西或者人从空间的一个点移动到另一个点只能是一种幻想，但是这种幻想是美好的，是无论东方的中国人、日本人还是西方的欧美人都期待实现的。而幻想就是科学的翅膀，从人类发展的历史上看，人类祖先的无数个美好的梦想都随着科学技术的发展而不断成为现实，今天的人们可以乘坐飞机像古代神仙一样腾云驾雾地穿梭于蓝天白云之间，只不过在蓝天白云中并没有天宫仙境；人们古代梦想中的神人具有的千里眼、顺风耳，今天通过无线网络技术也可以实现相隔万里之间的视频即时通信来实现，有了一台小小的手机和遍布全球的网络，我们每一个人都可以成为千里眼、顺风耳。

那么，像遁地术、瞬间转移（teleportation）这样的美好愿望何时才能实现呢？也许想要瞬间传递一个人还为时尚早，但是如果传递一个基本粒子态呢？可以说这样的愿望今天已经实现了，那就是著名的量子隐形传态（quantum teleportation）。这一章我们就来一起讨论一下量子隐形传统的理论基础与技术实践。

二、量子隐形传态的思想原理

量子隐形传态（Quantum Teleportation）也称"量子态的超空间转移"，它是一种将包含信息的量子比特从一个固定载体中抽象出来，然后由一个地方传送到另一个地方，加载在另一个信息载体上的过程。量子隐形传态作为一种量子信息技术区别于经典信息理论的实验现象，它有一些非常不可思议的奇特性质，比如这种隐形传态并非是将信息系统本身的信息载体进行传输；它在信息传递的速度上也并非是超光速的；甚至在状态传递过程中，不能进行如经典信息理论中普遍使用的信息复制过程等等。基于以上特点，量子隐形传态在量子计算和量子通信方面具有非常重要的作用。所以，自从 1993 年本内特（C. H. Bennett）等人提出了第一个量子隐形传态的方案之后，量子隐形传态方案的分析与改进已经成为量子保密通信技术发展的热点问题。

真正的具有实际操作意义上的量子隐形传态方案是在 1993 年被设计出来的。美国 IBM 公司的六位科学家成为量子信息领域的开拓者。该团队由 C. H. 本内特（Charles Henry Bennett）领衔，成员包括布莱森德（Gilles Brassard）、科瑞普（Claude Cr'epeau）、约萨（Richard Jozsa）、佩雷斯（Asher Peres）和伍特斯（William Kent Wootters）等科学家。他们在《物理评论快报》（*Physical Review Letters*）上发表一篇名为《基于 EPR 对经典通道的未知量子态的隐形传态》（*Teleporting an unknown quantum state via dual classical and Einstein–Podolsky–Rosen channels*）的论文中提出了一套方案。这个方案使得由物质和能量构成的物体从一处在不经过任何中间点的情况下而传递（严格意义上说用"传递"一词并不恰当，其实是另外重建）到另外一处成为科学的可能。

在量子隐形传态中，我们并不是真正"传递"了整个微观物体，而是仅仅传输了物体的量子态。对于量子隐形传态如何通过信息传递实现"隔空传物"，奥地利著名物理学家、维也纳大学教授、奥地利科学院院长塞林格（Anton Zeilinger）曾在《自然》杂志上发表文章评价说：

　　隐形传态的梦想，就是指能够在某个遥远的地点以简单重现的方式实现位移。被隐形传输的物体是可以通过其特性来界定的，在经典物理学中可以通过测量来确定。需要指出的是在远距离之外的那个物体，并不需要取得原物体的所有部件——只需要将该物体的有关信息传送过来，用这些信息来重新构建出原物体即可。但问题是，这样构建出来的副本，在多大程度上能够等同于原物件呢？假如这些构成原物体的部件是电子、原子、分子，结果又当如何？对个体的量子性质，将会发生什么影响？因为根据海森堡的不确定原理，量子性质不可能被测量到任意的精度。

本内特等人发表于 1993 年的《物理评论快报》上的一篇论文中提及的量子隐形传态的构想，认为将一个粒子的量子态转移到另一个粒子上是有可能的，只要实施隐形传态的操作者在整个过程中不获取有关量子态的任何信息。利用量子力学的基本特性——量子纠缠，就能够实现，因为量子纠缠描述的量子系统之间的关联比经典关联要强得多。

通过这段论述可以发现，我们无法利用隐形传态来传输物体的质量或者能量，而我们能够做的是传输物体的"量子态"。这里所说的量子态是包括物质的最终结构，它不仅仅是传输物体的某种近似的描述，而是传输了关于该物体可被隐形传态的一切信息。根据量子不可克隆原理，当传输物体的量子态时，被传输的本体状态就一定会消失，否则就会有两个完全相同的拷贝，这在量子世界是不被允许的。因此，原则上我们无法发明一种将一个粒子的所有信息都复制到另一个粒子上，且保持前一个粒子的量子态不被破坏的"量子复制机"。那么，如果我们想要将一个粒子的信息都复制到另一个粒子上，唯一的途径就是让原来的粒子所有被复制过的信息消失。这个想法就是量子隐形传态的基本思路。

这个讨论说明了虽然像科幻小说中所描绘的在宏观上实现远程传态的可能性不大，但是构成大物件的微观组成元素则不同，它们都遵循量子力学的法则，因而海森堡不确定关系决定了对它们的测量不可能达到主观希望的那种精确度。而本内特等人在这篇论文中提出的隐形传态的方案，就可以认为将一个粒子的量子态转移到另一个粒子上（即量子隐形传态）是有可能的，只要实施隐形传态的人在整个过程中不获取有关量子态的任何信息。

在本内特等提出了第一个量子隐形传态的方案之后，各种各样的量子隐形传态方案就被相继提出，比如根据在隐形传态时采用的量子测量方法不同，而设计出的方案有基于贝尔基联合测量以及广义测量的量子隐形传态方案；布拉萨德（G. Brassard）等人提出的利用量子受控门以及单量子比特控制所构成量子回路的量子态隐形传输；瓦德曼（L. Vaidmand）等人利用非局域测量实现量子隐形传态。

根据实现量子态制备而采用的具体模型的不同，而设计出的方案有建立在希拉克（J. I. Cirac）等人所提出方案上设计出的一系列的基于腔量子电动力学的量子隐形传态方案；郑仕标、郭光灿等利用研究原子与光腔相互作用来实现量子隐形传态方案；2001 年，由索拉诺（E. Solano）等设计的利用离子阱实现量子纠缠态从而进行量子态的远程传输方案；以及由尼尔森（M. A. Nielsen）、康尼尔（E. Knill）、拉弗拉米（Raymond Laflamme）等提出的利用磁共振进行量子处理的量子隐形传态方案等。

三、量子隐形传态的实现方案

量子隐形传态是量子通信和量子信息处理中非常重要的一个基本原理，它对理解量子通信的精髓非常重要。本节中我们将从量子隐形传态的基本思想、基本原理和实现方案等不同方面、不同角度来介绍量子隐形传态的方案。

1. 量子隐形传态的基本思想

利用量子比特来进行量子通信，就是使用量子态来传输信息，前面我们论证过量子态具有不可克隆的性质，所以直接对一个量子态作完全克隆是不可能的。也就是说，我们不能直接通过测量得到一个量子态所表征的全部信息。因此，如同经典通信那样，发送方首先对需要传送的粒子的量子态进行测量，得到这个量子态所携带的信息。然后，利用经典信道将这个信息传送给接收方，接收方再根据这个信息，在自己手中的粒子身上恢复相应的量子态。这个过程是不可能实现的，需要寻找另外的、不同于经典通信的方法。

1993 年，本内特（Bennett）等人首先提出"量子隐形传态"概念，并设计了一个两能级粒子的量子隐形传态的理论方案。从此，开始了量子隐形传态的理论研究、实验分析和应用设想。

首先我们来假设一对相距遥远但是正在热恋中的情侣，姑娘叫 Alice，小伙子叫 Bob。这里插一句题外话，不知为什么，研究量子通信的科学家们约定俗成地用这两个名字来作为故事的主角。当然，我们也曾看到一些日本学者笔下的通信主角起名叫"尚子"和"一郎"的，也许这更有他们的民族特色。这里我们尊重大多数，还是用 Alice 和 Bob 来作为故事的主人公。

设 Alice 将她的爱意幻化成一个量子比特：

$$|\psi\rangle_1 = \alpha |0\rangle_1 + \beta |1\rangle_1$$

其量子状态位置，|0) 和 |1) 是两个正交基，α 和 β 是复数，而且满足归一化条件 $\alpha^2+\beta^2=1$。她希望把这个比特发给 Bob，但是她没办法直接把表征这个量子比特的粒子给他。那么，她将如何把它上面承载的信息发给 Bob 呢？这就是量子隐形传态要解决的问题。

针对这个问题，她设计的解决方案的前提是，需要在 Alice 和 Bob 之间建立一个共同分享的量子信道，这个量子信道就是两人分别持有纠缠光子对中的一个光子。

量子隐形传态的基本思想就是将承载在原来的量子态中的信息分为两部分，经典信息和量子信息。经典信息可以通过经典信道进行传输，比如打个电话、拍个电报等，量子信息则要通过刚才建立的纠缠光子对信道进行传输。经典信息是发送者对原来的量子态进行某种测量得到的，量子信息则是发送者 Alice 在测量中没有提取的其余的信息。接收者 Bob 在获取这两种信息后，就可以通过某些量子逻辑门对自己手里的那个纠缠光子对中的另一个进行操作，恢复出在 Alice 手里的那个量子态的复制品。

2. 经典的单量子比特隐形传态方案

量子隐形传态的基本原理是：首先，在收发双方之间建立由纠缠光子对构成的量子信道，然后，对需要传输的未知量子态与发送方手中的一个纠缠光子进行联合

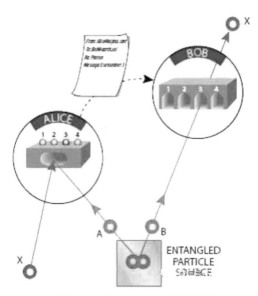

◎图 5-2　量子隐形传态原理示意图

Bell 基测量。由于纠缠光子对具有量子非局域关联特性，因此，未知量子态的全部量子信息就会"转移"到接收者手中的纠缠光子上。接收者只要根据经典信息给出的 Bell 基测量结果，对纠缠光子的量子态进行适当的幺正变换，就可以使他手中的纠缠光子处于与需要传输的未知量子态完全相同的量子态上。这样，根据发送者从经典信道传输的经典信息和从量子信道传输的量子信息，接收者就可以在自己手中的那个参与纠缠的光子身上重现需要传输的未知量子态。

量子隐形传态原理如图 77 所示。首先，我们来为信息传递准备相应的信息通道和传输资源。在量子信息通信中，具有量子纠缠特性的粒子对是一个非常重要的资源。在这些信息传递过程中，Alice 手里除了有一个加载着待传信息的粒子 1 之外，还事先与 Bob 分享着一对构成纠缠态的粒子，即粒子 2 和粒子 3。为了提升传输成功概率，我们可以假设它们形成的是一个具有最大纠缠度的量子纠缠态，这种态最早是由爱尔兰物理学家贝尔（John Stewart Bell）提出的，称为"Bell 型纠缠态"，以这个纠缠态作为测量基底进行量子测量，称为"Bell 基测量"。

$$|\Psi^-\rangle_{23} = \frac{1}{\sqrt{2}}(|0\rangle_2|1\rangle_3 - |1\rangle_2|0\rangle_3)$$

这个两粒子组成的 Bell 型纠缠态构成了在量子远程传态中非常重要的量子信道。它同 Alice 手里的粒子 1 一起构成三个粒子的体系。其状态可以写为直积态：

$$|\Phi\rangle_{123} = |\psi\rangle_1 \otimes |\Psi\rangle_{23}$$

$$= \frac{\alpha}{\sqrt{2}}(|0\rangle_1|0\rangle_2|1\rangle_3 - |0\rangle_1|1\rangle_2|0\rangle_3) + \frac{\beta}{\sqrt{2}}(|1\rangle_1|0\rangle_2|1\rangle_3 - |1\rangle_1|1\rangle_2|0\rangle_3)$$

在做好了这些通道和资源的准备后，Alice 和 Bob 开始按照下面的操作进行量子隐形传态过程。

首先，Alice 先用如下的两粒子 Bell 基，对手里的粒子 1 和粒子 2 进行量子测量：

$$|\Psi^\pm\rangle_{12} = \frac{1}{\sqrt{2}}(|0\rangle_1|1\rangle_2 \pm |1\rangle_1|0\rangle_2)$$

$$|\varphi^\pm\rangle_{12} = \frac{1}{\sqrt{2}}(|0\rangle_1|1\rangle_2 \pm |1\rangle_1|0\rangle_2)$$

通过测量基矢分解，粒子 1、2、3 组成的系统 $|\Phi\rangle_{123}$ 可以表达为如下的等价形式：

$$|\Phi\rangle_{123} = \frac{1}{\sqrt{2}}[|\Psi^-\rangle_{12}(-\alpha|0\rangle_3 - \beta|1\rangle_3) + |\Psi^+\rangle_{12}(-\alpha|0\rangle_3 + |1\rangle_3)]$$

$$+ \frac{1}{\sqrt{2}} \left[|\varphi^-\rangle_{12} \left(|\alpha 1\rangle_3 + \beta |0\rangle_3 \right) + |\varphi^+\rangle_{12} \left(\alpha |1\rangle_3 - \beta |0\rangle_3 \right) \right]$$

Alice 在利用 Bell 基对上面这个由三个粒子组成的量子系统进行联合测量后会得到四个 Bell 基其中的某一个结果。

然后，Alice 通过经典信息传输通道（例如广播、电报等）通知 Bob 她所得到的测量结果。

最后，Bob 根据 Alice 告知的结果，配合实现约定的方案，对手中的粒子 3 做相应的幺正变换，实现在 Bob 手中的粒子 3 上构建出 Alice 手中的粒子 1 的量子状态，从而实现传递信息的目的。

Bob 实现与 Alice 共同约定的幺正变换具体操纵如下：

（1）若 Alice 宣布她测得的量子态为 $|\Psi^-\rangle_{12}$，即 $|\Phi\rangle_{123}$ 坍缩到展开式的第一项，此时，Bob 手中的粒子 3 将相应坍缩成 $\alpha |0\rangle_3 + \beta |1\rangle_3$，则此时 Bob 不必做任何操作即可重建 Alice 手中的信息态。

（2）若 Alice 宣布她测得的量子态为 $|\Psi^+\rangle_{12}$，即 $|\Phi\rangle_{123}$ 坍缩到展开式的第二项，此时，Bob 手中的粒子 3 将相应坍缩成 $-\alpha |0\rangle_3 + \beta |1\rangle_3$。

此时 Bob 只要对手中的粒子 3 施加 σ_z 变换得到信息态，其中 σ_z 变换相当于用泡利 –Z 门与态矢量相互作用，具体如下：

$$\sigma_z \left(-\alpha |0\rangle_3 + \beta |1\rangle_3 \right) = \begin{pmatrix} 1 & 0 \\ 0 & -1 \end{pmatrix} \begin{pmatrix} \alpha \\ -\beta \end{pmatrix} = \alpha |0\rangle_3 + \beta |1\rangle_3$$

（3）若 Alice 宣布她测得的量子态为 $|\varphi^-\rangle_{12}$，即 $|\Phi\rangle_{123}$ 坍缩到展开式的第三项，此时，Bob 手中的粒子 3 将相应坍缩成 $\alpha |1\rangle_3 + \beta |0\rangle_3$，此时 Bob 只要对手中的粒子 3 施加泡利 –X 门变换得到信息态，其中泡利 –X 门变换相当于 x 向泡利矩阵与态矢量乘积，具体如下：

$$\sigma_x \left(\alpha |1\rangle_3 + \beta |0\rangle_3 \right) = \begin{pmatrix} 0 & 1 \\ 1 & 0 \end{pmatrix} \begin{pmatrix} \alpha \\ \beta \end{pmatrix} = \alpha |0\rangle_3 + \beta |1\rangle_3$$

（4）若 Alice 宣布她测得的量子态为 $|\varphi^-\rangle_{12}$，即 $|\Phi\rangle_{123}$ 坍缩到展开式的第四项，此时，Bob 手中的粒子 3 将相应坍缩成 $\alpha |1\rangle_3 - \beta |0\rangle_3$，此时 Bob 只要对手中的粒子 3 施加泡利 –Y 门变换得到信息态，其中泡利 –X 门变换相当于 y 向泡利矩阵与态矢量乘积，具体如下：

$$\sigma_y \left(\alpha |1\rangle_3 - \beta |0\rangle_3 \right) = \begin{pmatrix} 0 & -i \\ i & 0 \end{pmatrix} \begin{pmatrix} \alpha \\ -\beta \end{pmatrix} = i \left(\alpha |0\rangle_3 + \beta |1\rangle_3 \right)$$

　　需要特别指出的是，在这个隐形传态的过程中，传递的仅仅是粒子 1 的概率幅，即 Alice 手中待传递的量子比特中的 α 和 β，而并非是粒子 1 本身，所以量子隐形传态其本质并非是"隔空传物"，更为形象地可以如国防科技大学李承祖教授所说，叫作"借尸还魂"。并且在传递过程中，粒子 1 原来的量子态，由于 Alice 将其与粒子 2 一同进行联合测量而被破坏不复存在了，所以即使得到了与其具有相同量子态的粒子 3，也不违反量子不可克隆原理。在这里为了能够使量子隐形 Bell 基进行测量。更为普遍地，也可以利用连续变量的纠缠态作为信息传递的量子通道，且基于非最大纠缠测量进行量子隐形传态，但是这样的量子隐形传态理论上无法达到 100% 的成功概率，其成功的概率会随着信道的纠缠度变化而变化。

　　实现量子隐形传态其过程包括纠缠制备、纠缠分发、纠缠测量、经典信息传送和量子变换几个阶段。

　　首先是纠缠制备阶段，要在系统中制备一个纠缠光子对，如上述方案中的粒子 2 和粒子 3；接着就是纠缠分发，系统将相互纠缠的一对光子分别发给通信双方，即粒子 2 发给 Alice，粒子 3 发给 Bob，这样两人之间就建立了一个相互纠缠的量子信道；第三步是纠缠测量，Alice 对手中的待传粒子 1 和纠缠对中的粒子 2 组成的量子体系进行联合测量，由于粒子 2 和粒子 3 之间是纠缠态，所以 Bob 手中的粒子 3 的量子态也发生了坍缩；这时，Alice 通过经典方法将她对粒子 1 和粒子 2 组成的系统测量的结果告知 Bob；最后 Bob 在收到 Alice 的测量结果后，对手中的粒子 3 进行事先约好的幺正变换操作，就可以在粒子 3 上制备出与待传粒子 1 相同的量子态。

　　在这个过程中并没有传递粒子 1，而只是通过操作使得 Bob 手中拥有了 Alice 手中量子态中所包含的信息（实际是量子比特中的复系数 α 和 β）。这就实现了量子隐形传态过程。

　　3. 量子隐形传态的物理性质

　　量子隐形传态是奇妙的量子纠缠的一种应用，它强调的是量子物理中不同资源之间的互换性。例如上面介绍的这个隐形传态方案中就说明一个共享 EPR 对加上两经典比特的通信至少可以等同于一个量子比特的通信。关于量子隐形传态有很多让人非常感兴趣的问题，这些问题很多都涉及物理学的基本规律，相信对这些问题的讨论也一定会让大家产生浓厚的讨论兴趣，下面我们就一起来讨论一下：

问题 1：量子隐形传态是否违背了量子不可克隆定理？

通常，人们认为在量子隐形传态实验中，人们通过技术手段使得在距离信息发送方 Alice 遥远的 Bob 处生成了所传送的未知量子态，相当于 Bob 制备了一个 Alice 手中的未知量子态相同的备份，从而违背了量子不可克隆定理。但事实上，从量子隐形传态的过程可以看到，当接收方 Bob 手中的量子比特转化为待传的量子态时，发送方 Alice 手中的量子比特就因为进行了量子测量，而转化为 Bell 基的一部分（如前面的第一种情况），或者变为 I0) 态或者变为 I1) 态。这就说明了当未知量子态在接收方 Bob 处出现时，在发送方 Alice 手中已经消失，所以量子隐形传态的过程并不与量子不可克隆定理相矛盾。

问题 2：量子隐形传态是否出现了超光速信息传递？

我们仔细看一下量子隐形传态的方案就可以发现，不管分享纠缠态的发送方 Alice 和接收方 Bob 相距多么遥远，只要 Alice 用 Bell 基测量了自己手中的两个粒子，那么 Bob 的粒子就会变成与 Alice 要发送的待传态粒子非常相似的样子，这个过程是一种关联坍缩。前面说了关联坍缩是可以超过光速的，那么是不是意味着这种传态是超光速的？但是量子力学中有一个关键的性质，就是在对量子态进行测量之前，我们是不了解量子体系的任何性质的，甚至量子体系的状态会因为量子测量的进行而变化，所以我们不能说现在 Bob 就知道了量子信息。而事实上，从量子隐形传态过程可以看出，Bob 只有在 Alice 通过经典的通道（如上面说的用大喇叭喊话，或者发个电子邮件等）告诉 Bob 她的测量结果后，Bob 才能对手中的粒子 3 进行相应的量子操作，从而得到与 Alice 手中待传态一样的量子态。也就是说，没有中间这个经典通道传递的信息，Bob 是不能获得任何信息，而经典通道通信是要受到不能超过光速的限制的，而这个经典信道传递在量子隐形传态中地位十分重要，所以从整体上说，量子隐形传态是不能超光速完成的。

问题 3：量子隐形传态能被障碍阻隔吗？

量子隐形传态过程不会因为任何障碍所阻隔。因为两个粒子之间的量子纠缠是一种粒子内禀属性之间的强关联。这种关联在对其进行量子测量之前是不会被经典意义上的宏观障碍破坏的。而量子关联坍缩是粒子之间量子强关联之间的联动作用而引起的，是关系到量子态所在的整个空间的整体坍缩。进一步说，这种量子态的转移是一种"超空间"的物理现象，其本质涉及不同空间点上的物理态的"同时变化"的事实，是一种空间非定域性表现。

问题 4：隐形传态能否应用在真人或汽车这样的较大的物体上？

很多物理学家不愿意回答这个问题，他们认为这个问题超出了今天物理学的范畴，是非物理的。但是今天的物理学发展告诉我们，许多奇幻的不可思议的幻想，后来都被科学证明成为真实的现象。那么要解决这个问题，我们就要触及物理学中最重大的悬疑：我们日常生活中所认识的宏观世界与光子、电子、质子、原子、分子等所在的微观世界之间的分界线在哪里的问题。从德布罗意的研究中我们知道，所有的粒子都具有波的特性，粒子所带的波长是可以计算的。因此，理论上，可以计算出人或者大物体的波长。所以要解决是否可以对人或大物体进行隐形传输，就意味着要解决人或其他大物件究竟是一种由大量的且都具有各自波函数的基本粒子构成的复杂的集合体，还是一个单一的只有单一波函数且波长极短的宏观物体的问题。这个问题到目前为止，无人能够清楚地解答，因此隐形传态目前只能仅仅在微观世界里才是真实的现象。

4. 量子隐形传态的拓展方案

在经典的量子隐形传态方案提出之后，一些科学家在此基础上不断地开发了更多的量子隐形传态的新方案。下面我们就选择几个比较典型的拓展方案给大家做一些简单的介绍。

首先是在 1993 年由祖科夫斯基（M. Zukowski）等人提出了量子纠缠交换方案，并引起了理论和实验物理学家的广泛关注。下面介绍其具体方案。

在实验开始之前，我们先考虑现有的资源。现有四个光子组成两个纠缠态，光子 1 和光子 2 处于纠缠态 $|\Psi^-\rangle_{12}$；光子 3 和光子 4 处于纠缠态 $|\Psi^-\rangle_{34}$。这样，在 Alice 和 Bob 之间已有两条量子信道，在粒子 1 和粒子 2 之间以及粒子 3 和粒子 4 之间的也是量子最大纠缠态。而传递双方分别拿着两个纠缠态中的一个粒子，发

◎图 5-3 祖科夫斯基等人提出的量子纠缠交换实验

送者 Alice 手里拿着光子 2 和光子 3，接收者 Bob 手里拿着光子 1 和光子 4。此时这四个粒子组成的整个系统处于量子态：

$$|\Phi\rangle_{1234} = \frac{1}{2}(|H\rangle_1|V\rangle_2-|V\rangle_1|H\rangle_2) \otimes (|H\rangle_3|V\rangle_4-|V\rangle_3|H\rangle_4)$$

实验开始时，Alice 对手中的光子 2 和光子 3 做 Bell 基测量，产生相应纠缠分解和量子坍缩。这相当于用四个 Bell 基作为基底对这四粒子态进行分解。这个粒子态可以表达为另一种等价形式：

$$|\Phi\rangle_{1234} = \frac{1}{2}(|\Psi^+\rangle_{14}|\Psi^+\rangle_{23}-|\Psi^-\rangle_{14}|\Psi^-\rangle_{23}-|\varphi^+\rangle_{14}|\varphi^+\rangle_{23}+|\varphi^-\rangle_{14}|\varphi^-\rangle_{23})$$

经 Alice 做上述测量后，这个态将等概率随机地坍缩到四项中的任一项。比如，在某单次测量中，发布者 Alice 测得的结果为第一项 $|\Psi^+\rangle_{23}$，接着她用经典信道广播通知 Bob，接收者 Bob 就知道自己手中光子 1 和光子 4 两个光子已经通过量子关联塌缩而纠缠起来，形成新的纠缠态 $|\Psi^+\rangle_{14}$，从而实现了一个纠缠态从 Alice 手里传递到 Bob 手里的目的。

这里需要强调的是，光子 1 和光子 4 之间并没有直接的相互作用，而是通过 Alice 对光子 2 和光子 3 做 Bell 基测量时，通过光子 2 和光子 3 两个光子纠缠，间接纠缠起来的。

量子纠缠交换是一种利用双量子信道进行量子隐形传态实验。此外科学家还陆续提出了基于量能及系统 GHZ 态传输有限级量子纯态的确定性多方量子隐形传态、利用两粒子部分纠缠对传输非对称纠缠态的量子隐形传态、利用 W 态传输两粒子纠缠态的受控量子隐形传态方案等等。这些方案极大地丰富了量子隐形传态的适用范围。为利用量子纠缠开展保密通信中的密钥分发等提供了宝贵的资源。

四、量子隐形传态的实验进展

1997 年，奥地利的塞林格（Zeilinger）小组在室内首次完成了量子隐形传态的原理性实验验证，成为量子信息实验领域的经典之作，结论发表在《自然》杂志上，成为世界上第一个实现量子隐形传态在实验上的实现。他们的实验采用单光子偏振态作为待传输的量子态，通过非线性光学的方法产生自发辐射孪生光子的 RPR 对，建立量子传态的量子信道。由于这次实验只能识别单重态，所以最多只有 25% 的概率成功实现量子隐形传态。即使这样，该成果还在 21 世纪即将来临之际的 1999 年，入选了《自然》杂志一百年来最重要的 21 篇经典科研工作，被收入《自然》增刊《A Celebration of Physics》之中。

1998 年意大利的马蒂尼（Martini）研究小组在《物理评论快报》（Physical Review Letters）上发表了另一个量子隐形传态的实验结果。他们的实验是采用两个具有相同频率、偏振相互正交的 EPR 纠缠光子对，实现未知单光子态的量子隐形传输。

以上的两个实验所获得的 EPR 纠缠关联对的效率很低。所以量子隐形传态成功率不高，但是它们是让量子隐形传态从理论到实验的重要尝试。

2000 年，美国洛斯阿拉莫斯的研究人员使用核磁共振（NMR）实现了核自旋量子态的隐形传输，但是传输距离很短。

2002 年，意大利的研究人员又报道了实现两个不同场模中真空和单光子所组成的纠缠量子比特的隐形传态。

2004 年，奥地利塞林格小组利用多瑙河底的光纤信道，成功地将量子隐形传态距离提高到了 600 米。但是由于光纤信道中的损耗和退相干效应，传态的距离受到了极大的限制，如何大幅度地提高量子隐形传态的距离成了量子信息实验领域的重要研究方向。

同样是在 2004 年，中国科学技术大学的潘建伟、彭承志等研究人员也开始探索在自由空间信道中实现更远距离的量子通信。该小组 2005 年在合肥创造了 13 公里的双向量子纠缠分发世界纪录，同时验证了在外层空间与地球之间分发纠缠光子对的可行性。同时中国科学技术大学的研究人员在《自然》杂志上发表论文报道了他们成功制备了五粒子纠缠态，以及成功地完成了终端开放的量子隐形传态实验。

2007 年开始，中国科学技术大学 – 清华大学联合研究小组开始在北京八达岭与河北怀来之间架设长达 16 千米的自由空间量子信道，并取得了一系列关键技术突破，最终在 2009 年成功实现了世界上最远距离的量子隐形传态，证实了量子隐形传态过程穿越大气层的可行性，为未来基于卫星中继的全球化量子通信网奠定了可靠基础。除此之外，联合小组还在该研究平台上针对未来空间量子通信需求开展了诱骗态量子密钥分发等多个方向的研究，取得了丰富的成果。

2012 年 8 月，中国科学家潘建伟等人在国际上首次成功实现 97 千米的自由空间量子隐形传态和纠缠分发，为发射全球首颗"量子通信卫星"奠定技术基础。在高损耗的地面成功传输 100 千米，意味着在低损耗的太空传输距离将能达到 1000

千米以上，基本上解决了量子通信卫星的远距离信息传输问题。

2012年9月，维也纳大学和奥地利科学院的物理学家实现了量子态隐形传态最远距离达到143公里，创造了新的世界纪录。

2015年，中国科学技术大学潘建伟院士及其同事陆朝阳、刘乃乐等组成的研究小组在国际上首次成功实现多自由度量子体系的隐形传态。这是自1997年国际上首次实现单一自由度量子隐形传态以来，量子信息实验研究领域取得的又一重大突破，为发展可扩展的量子计算和量子网络技术奠定坚实基础。

2016年9月，中国科学技术大学潘建伟院士、张强教授小组首先和清华大学合作开发了适合光纤网络传输的时间相位纠缠光子源，然后通过发展皮秒（10^{-12}秒）级的远程光同步技术和使用光纤布拉格光栅进行窄带滤波，成功地解决了两个独立光子源之间的同步和干涉问题；接着开发了针对远距离光纤所造成的延迟和偏振涨落以及实验系统的稳定性等问题的主动反馈系统；最后利用中国科学院上海微系统与信息技术研究所开发的超导纳米线单光子探测器，在合肥量子城域通信网络的30公里链路上实现了满足纠缠态预先分发、独立量子源干涉和前置反馈是量子隐形传态的三个要素，为未来可扩展量子网络的构建奠定了坚实基础，相关成果发表于《自然－光子》杂志上。

量子隐形传态是量子信息中最显著的技术之一。在局域操作和经典通信的帮助下，量子隐形传态是一种从发送方到接收方传递量子态的很好的方法。由于量子隐形传态所传送的是量子信息，所以它是量子通信最基本的过程。量子隐形传态的实现将会极大地推动量子通信的进程和速度，并将会对量子信息的处理、量子计算机、量子密码以及量子信息控制等起到极大的推动作用。

自1993年本内特等对量子隐形传态开创性的工作以来，国内外的研究人员都对其进行了广泛深入的探索，并取得了很大的进展。

目前关于隐形传态的理论研究主要包括三个方面：即确定性的保真度等于1的隐形传态、概率性的保真度等于1的隐形传态和确定性的保真度小于1的隐形传态。其中对前两个方面的研究相对较多。探索性能更好的多粒子纠缠态做量子信道和寻求更合理的完备测量基来设计隐形传态协议，以及设计实现隐形传态的量子逻辑网络是目前研究隐形传态的难点和热点。此外，探索隐形传态与量子加密、量子秘密共享等之间的本质联系也是一个研究方向。

第六章

独门秘籍：
量子传输实现绝对保密

DUMEN MIJI

LIANGZI CHUANSHU SHIXIAN JUEDUI BAOMI

一、从"密码棒"到"转轮机"

自近代以来，理性主义的科学精神一刻不停地改变着人类的生活和命运。在人类历史上，迄今为止得到人们公认的有三次科技革命。

第一次科技革命是在 18 世纪六七十年代到 19 世纪中期，以瓦特大幅度改进的蒸汽机和珍妮发明的纺织机为代表的大机器生产方式取代了原来的传统手工业，形成了新的工业生产方式。人类从此开始广泛地使用化石能源，这场革命也被称为"工业革命"，它极大地推动了当时社会生产力的发展，为资本主义最终战胜封建主义起到了关键作用，使社会面貌发生了翻天覆地的变化。

第二次科技革命是在 19 世纪 70 年代到 20 世纪中期，它是以电力的大规模使用为代表的。1866 年德国人维尔纳·冯·西门子（Ernst Werner von Siemens）提出了发电机的工作原理，并由西门子公司的一个工程师完成了人类第一台自励式直流发电机。同年，西门子还发明了第一台直流电动机。西门子研发的这些技术马上被产品化投入市场，或者将其应用到新的产品中。之后法拉第发现电磁感应原理，使得无论是蒸汽机，还是自然界的水和风都可以用来转化为电能。而电力可以带动发电机做机械运动，此外电力还有更多的用处，诸如电灯（1854年）、电话（1876 年）、电车（1881 年）、电影放映机（1888 年）等相继被广泛使用。电器开始逐渐代替蒸汽机，电力成为补充和取代蒸汽动力的新能源。以蒸汽机为主力的机械化时代自此过去，人类也因此进入了第二次工业革命时代"电气时代"。

第三次科技革命是从 20 世纪中期一直到现在，其主要特征是以原子能、电子计算机、空间技术和生物工程的发明和应用为标志，涉及信息技术、新能源技术、新材料技术、生物技术、空间技术和海洋技术等诸多领域的一场信息控制技术革命。这场革命以各类电子计算机的大规模应用为代表，人类信息技术突飞猛进的发展，半导体集成电路的横空出世，让人类具有了超级快速地处理大量信息的能力。光纤激光通信取代了传统的无线电报，发光二极管（LED）逐步取代了传统的白炽灯泡，所有看到的景象和听到的声音都可以转化为由"0"和"1"代表的二进制信息编码。同时在能源使用上，除了石油、天然气等传统的化石能源之外，还出现了原子核能，人类可以利用核裂变产生的巨大能量来发电。这标志着人类能够提取的能量从原子的化学结合能深入到原子核的结合能。第三次科技革命的诸多成果中，以半导体物理为代表的凝聚态物理、以量子光学为代表的原子物理和以原子能为代表的原子核物理这三个发展方向的基本原理都是建立在量子力学的理论基础之上。

第三次科技革命带来的诸多新技术彻底地改变着这个世界和每一个人的生活。在这些领域之中，最具代表性的，就是对信息技术的革命。这场革命，将我们的社会带入了信息时代，它的主要标志是通信技术及计算机技术的飞速发展和广泛应用，以及计算机的普及和互联网技术的蓬勃发展。

互联网的萌芽是从 20 世纪 60 年代美国国防高级研究计划署（Defense Advanced Research Projects Agency，简称 DARPA）网络开始的，它以一种开放、分享的方式，逐渐完善成熟，在足以面向商业化之后，互联网正式对普通用户开放。互联网的连接与电报、电话的连接是不一样的：电报、电话的连接依靠几个核心的技术公司，连接的扩散有一定的周期性，从一个区域到覆盖全国，再从全国覆盖到全球可能要一个世纪；而互联网的连接从一开始就是多方参与、积极共享，覆盖全球的周期不到半个世纪，互联网的用户数量成几何级增长。在开放、免费、吸引流量的基础上，互联网的本质是信息、平台与通信。信息的加速传递是互联网第一大本质，从早期的门户网站到现在的搜索引擎，都是以信息的汇聚为中心的；平台是互联网的第二大本质，无论是电商还是自媒体，互联网自身只提供平台，在平台内部不断激发供求两端的交互与联系；通信也是互联网核心本质之一，它也可以用另外一个词语替代——社交，即人与人之间愈发紧密的联系。

自 20 世纪 90 年代以来，人类社会进入信息时代的高速发展时期。信息领域的一些分支技术如集成电路、计算机、无线通信等的纵向升级，更主要的是指信息技术的整体平台和产业的代际变迁。1991 年，当时还是美国参议员的阿尔·戈尔（Al Gore）提出一份名为《1991 高性能计算法案》（The High-Performance Computing Act of 1991，HPCA）的建议，在这份建议中他提出了要在美国建立全国性的数据高速公路的提案。其基本要点就是将美国各地的超级计算中心链接到一个高速网络上，并使其他部门的工作也能进入高性能计算领域。这一建议后来成为美国民主党政府经济改革策略的重要组成部分。

1993 年 9 月，已经是美国副总统的戈尔和商务部部长荣·布朗（Ron Brown）正式宣布实施一项新的高科技计划——"国家信息基础设施"（National Information Infrastructure，简称 NII），旨在以因特网为雏形，兴建信息时代的最大成果——

"信息高速公路"，使所有的美国人方便地共享海量的信息资源。

新一代信息技术发展的热点不是信息领域各个分支技术的纵向升级，而是信息技术横向渗透融合到制造、金融等其他行业，信息技术研究的主要方向将从产品技术转向服务技术。

2014年11月，首届世界互联网大会在中国浙江桐乡乌镇举办，来自100个国家和地区的1000多位政要、企业巨头、专家学者等参加。中国国务院总理李克强在大会上第一次提出："互联网是大众创业、万众创新的新工具。"

2015年3月5日十二届全国人大三次会议上，中国国务院总理李克强在政府工作报告中首次提出"互联网+"行动计划。李克强在政府工作报告中提出，"制定'互联网+'行动计划，推动移动互联网、云计算、大数据、物联网等与现代制造业结合，促进电子商务、工业互联网和互联网金融健康发展，引导互联网企业拓展国际市场。"

2015年7月4日，经李克强总理签批，国务院印发《关于积极推进"互联网+"行动的指导意见》，这是推动互联网由消费领域向生产领域拓展，加速提升产业发展水平，增强各行业创新能力，构筑经济社会发展新优势和新动能的重要举措。以信息化和工业化深度融合为主要目标的"互联网+"是新一代信息技术的集中体现。

现代社会，信息主导着人类生活的每一个角落，"互联网+"的概念已经深入人们生活的各个领域，互联网+工业、金融、商贸、通信、交通、民生、教育、政务、农业……可以说现在每个人的生活都离不开互联网，因为智慧城市的概念已经越来越深入我们的生活，移动支付、网络购物已经成为当前中国人的主流话题。而就在信息技术逐步内化为人类生活的一部分时，信息安全的重要性就极大地成为人类最为关注的话题。它不仅与我们每个人的日常生活息息相关，还关系到基础设施安全、金融安全等重要领域，甚至关系到国家安全。

对于信息安全的概念，国际标准化组织（ISO）的定义为：为数据处理系统建立和采用的技术、管理上的安全保护，为的是保护计算机硬件、软件、数据不因偶然和恶意的原因而遭到破坏、更改和泄露。而信息安全防御技术主要包括：入侵检测技术、防火墙与计算机病毒防护技术、数字签名与生物识别技术、信息加密处理与访问控制技术、安全防护技术、安全行为与日志审计技术、安全检测与监控技术、加密解密技术、身份认证技术等等。在这些技术中最为核心的就是信息加密技术。

当前的信息加密技术，主要的技术手段就是通过密码学对信息进行加密。密码学是一门既年轻又古老的学科。说密码学古老，是因为对信息加密技术的攻与防的技术可以追溯到几千年前的军事和外交的保密通信，在本书的第二章中，我们在介绍经典信息的发展瓶颈中有所介绍，后面我们再做一个梳理和回顾。说密码学年轻，是因为现代密码学其实起源于1949年香农发表的《保密系统的通信理论》，他将信息论引入密码学，不仅为密码学的发展奠定了坚实的理论基础，而且把发展了数千年的古典密码学推向了科学的轨道，正式开启了现代密码学的大门，使得密码学成为一名专门的学科。因此我们将此后出现的密码技术称为"真正的密码学"。1976年密码技术与安全技术专家惠特菲尔德·迪菲（Whitfield Diffie）和2015年图灵奖得主马丁·赫尔曼（Martin Hellman）发表了论文《密码学新动向》（*New Directions in Cryptography*），在其中阐述了关于公开密钥加密算法的新构想，即在一个完全开放的信道内，人们无需事先约定，便可进行安全的信息传输。这篇论文的发表开启了现代密码算法研究的新征程。

为了能够让大家系统地了解密码学的发展，我们按照时间顺序、加密原理和加密方式，将密码学的发展分为三个阶段：

第一阶段：古代密码时代

从远古时代到第一次世界大战之前的密码加密方式较为传统，我们称之为"古代密码"。这一时期可以视为科学密码学前夜时期。这段时间的加密技术较为简单，基本上基于一些简单的算术方法，密码学专家进行密码设计和分析通常是凭借直觉和信念，而不是推理和证明，使用的密码体制为古典密码体制，应用的主要技巧是对密文内容进行代替、移位、隐藏等方式进行加密。今天看来，这种加密方法大多数比较简单且容易破译，我们举几个典型的例子，供大家了解。

要说最原始的保密方法，那得追溯到古希腊的奴隶社会。据史料记载，在古希腊的战争中，奴隶主为了安全地传递保密的军事情报，剃光奴隶的头发，将信息写在奴隶的头皮上，等头发重新长出来后，再让他去盟军军队里传递信息，只需要再次剃光他的头发，就可以轻松地读取信息了。这种信息加密的方式今天看来真的很简陋，但是它已经包含了密码学的基本概念，例如明文（plaintext）、密文（ciphertext），加密（encryption）、解密（decryption）等。

古典密码时代的加密方法主要分为置换密码（Permutation Cipher）、代换密码（substitution cipher）等。

置换密码又叫"换位密码"（Transposition Cipher），其特点就是保持明文的所有字符不变，打乱明文字符的位置和次序，重新排列位置次序而得到密文的一种密码体系。常见的置换密码有两种：列置换密码和周期置换密码。

历史上最有名的置换密码是古希腊斯巴达人使用的密码棒。最早提到密码棒的是一位公元前7世纪的希腊诗人阿基洛古（Archilochus），后来的希腊和罗马作家也在作品中提到。根据

◎图6-1　古希腊斯巴达军方使用密码棒（scytale）

密码学历史中心（Center for Cryptologic History）的说法，在大约公元前404年的古希腊，斯巴达军方使用一种叫作"密码棒"（scytale）的装置来加密信息，这种装置由一条皮带和一根木棍组成。在展开时，皮带似乎只是一串随机字符，但如果缠绕在一定大小的木棒上，字母会对齐成单词，这个单词就是要传递的信息明文。这种就是最早的换位密码，对于这种加密方法，任何人只要用与原来的棒子直径相同的棒子就可以恢复出正确的信息明文。美国密码协会（American Cryptogram Association）在它的徽标中就使用了密码棒。

代换密码也被称为"代替密码"，就是将信息明文中的每个字符替换成密文中的另外一个字符，代替以后的各字母保持原来的位置，再对密文进行逆替换就可以恢复出明文的加密方式。典型的代换密码就是我们在第二章中提到的著名的"恺撒密码"和"维吉尼亚密码"。因为前面我们做了详细的介绍，这里不再赘述，想了解的，大家可以回顾一下。代换密码的加密方式分为单表古典密码和多表古典密码。单表古典密码体系的密文字母表实际上是明文字母表的一种排列，因此明文字母的统计特性就能够在

◎图6-2　美国密码协会的徽章

密文的使用中反映出来。所以对于这类代换密码的解密，当截获的密文足够多，就可以通过统计密文字母的出现频率来确定明文字母和密文字母的对应关系，从而破译出密码。而对于多表古典密码体系，首先要确定密钥字的长度，也就是

要确定所使用的加密表的个数，然后再分析确定具体的密钥。前面我们已经介绍过确定密钥字长度的常用方法，即卡西斯基试验法。之后，在根据交互重合指数（Mutual Index of Coincidence）的概念，确定密钥字。密码体系的安全性分析是一个相当复杂的系统工程，各类密码体系的分析方法也不尽相同。单表代换密码具有明密异同规律，多表代换密码具有明密等差规律，置换密码具有一阶频次不变规律，利用这些规律是进行古典密码分析的关键。

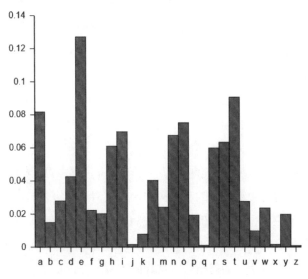

◎图6-3 英语字母使用的频次统计

第二阶段：机械密码时代

在第一次世界大战期间，传统密码的应用达到了顶峰。1837年，美国人莫尔斯（Morse）发明了电报。1896年前后，意大利发明家马可尼（Marconi）和俄国物理学家波波夫（Popov）发明了无线电报，人类从此进入电子通信的时代。无线电报能快速、方便地进行远距离收发信息，很快成为军事上的主要通信手段。但是，无线电报是一种广播式通信，包括敌人在内的任何人都能够接收发射在天空中的电报信号。为了防止机密信息的泄露，对电报文件中的内容进行加密，就变得至关重要。战争让各国充分认识到保护自己密码的安全和破译对手密码的重要性。而当时加密的主要原理是字母的替换和移位，加密和解密的手段便可以采用机械和手工操作，破译这些密码的方法则使用了前面提到的词频分析以及基于经验和想象的试探方法。

随着科学技术和工业手段的飞速发展，在第二次世界大战中，密码学的发展远远超过了之前的任何时期。参战各国已经认识到密码是决定战争胜负的关键，纷纷研制和采用先进的密码设备，建立最严密的密码安全体系。越来越多的数学家不断加入密码研究队伍，大量的数学和统计学知识被应用于密码分析，加密原理从传统的单表替代发展到了复杂度大大提高的多表替代，基于机械和电气原理的加密和解密装置全面取代以往的手工密码，人类从此进入了机械密码时代。

直到第一次世界大战结束为止，所有密码都是使用手工来编码的。说的形象一点儿，就是在那个时候加密和解密都依靠人工用铅笔加纸的方式实现。手工编码的方式给使用密码的一方带来很多的不便。首先，这使得发送信息的效率极其低下。明文（就是没有经过加密的原始文本）必须由加密员人工一个字母、一个字母地转换为密文。这种加密方法不仅费时费力，而且还不能多次重复使用同一种明文到密文的转换方式，因为这很容易使敌人猜出解密方式。这种加密电报与民用电报的编码解码都不同，加密人员无法把转换方式牢记于心。转换通常是采用查表的方法，所查表又每日不同，所以编码速度极慢。而接收密码一方又要用同样的方式将密文转为明文。其次，这种效率低下的手工操作，也使得许多复杂的保密性能更好的加密方法不能被实际应用，而简单的加密方法根本不能抵挡解密学的威力。解密一方当时正值春风得意之时，几百年来被认为坚不可破的维吉尼亚密码和它的变种也被破解。而无线电报的发明，使得截获密文易如反掌。无论是军事方面还是民用商业方面都需要一种可靠而又有效的方法来保证通信的安全。

1917 年至 1923 年分别来自美国、瑞典等四个国家的科学家们各自独立地发明了一种新的消息加密设备：转轮机。不同人的发明虽外观略显不同，但似乎它们

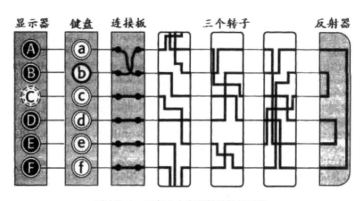

◎图6-4　只有6个字母的转轮机结构

都有多个面，每个面都有 26 个金属触点。一个触点表示一个字母，转轮内部的 26 根导线形成一个代换，字母从一面的触点输入，经过导线从另一面的不同位置输出。这样一来，字母代换的过程由人工操作变为机械执行。而这个装置，后来也提供了一个新的、更高强度的加密方法。

1918 年，德国发明家亚瑟·谢尔比乌斯（Arthur Scherbius）和他的朋友理查德·里特（Richard Ritter）创办了谢尔比乌斯和里特公司，他们在密码研究和开发方面，紧追当时的新潮流。在 1919 年，一个名叫亚历山大·科赫（Alexander Koch）的荷兰人发明了一种叫作"密号机"的产品，并在海牙申请了专利权，但他取得专利权之后并没有造出样机，而是把专利权转让给了谢尔比乌斯。谢尔比乌斯根据科赫的设计图造出来一部样机。这部样机有一个后来威震整个密码界的名字，叫作"恩尼格玛"（Engima，意为"谜"）。起初，"恩尼格玛"被用在商业领域，直到 1926 年前后，它开始被德国海军重视，1928 年 7 月 15 日正式被纳粹德国的陆军采用。据统计，整个第二次世界大战期间，他们总计使用了大约 4 万余台这样的密码机。

"恩尼格玛"机是世界上首台全自动加密机器，它的加密过程不仅省时省力，而且可以轻松搞定人力难以搞定的复杂算法，从而将一句话变成毫无逻辑关联的字母。虽然"恩尼格玛"机的加密基础原理还是和恺撒密码相同，但是"恩尼格玛"机的字符替换方式却升级了不止一个等级。

整个"恩尼格玛"密码机看起来就是个放满了复杂而精致的元件的盒子，可以将其简单分为三个部分：键盘、转子和显示器。键盘一共有 26 个键，键盘排列和现在广为使用的计算机键盘基本一样，但为了使通信尽量地短和难以破译，空格、数字和标点符号都被取消，只有字母键。键盘上方就是"显示器"，实际上是标示了同样字母的 26 个小灯泡，当键盘上的某个键被按下时，和这

◎图 6-5　第二次世界大战时使用的"恩尼格玛"密码机

个字母被加密后的密文字母所对应的小灯泡就被点亮，算是一种近乎原始的"显示"方法。在显示器的上方是三个直径 6 厘米的转子，它们的主要部分隐藏在面

板下，是"恩尼格玛"密码机最核心关键的部分。当按下键盘上的一个字母键，相应加密后的字母在显示器上通过灯泡闪亮来显示，而转子就自动地转动一个字母的位置。举例来说，当第一次键入 A，灯泡 B 亮，转子转动一格，各字母所对应的密码就改变了；第二次再键入 A 时，它所对应的字母就可能变成了 C；同样地，第三次键入 A 时，又可能是灯泡 D 亮了。同一个字母在明文的不同位置时，可以被不同的字母替换，而密文中不同位置的同一个字母，又可以代表明文中的不同字母，这不是简单的字母替换，因此字母频率分析法在此毫无用武之地。这种加密方式在密码学上被称为"复式替换密码"。

但是如果连续键入 26 个字母，转子就会整整转一圈，回到原始的方向上，这时编码就和最初重复了。而在加密过程中，重复是最大的破绽，因为这可以使破译密码的人从中发现规律。于是谢尔比乌斯又增加了一个转子，当第一个转子转动整整一圈以后，它上面有一个齿轮拨动第二个转子，使得它的方向转动一个字母的位置。假设第一个转子已经整整转了一圈，按 A 键时显示器上 D 灯泡亮；当放开 A 键时第一个转子上的齿轮也带动第二个转子同时转动一格，于是第二次键入 A 时，加密的字母可能为 E；再次放开按键 A 时，就只有第一个转子转动了，于是第三次键入 A 时，与之相对应的字母就可能是 F 了。因此只有在 26×26（即676）个字母后才会重复原来的编码。由于 3 个转轮内部连线不同，因此，它们合起来连续加密的总效果，就是 3 个转轮各自能力的乘积。也就是说，每个转轮都有 26 个位置，3 个转轮组合起来，就能生成 26×26×26=17 576 种不同的变化。谢尔比乌斯认为，这 3 个内部走线方式迥然不同的转轮，它们的排列形式不应该是固定的，而应该是可以互相换位的。如果我们把 3 个转轮依次称为 1 号转轮、2 号转轮和 3 号转轮，而把转轮组的转轮顺序从左到右记录的话，那么排列就不该只是1–2–3 这么一种，而是应该有 1–2–3、1–3–2、2–1–3、2–3–1、3–1–2、3–2–1共 6 种方式。这招一出手，密钥长度再次膨胀为 17 576×6=105 456 位，这就意味着，即便是由 10 万个字母构成的明文，使用"恩尼格玛"机加密时也不可能出现循环加密现象！

接收者若要破译这个信息，必须要有一台同样的机器和密码本，还要了解当天所使用的密钥。假如没有密码本，敌方密码破译人员就必须检验所有可能的密钥，即使是一批最优秀的数学家，也需要花一个月或更多的时间，才能把全部必要的排列计算出来。

　　因此，当时的"恩尼格玛"机被称为世界上无法解读的最可靠的保密机。但英国和法国对这种加密技术都没有兴趣，该密码机问世后，德国最先意识到了其潜在的军事价值。

　　在德军全面使用"恩尼格玛"机传递军事情报后，很多人认为"恩尼格玛"机是一种无法破译的密码机，但是同盟国的密码学家们并没有放弃，而是共享情报——为了破译"恩尼格玛"机，并付出了巨大的努力。最初，英国和法国的间谍得到了德军的"恩尼格玛"机的构造共享了信息，波兰密码学家雷耶夫斯基（Marina Rejewski）在得到法国共享的情报后，找出了破解"恩尼格玛"机的可行方法。但是由于担心德国入侵波兰，密码破译无法继续进行下去，于是波兰决定将情报提供给英国和法国。果然不久后，第二次世界大战全面爆发，德国采用闪电战入侵波兰。有了"恩尼格玛"机的加持，在二战初期，德国对其他国家进行的情报战可谓是碾压状态。也正是在"恩尼格玛"机的帮助下，德国顺利发动了"闪击战"席卷欧洲。这也使得英美各国都开始重视对德国的情报战，开始思考如何破译"恩尼格玛"机。

◎图 6-6　密码研究领域的"波兰三杰"（左起：佐加尔斯基、罗佐基和雷耶夫斯基）

1932 年，波兰密码学家马里安·雷耶夫斯基（Marian Adam Rejewski）、杰尔兹·罗佐基（Jerzy Witold Różycki）和亨里克·佐加尔斯基（Henryk Zygalski）根据"恩尼格玛"机的原理，推演出了德国国防军使用的转子配线，还给出了破译这种密码的可行方法并被投入使用。在破译过程中，雷耶夫斯基首次将严格的数学化方法应用到密码破译领域，这在密码学的历史上是一个重要成就。他们还设计了帮助密码分析工作的机器，最初是所谓的"记转器"，后来是被命名为"炸弹"（Bomba）的"恩尼格玛"密码分析仪器。雷耶夫斯基等人在二战期间破译了大量来自德国的信息，他们被称为密码研究领域的"波兰三杰"。1939 年中期，波兰政府将此破译方法告知了英国和法国。1940 年 4 月，在波兰和法国专家的帮助下，总部设在英国布莱奇利庄园的政府密码学校成为破译德国所使用的"恩尼格玛"机密码的重要基地。但直到 1941 年英国海军捕获德国 U–110 潜艇，得到密码机和密码本才成功破译。

在破译"恩尼格玛"机密码的传奇故事中，有一个人不得不提，那就是被称为计算机之父、人工智能之父的数学天才艾伦·图灵。在他 24 岁时发表的一篇题为《论数字计算在决断难题中的应用》的文章里，图灵提出了著名的"图灵机"设想。图灵的这种"利用某种机器实现逻辑代码的执行，以模拟人类的各种计算和逻辑思维过程"的观点，成为了后人设计实用计算机的思路来源，是当今各种计算机设备的理论基石。

在二战期间，图灵在破译德国的"恩尼格玛"机密码时，发现了对方密码的一个破绽，那就是加密后的密文并不具有完全的随机性。在分析了大量的德国电文后，他发现许多电报有相当固定的格式，以至于有些常用的字符可以被推测出来，这就大大降低了英国人破译德国密码的计算量，他便以此为突破点，想到了用"候选单词"这一方法来破译"恩尼格玛"机的电文，并提出了唯有机器才能击败机器的理论。

但是他的这一观点，起初并不被同事、上司所看好，并因此受到孤立。忍受了两年被人鄙夷的白眼，图灵终于用候选单词、字母循环圈和线路连接起来的多台"恩尼格玛"机构成了密码分析的强大武器，使得机器的搜索设置得到了具体的目标，只需几分钟便能破译德军的"恩尼格玛"机电文，将英国战时情报中心每月破译的情报数量从 39 000 条提升到 84 000 条，让第二次世界大战至少提前结束了几年。

第三阶段：现代密码时代

在第二次世界大战期间，密码学经历了一场前所未有的革命，这场革命几乎颠覆了古典密码所有的理论和方法。看似辉煌的机械密码时代，在第二次世界大战结束后不久就终结了。因为从 1946 年世界上第一台电子计算机诞生后，计算机技术突飞猛进，在超级计算能力的计算机面前，所有的机械密码显得不堪一击。加密技术亟待引入新的理论指导。

就在这个时候，迎来了一个带领信息理论走向彻底革命的人，这个人就是香农。他在 1948 年发表了《通信的数学原理》（*Mathematical Theory of Communication*），这篇文章的发表宣布了所有的文本、图像、音频、视频信息都可以转换成数字形式，通过强大的计算机来处理。随着计算机网络技术的发展，电子通信已经遍布世界，把整个世界联系在一起，人类进入了信息时代，信息时代要保证计算机通信网络和数据传递的安全性，这就是密码学需要面对的新任务。

1949 年，香农又发表了《保密系统的通信理论》（*Communication Theory of Secrecy Systems*）。在这篇文章中，香农写道："密码系统和有噪声的通信系统没什么不同。"这个结论意味着我们可以用有噪声的信道通信过程来研究加密和解密过程。密码设计原理和有噪声下的通信原理是相同的，但是追求的目标却相反，密码的设计者，要想方设法地让密文在外人看来完全是噪声，没有任何有价值的信息。从这个意义上说，加密就等价于在信号中加入噪声。那么什么样的密码是安全的呢？香农指出，加入最难去除的噪声所对应的密码最安全，而最难去除的噪声就是白噪声。它们是一种完全随机的信号，在不同的频率下具有相同的强度，没有任何可以辨别的特定性质。因此，想将白噪声从信号中甄别出来并且彻底去除，根本无从下手。基于这个原理，香农指出，安全的加密方式就是让密文看上去像白噪声一样，各个字符出现的频率都相同，找不到任何统计规律，解密者对此都无能为力。这时，如果我们衡量一下密文的信噪比（信号与噪声的比例），它几乎接近为零。

20 世纪 70 年代中期之前的密码学研究基本上都是在军队、外交、保密等部门秘密进行的。而此后，伴随着计算机网络的普及和发展，密码研究开始向人类几乎所有社会活动领域渗透，甚至开始进入普通民众百姓的日常生活。

1973 年，美国国家标准局（National Bureau of Standards，简称 NBS）开始征集联邦数据加密标准，最终 IBM 公司的路西法加密算法获胜。1977 年 1 月 15 日，美国国家标准局决定正式采用该算法，并将其更名为"数据加密标

◎图6-7　马丁·赫尔曼（左）和菲尔德·迪菲1977年的照片

准"（Date Encryption Standard，简称DES）。然而，随着计算机硬件的发展和计算能力的提高，1997年7月22日，电子前沿基金会（Electronic Frontier Foundation，简称EFF）使用一台价值25万美元的计算机在56小时内就破解了56位的DES密码。

真正让密码走向现代密码时代的事件是1976年，Sun Microsystems前首席执行官惠特菲尔德·迪菲（Whitfield Diffie）以及斯坦福大学电气工程系名誉教授马丁·赫尔曼（Martin Hellman）提出的迪菲－赫尔曼（Diffie–Hellman）秘钥交换。这一年，迪菲和赫尔曼发表了一篇开创性的论文《密码学的新方向》（*New Directions in Cryptography*），在文中引入了公共密钥协议和电子签名，由此构成了当前大多数互联网安全协议的基础。该思想中不仅加密算法本身可以公开，同时用于加密消息的密钥也可以公开，这就是公钥加密。公钥密码的思想是密码发展的里程碑，实现了密码学发展史上的第二次飞跃。

1978年，美国麻省理工学院的罗纳德·李维斯特（Ronald L. Rivest）、阿迪·萨莫尔（Adi Shamir）和伦纳德·阿德曼（Leonard M. Adleman）三人在迪菲－赫尔曼秘钥交换理论的基础上，提出第一个实用的公钥密码体系RSA。RSA密码算法的安全性基于数论中的大整数因子分解问题，这个问题在数论中属于困难问题，至今在经典信息学领域没有有效的解决方法，从而保证RSA密码体系的安全性。当然我们在第二章中也介绍了，当RSA密码体系遇到量子计算时，它的安全性才开始受到了严重的威胁和挑战。

此后的1985年，美国华盛顿大学的数学家尼尔·科布利兹（Neal Koblitz）和美国国防分析研究所的数学家维克多·米勒（Victor Miller）在1985年各自独立提出了另一个得到广泛采用的公钥加密技术"椭圆曲线加密技术"（Elliptic Curve Cryptography，简称ECC），把数学上的椭圆曲线用到加密当中的构想，至今没有有效的求解方法。直到2004、2005年，椭圆曲线加密算法才得到广泛应用。而其更为广泛的应用场景，并不是加密（encryption），而是电子签名（digital signature）。基于椭圆曲线的电子签名算法又称为"椭圆曲线电子签名算法"（Elliptic Curve Digital Signature Algorithm，简称 ECDSA）。这个方法也是目前大为热门的比特币所选择的保密算法。

总结一下密码学的发展历程，我们可以发现密码学借助加密技术对所要传送的信息进行处理，防止其他非法人员对数据的窃取篡改，加密的强度和选择的加密技术、密钥长度有很大的关系。总结密码技术的发展历程，从保密技术发展上可分为三个阶段：第一阶段，数据的安全主要依赖于算法的保密；第二阶段，数据的安全主要依赖于密钥的保密程度；第三阶段，数据加密取得了巨大的成就，通信双方之间支持无密钥的传输。

二、从"私钥保密"到"公钥加密"

下面我们来认真分析一下整个保密通信的过程，我们先说不需要进行保密的公开信道通信。在一般的通信系统中，从信源（信息的发布者，就是前面量子隐形传态中的 Alice）发出的信号经过编码器的编码调制处理之后，经公开的信道传至解码器机械译码、解码的操作，最终传至信宿（信息的接收者，对应量子隐形传态中的 Bob）。通信系统模型如下图所示。

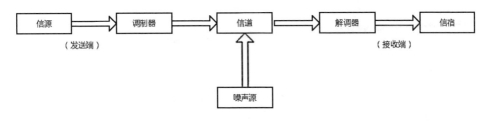

◎图6-8 通信系统模型

在公开的信道中，信息的存储、传递、处理都是以明文形式进行的，这就意味着，这些信息在传递过程中很容易就被其他人通过窃听、截取、篡改、伪造、假冒、重放等手段所攻击。因此，信息在传递和广播时，需要做到不受到窃听者甚至黑客的干扰，除合法的被授权信息接收者以外，不让任何人知道，这就引出了关于保密通信的概念。

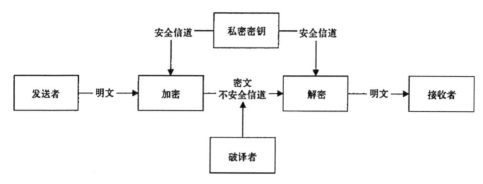

◎图 6-9　保密信道系统模型

　　保密通信系统是在一般通信系统中加入加密器和解密器，保证信息在传输过程中无法被其他人解读，从而有效解决信息传输过程中存在的安全问题。在讨论保密通信过程中我们会用到一些术语概念。对于在传递中未加密的要传递的真正信息称为"明文"（Plaintext）；而将要传递的信息经过加密算法处理以后得到的包含信息但在解密前并不能获得真实信息的载体称为"密文"（Ciphertext）；对要传递的信息数据进行密码变换以后产生密文的过程，叫作"加密"（Encryption）；加密时用到的一组计算规则，称为"加密算法"（Encryption Algorithm）；相反地，对密文进行一定算法操作之后得到信息明文的过程叫"解密"（Decryption），相应地，解密时采用的一组计算规则，称为"解密算法"（Decryption Algorithm）。

　　在加密过程中还有一个非常重要的概念，那就是密钥（Secret Key），它是指在明文转换为密文或将密文转换为明文的算法中输入的参数。信息加密时用到的密钥称为"加密密钥"，它将明文转换为密文；信息解密时用到的密钥称为"解密密钥"，它将密文恢复为明文。

　　现代密码技术根据密钥的形式和加密的算法，可以分为两个大类，一类称之为"对称密钥加密技术"，也被称为"单钥密码体制""私钥密码体制"；而另一类则称之为"公钥加密技术"，也称为"双钥密码体制""公钥密码体制"。

　　在公钥加密技术被提出之前，前面我们介绍的各种古典加密方法都属于对称密钥加密技术。顾名思义，对称密钥加密技术中加密和解密使用相同密钥的密码算法，也就是说在加密的时候使用的是哪一把密钥，在解密的时候必须使用同一把密钥。

　　采用对称密码体系进行加密的最大优势是算法比较简便高效，密钥简短，加密或者解密速度非常快，适合于数据量很大的时候对信息进行加密，破译极其困难，也保证了它的安全性。由于系统的保密性主要取决于密钥的安全性，但它与算法的保密性无关，也就是说单凭密文和加密算法不可能得到信息明文。在算法不需要保密的情况下，保密性主要取决于密钥的保密性，这就对密钥管理提出非常高的要求，密钥管理非常困难。在公开的计算机网络上安全地传送和保管密钥是一个严峻的问题。如果进行通信的双方能够确保专用密钥在密钥交换阶段未曾泄露，那么通信的机密性和报文的完整性就可以通过这种加密方法加密机密信息、随报文一起发送报文摘要或报文散列值来实现。但是也正是由于对称密码学中双方都使用相同的密钥，因此无法实现数据签名和不可否认性等功能。

对于对称密码加密体系，不得不提的就是目前我们认为具有绝对保密性的密码，即"一次一密密码"（one-time pad）。1917 年在一战接近尾声的时候，美国军用密码研究机构负责人约瑟夫·莫博涅（Joseph Mauborgne）少校引入了随机密钥的概念，即密钥不是由一些有意义的单词组成，而是一个随机的字母序列。莫博涅随机密钥系统的第一步是编辑一本厚厚的、由几百页组成的小册子，每一页都是由随机排列的数百个字母组成并作为一个独一无二的密钥。加密一个信息时，发送者将使用小册子的第一页作为密钥对明文应用维吉尼亚密码加密。一旦信息被成功地发送、接收和解密，收发双方都同时销毁已用作密钥的那一页，因此这个密钥再也不会被第二次使用。当需要加密另一条信息时，则使用小册中下一页的随机密钥。由于每个密钥都使用而且仅使用一次，所以这个系统还被形象地称作"一次性便笺密码"。

一次一密密码克服了以前密码的所有弱点。密文中没有重复的字母组合，无法使用巴贝奇和卡西斯基测试。比如把英文中最常用的单词 the 放在不同的位置，得到的密钥片段也是无意义的字母组合，不能判断这个试验单词是否处在了正确的位置。就算使用无穷搜索的方法，想要试遍所有可能的密钥，无论是人力还是机械运算都是完全不可能的。即便有个速度极快的机器人将所有不同的密钥全部测试一遍，那么产生的相同长度且有意义的信息可能也有很多个，密码分析师也无法辨别出究竟哪一个才是真正的原信息。这种加密方法原理简单，使用便捷，其安全原理是基于信息传递双方的密钥是随机变化的，每次通信双方传递的明文都使用同一条临时随机密钥和对称算法进行加密后，方可在线路上传递。因为密钥一次一变，且无法猜测，这就保证了线路传递数据的绝对安全。即使拥有再大的破解计算能力，在没有密钥的前提下对线路截取的密文也是无能为力的。

这套方案在当时的背景下，还是比较完美地解决了线路数据传递的安全问题。但也同样存在着不可忽略的问题，即通信双方密钥同步问题。这点很好理解，早先的一次一密密码的实现，需要通信双方保存一个相同的密码集，每个密码集中拥有N条随机密钥，每次通信按顺序使用其中的密钥。但双方的密码集中相同序号的密钥必须是完全一样的，否则密文无法被正确还原。所以一旦其中一个密码集泄露，那这套加密系统自然就被破解了。这就导致密码集的维护成本极高，且存在安全风险。

一次一密密码技术实际操作起来有两个根本的难点：一是制造大量的随机密钥实际上是很困难的。最好的随机密钥应该是利用自然的物理过程生成，例如，放射性即具有真正随机的行为。密码编码者可使用盖革计数器来测定放射性物质的放射能，连接一个显示屏以一定的速率循环显示字母表中的字母，一旦检测到放射，显示屏会暂时冻结，此时显示屏上显示的字母就可以作为密钥中的一个字母，如此反复。然而这对于每天进行的密码编码来说同样是不实际的。二是分发密码簿也是很困难的。战场上成百的无线电操作员处在同一个通信网络中。要想开始工作，每个人必须有完全一样的一次性手册。然后当新的手册发行后，它们必须同时分发到每个人的手中。最后每个人必须在步调上保持一致性，以确保他们在特定时间使用的是手册上的同一页。一次性手册的广泛使用将使战场上充满信使和持书人。敌方只要捕获一套这样的密钥，那么整个通信系统就瘫痪了。

时至今日，基于对称加密算法实现的安全方案，不论加密算法自身的安全强度多高，但最核心安全的依然是密钥安全存储与使用。要解决这个问题，就必须要有一个更加先进的密钥分发机制（Key Distributed），而这正是量子保密通信最为核心的优势，我们后面将为大家详细介绍。有了量子密钥分发的配合，一次一密密码技术已经被证明具有绝对的安全性。

一次一密密码技术在现今使用得非常广泛，不论是银联加密系统，还是远程视频加密等应用都会涉及它。这其中的关键技术就是密钥的下发与安全存储和销毁。下发过程是多种多样的，但多数使用了密文方式进行密钥更新。

非对称加密体系也称为"公开密钥密码体系"，它的发展是整个密码编码学历史上最大的革命。从最初一直到现代，几乎所有密码编码体系都建立在基本的替代和置换工具的基础上。在用了数千年的本质上可以进行手工计算就能完成的算法之后，常规的密码编码学随着转轮加密机的发展才出现了一个重大的进步。机电式变码旋转器件使得极其复杂的密码系统被研制出来，再加上电子计算机的发明，更加复杂的系统被设计出来，但是这些系统仍然依赖于替代和转换这样的基本工具，仍然属于对称加密体系。

公开密钥密码变码则与以前的所有方法都截然不同，20 世纪 70 年代以来，迪菲和赫尔曼在论文《密码学的新方向》中首次提出了"非对称密码体制即公开密钥密码体制"的概念。一方面公开密钥算法基于数学函数而不是替代和置换，更重要的是，公开密钥密码变码是非对称的，它用到两个不同的密钥，而对称的加密体系只使用一个密钥。使用两个密钥对于保密通信、密钥分配和鉴别等都具有深远的影响。

在展开关于非对称密码体系的讨论之前，我们有必要提及几个关于非对称密钥体系的常见误解。一种误解是非对称加密在防范密码分析上比对称加密体系更安全，这种说法曾普遍地被人们认同。然而事实上，任何加密方案的安全程度都依赖于密钥的长度和破译密码中包含的计算的工作量。从抗击密码分析的角度来看，无论是对称的还是非对称的加密体系，都没有比对方优越的地方。另一种误解是非对称加密方法产生后，原来的对称加密方法就已经过时了。其实，在实用性上，由于非对称的公开密钥加密体系在计算上需要巨大的开销，所以在可以预见的一段相当长的时间里，对称加密体系是不会被抛弃的。实际上，非对称密码体系提出者迪菲曾经说过："大家几乎普遍接受的观点是公开密钥密码编码学的使用只限于密钥管理和数字签名等应用。"①

下面我们来介绍一下非对称加密体系。前面我们说过，在对称加密体系中密钥分配要求通信双方或者已经共享了一个密钥，这个密钥已经以某种方式分配给他们；或者就需要一个复杂的密钥分配中心。迪菲认为密钥分配中心的存在从根本上违反了密码编码学的本义：保密通信自身需要具有完全保密的能力。正如迪菲所说："如果用户被迫与一个可能由于盗窃或者法庭传唤而泄密的密钥分配中心来共享密钥，那么设计出不可破译的密码系统还有什么意义呢？"

公开密钥密码体系中对信息的加密和解密过程需要使用两个密钥：一个密钥

---

① Diffie, W. The first ten years of public-key cryptography [J]. Contemporary Cryptology the Science of Information Integrity, 1988, 76（5）：560-577.

可以公开，叫作公开密钥（publickey），简称"公钥"；另一个密钥必须保密，叫作私有密钥（privatekey），简称"私钥"。每一次加密过程所使用的"公钥"与"私钥"是成对存在的，加密者可以用公钥对数据进行加密，但解密者只有用对应的私钥才能解密得到信息明文，试图用公钥来求解私钥的计算是不可行的。

　　比如，简单的公共密钥例子，如著名的素数分解，这种方法就是，信息加密者将素数相乘的算法作为公钥算法，将所得的乘积分解成原来的素数的算法作为私钥算法，加密过程就是将想要传递的信息在编码时加入素数，编码之后传送给收信人。任何人收到此信息后，若没有此收信人所拥有的私钥，则解密的过程中（实为寻找素数的过程），将会因为找素数的过程（分解质因数）需要很长的时间，而无法解读信息，从而保证了加密的安全性。

　　与对称密钥加密体系不同，非对称密钥加密体系加密和解密使用的是两种截然不同的密钥。它们具有这种性质：每把密钥执行一种对数据的单向处理，一把的功能恰恰与另一把相反，当这把密钥用于加密时，则另一把就用于解密。用公钥加密的文件只能用私钥解密，而私钥加密的文件只能用公钥解密。公钥是由其主人加以公开的，而私钥必须保密存放。为发送一份保密报文，发送者必须使用接收者的公共密钥对数据进行加密，一旦加密，只有接收方用其私人密钥才能加以解密；相反地，用户也可以用自己私人密钥对数据加以处理。换句话说，密钥对的工作是可以任意方向的。这提供了"数字签名"的基础，与加密相反，使用"数字签名"的用

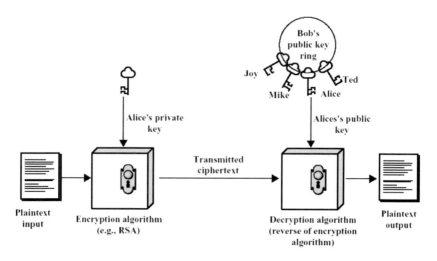

◎图6-10　利用公钥进行非对称加密的过程

户可以用自己的私人密钥对数据进行加密处理，其他人也可以用他提供的公共密钥对签名数据进行识别。由于仅仅是签名的拥有者本人才知道私人密钥，使得这种被处理过的报文就形成了一种被授权的电子签名的文件，别人无法伪造或再次产生该文件。而公开的数字证书中包含了公共密钥信息，从而可以确认了拥有密钥对的用户的身份。

非对称加密体系的加密过程主要有以下步骤：

1. 网络中的每个端系统都产生一对用于加密和解密要接受的明文的密钥。

2. 每个系统通过把自己的加密密钥放进一个密钥登记本或者密钥文件，并通过广播的方式来公布它，这就是公开密钥。而另一个私钥则是保密的。

3. 如果信息发送者 Alice 想给信息接收者 Bob 发送一个密文，她就用 Bob 的公开密钥加密这个报文。

4. Bob 收到这个密文后，就用他的保密密钥解密密文。其他所有收到这个密文的人都无法解密它，因为只有 Bob 才有私钥。

使用这种方法，所有通信参与方都可以获得各个公开密钥，而各参与方的私有密钥由各参与方自己在本地产生，因此不需要分配得到。只要一个系统控制住它的私有密钥，它收到的通信内容就是安全的。在任何时候，一个系统都可以改变它的私有密钥并公开相应的公开密钥来替代它原来的公开密钥。

非对称加密体系的典型例子就是前面提到的 1977 年发明的 RSA 加密体系。它加密和解密采用两个体系，使用其中一个密钥加密的信息，仅能通过唯一对应的另一个密钥进行解密。这两个密钥由前面提到的两个大质数的乘积易于计算，而一个大数的质因数分解非常困难的数学原理提供理论基础，这保证了已知其中一个密钥很难计算出另一个密钥。这样，信息接收方可以将其中一个密钥作为"私钥"保存起来，将另一个密钥作为"公钥"通过公共信道广播给信息发送方。发送方即可用接收方的公钥对信息进行加密发送，然后接收方通过其掌握的私钥解密。

非对称加密体系克服了密钥分发问题，但由于其计算量特别大，加密效率比较低，通常与对称加密体系混合使用，用公钥密码算法加密传递对称密码的密钥。这种利用公钥算法分发对称密钥，然后基于对称密钥进行加密解密的混合方案在当今的密码体系中得到了广泛的应用。

公钥密码学的安全性依赖于一定的数学假设，例如 RSA 的安全性基于传统计算科学很难找到对大整数的质因数分解的有效算法。然而，前面我们也提到了，1994 年，皮特·肖尔（Peter Shor）证明了通过量子计算机可以设计有效算法高效求解质因数分解问题和离散对数问题。因此，只要一台大型量子计算机开机，当前大多数密码体系可能一夜之间其安全性就崩溃了。

虽然大规模的量子计算机的实现还可能需要数十年的时间，到那时它对当前发生的信息安全的潜在威胁不容忽视。对于窃听者而言，他可以将当前发生的通信流量记录下来，直到量子计算机成功上线的那一天再解密这些信息。这对那些需要长期保密的信息，已经构成了现实性的威胁。

而要解决这个威胁，人们开始进行新的思考，所谓"解铃还须系铃人"，由量子算法带来的安全性威胁，也许只能由新的量子保密通信才能给予解决。在人们意识到公钥密码体系可以被量子计算机破解的 10 年前，人们就开始寻找新的保密机制了，这就是量子密码协议技术。

三、典型量子密码协议技术方案

量子计算带来的潜在的安全威胁已经引起了全球的广泛重视。2016 年 1 月，美国国家安全局（National Security Agency）发布了《关于量子计算攻击的答疑以及新的政府密码使用指南》；美国国家标准与技术研究院（National Institute of Standards and Technology）从 2015 年起就多次召开关于后量子公钥算法的国际研讨会，并在 2016 年 12 月正式启动"后量子公钥密码"标准化项目；欧洲电信标准协会（European Telecommunications Standards Institute）也从 2013 年以来每年都举行国际量子安全研讨会（Quantum Safe Workshop），积极研究应对量子计算带来的安全威胁。

针对量子计算带来的安全问题，目前业界考虑的应对措施主要包括基于现有密码的加强、研发符合后量子时代需求的公钥密码，还有就是基于量子物理的量子密钥分发技术三类。

在现有密码的加强方面，美国国家安全局在《关于量子计算攻击的答疑以及新的政府密码使用指南》中明确指出未来量子计算机的实现将威胁当前所有广泛使用的密码算法，并重新定义了美国国家商用安全算法集合。

算法	用途
RSA 3072-bit 或更多	密钥建立，数字签名
Diffie-Hellman（DH）3072-bit 或更多	密钥建立
ECDH with NIST P-384	密钥建立
ECDSA with NIST P-384	数字签名
SHA-384	数据完整性
AES-265	数据机密性

◎图 6-11 美国商用安全算法集合

在研发符合后量子时代需求的公钥密码方面，科学家们提出了后量子密码（Post-Quantum Cryptography，简称 PQC）项目。目前国际上在技术方面仍处于研究和标准化的初期。根据美国国家标准与技术研究院的预研工作表明，大规模的量子计算机很可能在未来 20 年左右出现，一旦研制成功，将能够破解当前大多数公钥密码体制，严重威胁互联网及其他领域的数字通信安全。从历史上看，当前的公钥密码从标准研制到全面部署也就经历了 20 年。因此，美国国家标准与技术研究院认为，必须尽快开展能够抵抗量子算法攻击的密码体系的标准化工作并于 2016 年 4 月公布如下工作计划：

（1）2016 年 12 月，面向公众征集量子安全的公钥加密、密钥协商、数字签名方案。

（2）2017 年 11 月 30 日提案征集截止。

（3）历经 3 到 5 年时间对所有方案进行评估。

（4）评估完成 2 年后（估计在 2023 年到 2025 年）发布标准草案。

目前，美国国家标准与技术研究院已经征集到了来自全球密码学家提出的 69 种算法，正在开展紧锣密鼓的安全性评估工作，但就目前看来，由于量子算法理论也在不断地发展，所以如何保证密码不被新的量子算法攻破，仍然是密码学界面对的难题。

基于这些研究，现在对于解决后量子时代的保密技术，诸多科学家们都寄希望于量子密钥分发（quantum key distribution，简称 QKD）技术。QKD 利用量子物理本身的性质来保证通信的绝对安全。

其实，在经典通信中，密钥管理也是保密通信的重要环节。密钥是密码系统中的可变部分，在现代密码体系中，密码算法是可以公开评估的，因而整个密码系统的安全性并不取决于对密码算法的保密或者对密码设备的保护，能够决定整个密码体系安全性的因素就是密钥的保密性。也就是说，在考虑密码系统的设计时，需要解决的核心问题是密钥管理问题，而不是密码算法问题。由此带来的好处在于，密码体系不用再担心算法的安全，只要保护好密钥就可以了，显然保护密钥要比保护算法容易得多。再者，可以通过不同的密钥保护不同的秘密，这就意味着当攻击者攻破了一个密钥时，受威胁的也只是这个被攻破密钥所保护的秘密，其他的秘密依旧是安全的。可见密码体系的安全性是由密钥的安全性决定的。

密钥分配技术，就是系统中的一个成员先选择一个秘密密钥，然后将它传送给另一个成员。在用对称密码体制进行保密通信时，首先必须有一个共享的秘密密钥，而且为了防止攻击者得到密钥，还必须时常更新密钥。因此，密码系统的强度也依赖于密钥分配技术。

信息的发送者 Alice 和接收者 Bob 之间共享密钥的方法主要有以下几种：

（1）密钥由 Alice 选取并通过物理手段发送给 Bob。

（2）密钥由第三方选取并通过物理手段分别同时发送给 Alice 和 Bob。

（3）如果 Alice 和 Bob 事先已经有一个密钥，其中一方选取新的密钥后，用已有的密钥加密新的密钥并发送给另一方。

（4）如果 Alice 和 Bob 与第三方 Charlie 分别有一个保密信道，那么 Charlie 为 Alice 和 Bob 选取密钥后，分别在两个保密信道上发送给 Alice 和 Bob。

前两种方法称为"人工发送"。在通信网络中，若只有个别用户想要进行保密通信，密钥的人工发送还是可以的。然而如果所有用户都要求支持加密服务，那么任一对希望通信的用户都必须有一个共享密钥。

对于第（3）种，攻击者一旦获得一个密钥就可获取以后所有的密钥，而且用这种方法对所有用户分配初始密码时，代价仍然很大。

对于第（4）种，在实际操作上，第三方通常是一个负责为用户分配密钥的密钥分配中心。但是前面我们也说了这个分配中心并不符合密码设计的原则。

而量子密钥分发给人们带来了新的机遇。按照 1941 年信息论的建立者香农在数学上的证明，如果不知道密码就绝对无法破解的安全系统是存在的。而且这种绝对安全的密码所需要满足的条件也很简单，只需要满足三大条件。

条件1（随机密钥）生成密钥是完全随机的，不可预测、不可重现，破解者更不可能猜出规律，自己生成密钥。

条件2（明密等长）密钥长度至少要和明文一样长。如果破解者穷举所有密钥，就相当于穷举所有可能的明文。谁要是有本事通过穷举直接猜出明文，那么就没必要有密钥了。

条件3（一次一密）每传递一条信息都用不同的密钥加密，这样即使密钥本被截获，也不会对信息传递有什么影响。

这三条在当时提出时，人们觉得虽然条件简单，但是就当时的水平来说，很难满足。但是经过了半个多世纪，重新审视这个条件，我们发现它简直是为量子保密通信量身打造的。

首先，我们现在利用光学器件很容易地就能够生成一对孪生粒子，可以分别发送给通信双方，通过观察这对纠缠粒子的自旋方向，就可以生成1个比特的密钥（自旋向上或者向下表征0还是1），如果4对纠缠粒子，就可以连续生成4个比特的密钥。由于处于量子纠缠的一对粒子，在观测之前其中一个粒子的自旋是完全随机的，不用说窃听者，就连掌握这个粒子的人在观测之前都无法确定，这就意味着用这个粒子来表征的信息绝对是随机的。

其次，我们可以根据要发送的信息来选择到底用多少个纠缠粒子对来建立量子信道，这个信道可以保证明文信息量相同，这样就可以保证明文、密文、密钥三者长度相同。

最后，比如为了发送四个比特的明文信息，服务器总共生成了与之信息量相同的四次随机密钥，每传送一个比特的明文，都有一个比特密钥保驾护航。

根据香农的证明，量子通信符合他的所有条件，这种保密方法被破解的可能性就是零，它是绝对保密的。

目前被使用化的量子密钥分发协议是在1984年，由美国IBM公司的研究员查尔斯·本内特（Charles Bennett）和加拿大蒙特利尔大学学者吉列斯·布拉萨德（Gilles Brassard）共同提出的利用光子偏振态来传输信息的量子密钥分发协议，我们称之为"BB84协议"。

BB84协议是一种四态协议，其安全性建立在量子不可克隆的原理上。假设发送方和接收方都处在高度安全的机房中，这些机房通过不安全的量子信道进行连接，例如光纤信道。攻击者可能完全控制这个通道，但不能够进入发送或接收方的机房内部直接获取信息。这时进行保密通信的关键问题在于如何在双方之间共享足够长的随机数字作为安全密钥。

前面我们提过量子态需要满足量子不可克隆原理，BB84 协议中信息发送方可以用单光子的四个量子态作为信息载体，将随机比特编码在单光子的四种偏振态上，分为两组互为共轭的基矢：一组基中的任一基矢在另一组基中的任何基矢上的投影都相等。非正交态间无法通过测量彻底分辨。即可通过不安全的量子信道将随机数发送给接收方。

在这个方案中，有个需要注意的地方。发送方可以使用水平偏振光子来编码比特"0"和用垂直偏振光子来编码比特"1"。接收方可以通过测量光子偏振来解码随机比特。然而，这个方案并不是安全的。当发送方的光子通过量子信道时，攻击者可以拦截并测量它的偏振状态。在此之后，攻击者可以根据测量结果制备一个新的光子并将其发送给接收方。这样，攻击者就获得了量子态的完美副本，从而截获在发送方和接收方之间生成的密钥。

产生上述问题的原因是：量子不可克隆原理并不能应用于一组正交量子态。为此，BB84 协议的提出者引入了一种"基"的概念，用它来代表随机比特是如何编码的：对于垂直正交基，发送方使用 0° 偏振表示比特"0"，90° 偏振表示比特"1"；对于斜对角基，发送方使用 +45° 偏振来代表比特"0"，-45° 偏振来代表比特"1"。在每次进行量子密钥分发时，发送方随机从由垂直正交和斜对角组成的集合{0°，90°，45°，-45°}里面选择用来编码的随机数。因此，攻击者不能确定接收方选择的测量基矢。如当发送方和接收方采用斜对角基矢进行制备及测量时，如果攻击者使用垂直正交基矢进行探测，那么将破坏正常的比特信息，因为"45°"或者"-45°"偏振光子具有相同的机会被投射到水平或者垂直偏振状态。

BB84 协议中，发送者将要传输的二进制序列光子调制到一种偏振态，接收者选择相应的测量基接收到光子的偏振态，并将其转化成对应的二进制序列。协议的具体流程描述如下：

（1）Alice 随机选择一串二进制比特。

（2）Alice 随机选择每一个比特转化成光子偏振态时所用的基，即垂直基底或者倾斜基底。

（3）Alice 按照自己随机选择的基和二进制比特串来调制光子的偏振态，并将调制后的光子串按一定的时间间隔一次发送给 Bob。

（4）Bob 对接收到的每一个光子随机地选择测量基，来测量其偏振态，并将结果转化成二进制比特。

（5）Bob 通过经典信息通道告诉 Alice 他所选择的每个比特的测量基底。

（6）Alice 告诉 Bob 哪个测量基是正确的，并保留下来，其余的丢弃，就能得到原始密钥。

（7）Alice 和 Bob 从原始密钥中随机选择部分比特，公开比较进行窃听检测，误码率小于门限值的情况下，进行下一步；否则认为存在窃听，终止通信协议。

（8）Alice 和 Bob 对协商后的密钥作进一步纠错和放大，最终得到无条件的安全密钥。

海森堡测不准原理和量子不可克隆定理保证了 BB84 协议的无条件安全性。即使窃听者 Eve 从量子信道中截获光子并进行测量，因为非正交态不可区分，Eve 不能分辨每个光子的原始状态，因此窃听会干扰量子态，进而被 Alice 和 Bob 发现。

接收方随机选择两类基之一来测量每个接收到的光子，当发送方和接收方碰巧使用相同的测量基就可以生成相关的随机比特。如果使用不同的测量基，选择的测量基与量子态是不相关的。在接收方测量了所有光子后，通过认证的公共信道将测量基与发送方进行比较。通信双方只保留使用两者匹配的基矢生成的随机比特，这通常叫作"基矢比对筛选过程"。

在没有环境噪声、系统缺陷和攻击者的干扰下，经过基矢比对筛选得到的密钥是完全相同的。具体的，BB84 协议的基矢对比过程如图所示。

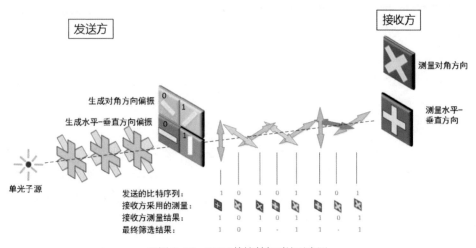

◎图 6-12　BB84 协议基矢对比示意图

我们可以看到，只有当发送者和接收者所选择的基矢相同的时候，传输比特才能被保留下来用作密码。

量子密钥分发协议的安全检测机遇概率统计理论。BB84 量子密钥分发协议中，Alice 和 Bob 需要随机地抽取测量结果进行误码分析，这种抽样虽然在总的测量结果中占的比例不是很大，但是需要大量的数据。BB84 协议的优点是它的量子信号制备和测量相对容易实现，而且它被理论证明是一种无条件安全的密钥分发方案。

如果存在信息截获者，那么截获者也同样需要随机选取"+"或"×"来测量发送的比特。比如发送者选取基矢为"+"，然后发送"→"来代表 1。如果截获者选取的基矢也为"+"，他的截获就不会被察觉。但是截获者是随机选取的测量基矢，那么他就有 1/2 的概率选择"×"，这时量子力学的测量随机性质使截获该光子时测量到的结果变为 1/2 的概率为"↗"和 1/2 的概率为"↘"。作为接收者如果选取了和发送者同样的基矢"+"，则会把这个比特当作密钥。但如果接收者测量的是经过"×"截获的光子，则测量结果会变成 1/2 的概率为"↑"和 1/2 的概率为"→"。于是如果存在一个窃听者在半路测量这个比特，那么发送者和接收者在相同测量基下获得结果不同的概率就是

$$1/2 \times 1/2 = 1/4。$$

因此想知道是否存在截获者，发送者和接收者只需要拿出一小部分密钥来对照。如果发现互相有 1/4 的不同，那么就可以断定信息被截获了。同理，如果信息未被截获，那么两者密码的相同率是 100%。于是 BB84 协议可以有效地发现窃听，从而关闭通信，或切换信道重新进行量子密钥分发。换句话说，只要是通过 BB84 协议成功生成的一组密钥，必定是通信中间无任何第三方截获窃听的密钥。那么用这组密钥来通过一次一密的方法对原文加密（最简单的异或加密算法即可），密文就能做到理论上最安全的程度，通信双方能真正地做到"天不知地不知，只有你知我知"的程度。

当然，它也有一些缺点，比如通信双方随机地选择两组基来制备量子态进行通信，以保证量子密钥分发的安全性。传输过程中只有不超过 50% 的量子比特可以用于量子密钥，量子比特的利用率比较低；两个量子态只能传输 1 比特有用的经典信息，而且四种量子态只能代表"0"和"1"两种信息码，编码容量也比较低。

对于有噪声的量子信道，为了确保 BB84 方案的安全性还需要理想光子源。用

弱激光脉冲代替单光子源实现 BB84 量子密钥分发方案，在高损失率的量子信道传输过程中，若一个弱激光脉冲中所包含的光子数超过 1，那么就可能存在量子信息的泄露。因此，由弱激光脉冲代替单光子源在光纤中实现 BB84 量子密钥分发方案存在一定的安全隐患。

BB84 量子密钥分发协议使得通信双方可以生成一串绝对保密的二进制密码，用该密码给任何二进制信息做"一次一密"的加密（如做简单的二进制"异或"操作），都会使加密后的二进制信息无法被破解，达到信息论意义上的"无条件安全性"，因此量子密钥分发从根本上保证了信息传输的安全性。

在提出了 BB84 方案之后，本内特在 1992 年对 BB84 做了一个简化，提出新的量子密钥分发协议——B92 协议。该协议与 BB84 协议的区别为在横竖基底中，只选择偏振方向为"→"代表 1，在对角基底中，只选择偏振方向为"↗"代表 0。其他的和 BB84 协议相似，只不过发送者想发送 1，只能选取基矢"+"；想发送 0，只能选取基矢"×"。

由于 B92 协议相比 BB84 协议缺少了发送者测量基矢的随机选择，如果截获者通过经典手段得到了发送者的测量基矢，也就等于得到了发送者的信息，因此 B92 协议的安全性相比于 BB84 协议有些减弱。如果额外增加资源保护发送者的测量基矢，又使得其性价比不如 BB84 协议。

1991 年，英国牛津大学物理学家埃克特（Ekert）提出了一个采用量子纠缠光子对来实现的量子密钥分发协议，被称为"E91 协议"。

在 E91 协议中，信息发送者不再如 BB84 协议中那样将一个个独立的单光子发送给接收者，而是先在本地生成纠缠光子对，再把其中一个光子发送给接收者，使双方产生量子纠缠链接。

这时候再采取和 BB84 协议一样的比特定义和测量方法，发送者随机选取一组测量基矢"+"和"×"，接收者也随机选取一组测量基矢"+"和"×"，在横竖基"+"中，偏振方向"↑"代表 0，偏振方向"↘"代表 1。假设双方的量子纠缠为 $\alpha |01\rangle + \beta |10\rangle$。然后双方通过经典信道选取一致的部分测量基矢，只有在一致的测量基矢下，双方才会得到一致的量子纠缠测量坍缩结果，然后双方就把这些结果存为一组密钥。

在 E91 协议中，如果存在窃听者，他只能在通信线路上拦截发送者发给接收者的纠缠光子，那样就是窃听者和发送者建立了量子纠缠，而接收者接收不到光子，测量不到任何结果，自然这些被截获的纠缠光子也就成不了密钥，窃听者也只能起到拦截通信的作用。

如果这个窃听者在拦截了光子后，又照着样子伪造出一个相同偏振态的光子发给接收者，企图欺骗他，让他认为通信成功，再同时拦截经典信道，就可以充当假的接收者。但是窃听者发出的这个光子和发送者的光子之间是没有量子纠缠的。那么只要发送者和接收者之间利用检验贝尔不等式的方法，各自选取一些测量结果来检测量子纠缠是否存在，就可以马上发现是否存在窃听者。

反过来，只要发送者和接收者之间成功共享了一对纠缠光子，那么线路上的窃听者完全无计可施，所以 E91 协议相比于 BB84 协议的优势是完全不用在意窃听者。BB84 协议检测到窃听者之后需要切换线路或者关闭通信，但 E91 协议在有窃听者时仍然可以继续通信，只是被窃听过的纠缠态失效而已。

当然，E91 协议有明显的优势，但也有明显的劣势。这个劣势不是由于原理造成的，而是在显示情况中，纠缠光子对的产生速率无法满足通信需求。BB84 协议用的单光子源可以做到每秒发射十亿量级的速率，而目前纠缠光子的时间脉冲宽度远远没有达到每秒发射百万量级光子的速率，而且纠缠光子的时间脉冲宽度也远远没有单光子容易控制，这是由纠缠光子对的产生机制导致的。因此现阶段的 E91 协议远远无法同 BB84 协议相竞争。

之后的 1992 年，本内特和布拉萨德联合莫敏（N. D. Mermin）在 E91 的基础上，又提出收发双方不需要贝尔不等式来验证量子纠缠，而是采用跟 BB84 协议一样的直接通过误码率飙升来确定窃听者存在的 BBM92 协议。

此外，1999 年澳大利亚国立大学拉斐尔（T. C. Ralph）最早提出了利用光的宏观量子特性实现量子密钥分发的概念，即连续变量量子密钥分发。2000 年澳大利亚昆士兰大学的西利（M. Hilley）提出了利用光的压缩态来实现连续变量量子密钥分发的方案。2001 年，法国科学院法布里光学研究所格罗森（Grosshans）和格兰杰（Grangier）提出了利用相干态实现连续变量量子密钥分发的方案。相比于压缩态方案，相干态方案舍去了把激光经过一系列非线性光学器件变成压缩态的步骤。从此连续变量量子密钥分发得到了实验室的重视。

目前实用化的量子通信技术只有量子密钥分发，而在量子密钥分发协议中，主要采用的是 BB84 协议，其他的协议因为种种技术层面的限制，还没有进入实用化阶段。但是在具体操作中，科学家们也无法直接达到 BB84 协议所要求的理想条件，尤其是理想的单光子源很难得到。目前高品质的单光子源还没有走出实验室，成本很高，所以应用上只好采用相对廉价的激光二极管，把激光的模式调整到单光子附近的粒子数相干态。

四、各国量子保密通信发展状况

前面我们提到了，在人类即将全面进入量子时代时，人们都在急切地思考着如何做好传统信息的保密通信问题，而量子保密通信技术方案的提出给人类打开了一扇新的大门。如今世界上主要的几个技术大国都在积极将量子保密通信推向应用，很多国家都已经或者正在加紧实施具有实用性的远距离量子通信线路的建设。

美国对量子通信的理论和实验研究开始得较早，20世纪末美国政府就将量子信息列为"保持国家竞争力"计划的重点支持课题，隶属于政府的美国国家标准与技术研究所（NIST）将量子信息作为三个重点研究方向之一。在政府的支持下，美国量子通信产业化的发展也较为迅速。1989年，IBM公司在实验室中以10bps的传输速率成功实现了世界上第一个量子信息传输实验，虽然传输距离只有短短的32m，但却拉开了量子通信实验的序幕。

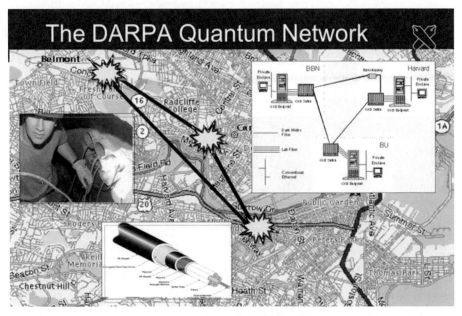

◎图6-13　DARPA量子网络示意图

2002 年到 2007 年，在美国国防安全研究计划局（Defense Advanced Research Projects Agency，简称 DARPA）的资助下，曾经参与阿帕网（AR-PANET）与互联网（Internet）最初研发的美国 BBN 科技公司（前身为 Bolt, Beranek and Newman 公司，现为雷声公司子公司）、哈佛大学（Harvard University）和波士顿大学（Boston University）联合开发了全球首个量子保密通信实验网络。该网络在 BBN 公司所在地美国马塞诸塞州剑桥分阶段部署了 6 个量子密钥分发节点，后来扩展到 10 个节点，采取多种分发协议，支持经由光纤和自由空间两种信道传输，最远通信距离达到 29km。四个节点之间使用光纤弱相干态相位编码 BB84 方案，采用光开关切换方案构成无中继的量子密钥分发网络。其他的线路则可以通过可信中继接入，包括了两条通过自由空间线路和一条基于纠缠分发的量子密钥分发线路。

美国量子密码通信研究在 1994–2014 年有着非常活跃态势，从实验室研究到商业开发及产品推出，形成了一条有效的纽带，量子信息被美国列为"保持国家竞争力"计划的重点支持课题。

2006 年，洛斯阿拉莫斯国家实验室（Los Alamos National Laboratory），简称"阿拉莫斯实验室"（LANL），基于诱骗态方案实现了安全传输距离达 107km 的光纤量子通信实验。2009 年，美国政府发布的信息科学白皮书中明确要求，各科研机构协作开展量子信息技术研究。同年，美国国防部高级研究署和洛斯阿拉莫斯国家实验室分别建成了多节点的城域量子通信网络。

2012 年，美国国家航空航天局（National Aeronautics and Space Administration，简称 NASA）联合澳大利亚 Quintessence Labs 公司提出建设量子保密通信干线，其光纤线路由洛杉矶喷气推进实验室到美国国家航空航天局的 Amess 研究中心，其规划包含星 – 地量子通信、无人机及飞行器的量子通信链接。2014 年，美国国家航空航天局正式提出了在其总部与喷气推进实验室（JPL）之间建立一个直线距离 600km、光纤皮长 1000km 左右的包含 10 个骨干节点的远距离光纤量子通信干线的计划，并计划拓展星 – 地量子通信。

2016 年 7 月，美国国家科学技术委员会发布的战略报告披露了美国国防部陆军研究实验室（The U.S. Army Research Laboratory）启动了为期 5 年的多站点、多节点的量子网络建设工作。2016 年 7 月 26 日，美国白宫发布官方博文，建议大力推进量子信息科学发展，要求学术界、工业界和政府尽快就"量子信息科学议题"进行交流，以保证量子信息研发的关键需求得到满足。

2017 年 6 月，美国国家光子学倡议组织（NPI）——由工业、学术界和政府组成的合作联盟，发起关于"国家量子计划的呼吁"，并于 2018 年 4 月进一步发布了"国家量子行动计划倡议"。该行动计划包含用于海量数据分析的量子计算、用于新材料和分子设计的量子模拟、量子保密通信、量子传感和测量四大领域。2018 年 6 月，美国众议院科学、空间和科技委员会正式通过了《国家量子计划法案》。

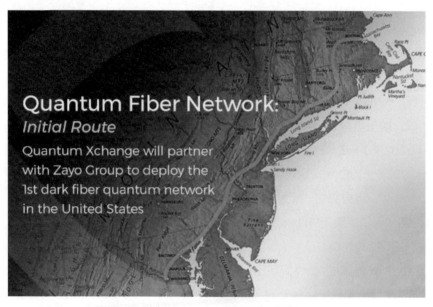

◎图 6-14 Phio 量子互联网线路

在民用方面，美国也成立了一家专门从事量子通信网络建设的公司——Quantum Xchange。2018 年，该公司宣布建成了全美首个州际、商用量子密钥分发量子互联网——Phio，它与美国光纤网络巨头 Zayo 合作，建设沿东海岸的连接华盛顿特区和波士顿的总长从华盛顿到波士顿沿美国东海岸总长 805 公里。这个网络计划利用成熟的量子密钥分发方法和专有的可信节点技术，在美国开展量子通信网络建设，并为政府机构和企业提供量子安全加密解决方案，目标是将华尔街的金融市场和新泽西州的后台业务连接起来，帮助银行实现高价值交易和关键任务数据的安全，并计划将服务范围拓展至健康医疗和关键基础设施领域。

在《国家量子计划法案》的推动下，2020 年 2 月，美国发布了《量子网络战略愿景》，提出聚焦量子互联网的基础发展。同年 7 月，再次公布了《量子互联网国家战略蓝图》报告，明确建设与现有互联网并行的第二互联网——量子互联网。

2020 年 9 月，美国众议院提出《量子网络基础设施法案》，要求联邦政府在 2021—2025 财年期间，向能源部科学办公室拨款 1 亿美元，以推进国家量子网络基础设施建设并加速量子技术的广泛实施。

2021 年 10 月，美国国防部向普渡大学的一个教授合作小组提供 280 万美元，以开发普渡大学量子教育项目。这项拨款由国防教育计划（NDEP）的科学、技术、工程和数学（STEM）教育、推广和劳动力计划支持，用于发展量子教育学创新、应用及其与文化的关系（IQ-PARC）项目。

欧洲是量子研发与工程实践的重地，早在 20 世纪 90 年代，欧洲就意识到量子信息处理和通信技术的巨大潜力，充分肯定其长期应用前景，从欧盟第五研发框架计划（FP5）开始，就持续对泛欧洲乃至全球的量子通信研究给予重点支持。1997 年，瑞士日内瓦大学的尼古拉斯·吉辛（Nicolas Gisin）小组实现了即插即用系统的量子密钥分发方案。2002 年，欧洲研究小组在自由空间中实现了距离 23km 的量子密钥分发实验。

2007 年，来自德国、奥地利、荷兰、新加坡和英国的联合团队在大西洋中两个海岛间实现了距离 144km 的基于诱骗态自由空间量子密钥分发以及基于量子纠缠的量子密钥分发实验。

这个实验的成功为最终实现星 – 地间量子通信奠定了重要的技术基础。2008 年，欧盟发布了《量子信息处理与通信战略报告》，提出了欧洲在未来 5 年和 10 年的量子通信发展目标，该目标包括了实现地面量子通信网络、星 – 地量子通信、空地一体的千公里级量子通信网络等。同年 9 月，欧盟发布了关于量子密码的商业白皮书，启动量子通信技术标准化研究，并联合了来自 12 个欧盟国家的 41 个伙伴小组依托欧盟第 6 框架研究计划成立了"基于量子密码的安全通信"（Secure Communication based on Qouantum Cryplography，简称 SECOQC）项目。这是继欧洲核子中心和国际空间站后又一个大规模的国际科技合作。该工程耗资 1140 万欧元在维也纳建立了量子通信网络，并开始参与推进量子保密通信的标准化。在 2004—2008 年期间，英国、法国、德国、意大利、奥地利和西班牙等国的 41 个相关领域研发团队共目研发了 SECOQC QKD 网络。10 月，SECOQC 项目组在维也纳现场演示了一个包含 6 个量子通信系统节点的商业网络，集成了单光子、纠缠光子、连续变量等多种量子密钥收发系统，建立了西门子公司总部和位于不同地点的子公司之间的量子通信连接，其中包括电话和视频会议等相关业务。从组网方式上来说，SECOQC 网络完全基于可信中继方式，采用了多种量子密钥分发协议。

2012 年，维也纳大学和奥地利科学院的物理学家实现了 143km 的量子隐形传态。

2016 年 5 月，欧盟委员会正式发布了量子宣言，启动了总投资超过 10 亿欧元的量子技术旗舰计划，从 2018 年启动后，计划用 10 年左右建成量子互联网，以保持欧盟在量子时代的领先地位。2017 年 9 月 27 日，欧盟发布其量子旗舰计划的最终报告，该计划涵盖量子通信、量子计算、量子模拟、量子测量与传感四大领域。该报告将量子通信界定为基于量子随机数发生器（QRNG）和量子密钥分发（QKD）等技术，实现保密通信、长期安全存储、云计算等密码学相关应用，以及未来用于分发纠缠的量子态的"量子网络"。在该报告中，量子旗舰计划推进时间表十分明确，计划用 3 年左右的时间，研发网络运营所需的高速度、高成熟度、低成本部署的新型网络协议及应用，初步建设一套较低成本的量子城域网络，并在此基础上确定量子通信设备和系统的认证及标准。同时，开发用于量子中继器、量子存储器和远距离量子通信的系统与协议。用 6 年左右的时间，利用可信性强的中继系统、高空传输平台或通信卫星来开发成本经济、可扩展的量子密钥分发设备和系统，部署量子密钥分发城际量子保密通信网络的建设，演示面向终端用户的端对端业务应用。同时，研发可连接各类量子传感器、量子计算处理器等量子设备和系统的可扩展量子网络解决方案。用 10 年左右时间，开发基于量子纠缠的长距离（大于 1000 千米）的自治型量子城域网，即较为完整的量子互联网，同时开发基于量子通信新特征的相应协议。

2018 年 5 月 7 日，量子技术旗舰计划项目下的"量子协调和支持行动工作组"向欧盟委员会提交了工作报告《量子技术支持计划》（*Supporting Quantum Technologies beyond H2020*）。报告指出：在量子通信基础设施方面，要建立基于光纤的城市量子密钥分发网络、城域骨干网络，以及用于偏远地区的卫星或高空平台，目标是为全球量子网络奠定基础。按照计划，5 年内将发射一颗低地球轨道卫星，与地面站连接建立量子安全网络。预计未来 10 年，地面量子通信总投入在 3.5 亿欧元左右，天基量子通信总投入约为 11 亿欧元。

2019 年，在量子技术旗舰计划的支持下，欧洲全力推进建设量子通信基础设施（Quantum Communication Infrastructure，简称 QCI），希望通过建立地面和空间量子通信设施以显著提升欧洲在网络安全和通信方面的能力。2019 年 9 月，开放式欧洲量子密钥分发测试平台（OPEN QKD）项目启动，在 12 个欧洲国家开展基于 QCI 的用例测试。目前，QCI 已纳入数字欧洲计划（Digital Europe Programme）予以支持。

2020 年 3 月 3 日，量子旗舰计划战略咨询委员会正式向欧盟委员会提交了《量子旗舰计划战略工作计划》报告，明确发展远距离光纤量子通信网络和卫星量子通信网络，最终实现量子互联网。

除了欧盟的计划之外，英国也是量子信息技术的先行者。早在 1993 年，英国国防部就在光纤中实现了基于 BB84 协议的相位编码量子密钥分发实验，传输距离达到了 10km，并于 1995 年将该传输距离提升到 30km。2013 年秋季，英国宣布设立为期 5 年、投资 2.7 亿英镑的国家量子技术计划，这个计划也是全球最早的国家量子计划。同时成立量子技术战略顾问委员会，旨在促进量子技术研究向应用领域转化，并积极推进量子通信、量子计算等新兴产业的形成。在该计划下，2014 年 12 月，英国又宣布投资 1.2 亿英镑，成立以量子通信等为核心的 4 个量子技术中心，推动具有商业可行性的新量子技术。

2015 年以来，英国先后发布了《量子技术国家战略》《量子技术：时代机会》和《量子技术简报》，将量子技术发展提升至影响国家创新力和国际竞争力的重要战略地位，提出了开发和实现量子技术商业化的系列举措。英国计划 5 至 10 年建成实用的量子保密通信国家网络，10 至 20 年建成国际量子保密通信网络。由量子通信中心（Quantum Communications Hub）牵头建设的英国国家量子保密通信测试网络，目前已经建成连接英格兰西南部城市布里斯托、伦敦北部的剑桥、南部港口城市南安普顿和伦敦大学学院（University College London，简称 UCL）的干线量子城域网络，并于 2018 年 6 月扩展到英国国家物理实验室和英国电信公司的 Adastral Park 研发中心。该网络由英国 2015 年启动的国家量子技术专项第二阶段资助计划支持，涉及资金 2.35 亿英镑，由约克大学牵头建设。

与此同时，意大利启动了总长约 1700km 的连接弗雷瑞斯和马泰拉的量子通信骨干网建设计划，截至 2017 年已建成连接弗雷瑞斯 – 都灵 – 佛罗伦萨的量子通信骨干线路。意大利量子通信骨干网用户囊括了意大利国家计量研究院、欧洲非线性光谱实验室、意大利航天局等多家研究机构和公司。

另一个大国俄罗斯，于 2016 年 8 月宣布已经在鞑靼斯坦共和国境内正式启动了首条多节点量子互联网络试点项目。该量子网络目前连接了 4 个节点，每个节点之间的距离为 30~40km。2017 年 9 月，俄罗斯国家开发银行计划投资约 50 亿元专项资金用于支持俄罗斯量子中心开展量子通信研究，并计划借鉴京沪干线经验，在俄罗斯建设量子保密通信网络基础设施，先期将建设莫斯科到圣彼得堡的线路。俄罗斯量子中心为俄罗斯储蓄银行建成了专用于传递真实金融数据的实用量子通信线路。

2021 年 10 月 18 日，俄罗斯首个开放访问的"生态系统校际量子网络"已在莫斯科启动。国立科技大学和莫斯科通信信息技术大学已通过该网络互连。"生态系统校际量子网络"由位于国立科技大学和莫斯科通信信息技术大学大楼的 5 个节点组成，它具有开放式架构，并随着新参与者的出现而扩展。大学、科学组织、行业合作伙伴和政府机构可以访问该网络。基于该网络，他们可以利用量子密钥开发信息安全领域的现代软件应用。与此同时，俄罗斯新闻服务处宣布，计划 2024 年在俄罗斯启动 7000 公里的量子网络。

量子信息在非洲的部分国家也开始受到重视，其中较有代表性的数南非的量子研究机构金山大学（Wits University）。该大学在 2021 年宣布，它已成功从南非（South Africa）的科学与创新部（Department of Science and Innovation，简称 DSI）获得 800 万兰特（折合约 54 万美元）的种子资金，用于实施代表南非量子技术计划（SA QuTI）的第一阶段。在 2021 年早些时候，由 DSI 批准的 SA QuTI 是一项国家事业，致力于为南非在量子技术的全球竞争研究环境中创造条件，并发展当地的量子技术产业。通过金山大学新成立的 WitsQ 计划，金山大学将会是 SA QuTI 的正式东道主，并将主持和管理这些资金以协调 SA QuTI 项目的落实。在 SA QuTI 设计的推动量子技术研究和创新的国家蓝图中，以下三个领域：量子通信，量子计算和量子传感将被重点关注。而且每个重点领域都将有一个旗舰项目，用于推动科学研究转化为实用技术，并允许商业伙伴更快地采用。

与此同时，2021 年 10 月 17 日，北非国家突尼斯的量子网络项目 QUANTUN 正式启动，项目旨在与突尼斯量子物理和量子技术领域的研究人员共同努力，帮助其为非洲大陆的第二次量子革命做出贡献。这是继南非量子技术倡议（SA QuTI）提出后，非洲又一个国家量子项目。

我们再来看量子保密通信在亚洲的发展。日本对量子通信技术的研究晚于美国和欧盟，但发展速度更为迅速。在国家科技政策和战略计划的支持和引导下，日本科研机构投入了大量研发资本积极参与和承担量子通信技术的研究工作，推动量子通信技术的研发和产业化。日本邮政省把量子信息确定为21世纪的国家战略项目，专门制订了跨度为10年的中长期定向研究目标。2000年，日本邮政省将量子通信技术作为一项国家级高新技术列入开发计划，预备10年内投资400多亿日元，致力于研究光量子密码及光量子信息传输技术，计划到2020年使保密通信网络和量子通信网络技术达到实用化水平，最终建成全国性高速量子通信网。从2001年开始，先后制定了以新一代量子信息通信技术为对象的长期研究战略和量子信息通信技术发展路线图，采取"产官学"联合攻关的方式推进研究开发，进行量子通信的关键技术攻关和实用化、工程化探索。2020年7月，日本信息通信研究机构宣布首次用超小型卫星成功进行了量子通信实验。

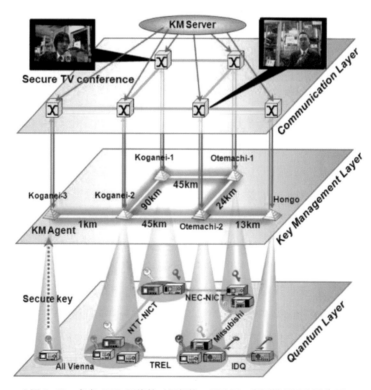

◎图6-15　东京QKD网络的三层架构：量子层、密钥管理层和通信层

2004 年，日本研究人员成功用量子密码技术实现加密通信，传输距离达到了 87km。同年，NEC 公司改进了单光子探测器信噪比，使量子密码传输距离达到 150km。2009 年，由日本国家信息与通信研究院（National Institute of Information and Communications Technology）主导，联合日本电信电话株式会社、NEC 和三菱电机，并邀请东芝欧洲有限公司、瑞士 ID Quantique 公司和奥地利的 All Vienna 公司共同协作在东京建成了四节点城域量子通信网络"Tokyo QKD Network"。并在该量子网络上开展了绝对安全的视频传输、窃听检测以及二次安全链路的重路由等关键技术演示。东京量子密钥分发网络集中了当时欧洲和日本量子通信领域最高水平的企业和研究机构，最远通信距离为 90km，45km 点对点通信速率可达 60kbit/s。该网络包含诱骗态 BB84 协议的量子密钥分发、连续变量量子密钥分发、DPS 量子密钥分发等多种量子通信协议。2011 年 9 月，日本在东京量子密钥分发网络建立了新的试验床环境"JGN-X"（JGN-extreme）。

东京量子实验网络节点之间由商用光纤线缆连接，包括许多接续点和连接器，特点是网络损耗高且易受环境波动影响。该网络基于可信节点而建，并实验检测了电视会议和移动电话在该网络上的安全性。东京量子密钥分发网络的物理链路配置。它是一个网状网络，由小金井、大手町、白山和本乡四个接入点组成。这些接入点共安装了六种量子密钥分发系统。一些量子密钥分发链路是用平行光纤环连接的。

东京量子实验网络融合了六套量子密钥分发系统，最远传输距离达到 90 公里，主要采用了包括诱骗态 BB84 协议、BBM92 协议、SARG 协议和差分相位协议在内的四种协议。该网络实现了在长达 45 千米的距离内进行安全有效的视频会议。除此之外，该网络还开启了包括一个量子通信手机的应用接口作为创新。

2020 年，东京 NEC 公司、NICT 和 Zenmu Tech 公司成功演示了一种系统，该系统使用量子密码术来加密和安全传输虚拟电子病历，还演示了该系统与高知健康科学中心之间的伪数据交叉引用。

2021 年 10 月 17 日，新上任的日本经济再生担当大臣山际大志郎透露，日本政府计划设立一个基金，支持对国家经济安全至关重要的尖端技术的开发。该基金计划投入 1000 亿日元（约合 56 亿元人民币），日本政府将把计划中的资金纳入 10 月 31 日众议院选举后制定的一揽子经济措施中。这笔资金有望帮助日本公司和大学开发人工智能、量子和机器人技术、生物技术和其他重要技术，并将其付诸实际应用。

东亚另一个国家韩国已于 2016 年 3 月完成第一阶段环首尔地区的量子保密通信网络，该阶段网络自 2015 年 7 月启动，由韩国科学、信息通信和未来规划部资助，韩国最大的移动通信运营商 SK 电信牵头，联合企业、学校、科研机构等国家单位共同完成，总网络长度达到 256km。

韩国的环首尔地区的量子保密通信网络，目前用户主要分布在公共行政事务、警察和邮政领域，正在向国防和金融领域拓展。2018 年 2 月 26 日，韩国 SK 电信宣布以大约 6500 万美元的价格收购 IDQ 公司 50% 以上的股份，成为其最大股东，这次收购的主要目的就是开发应用于电信和物联网市场的相关量子保密通信技术和相关产品。

最后我们详细地介绍一下中国在量子保密通信方面取得的成果。

面对量子信息科学技术的蓬勃发展，中国高度重视量子通信技术的科研攻关，以极高的热情投入到量子信息领域激烈的国际竞争之中。自 2000 年以来，在中国科学院、科学技术部、国家自然科学基金委等部门及相关国防安全部门的大力支持下，中国科学家在发展实用化的量子通信技术上开展了深入的研究，并在量子信息实用化和产业化方面一直处于世界领先水平。

比较典型的成果包括 2008 年，中国科学技术大学潘建伟团队在安徽合肥实现了国际上首个全通型量子通信网络，并利用该成果在 2009 年新中国成立 60 周年的关键节点建构了"量子通信热线"，为重要信息的安全传送提供技术保障。

2009 年，潘建伟团队又在世界上率先采用了诱骗量子态方案进行了超过 200km 的量子通信。2012 年，该团队又在合肥市建成了世界上首个覆盖整个城市市区的具有 46 个节点的规模化量子通信网络，标志着大容量的城域量子通信网络技术已经成熟。他们还与新华社合作建立了"金融信息量子通信验证网"，在国际上首次实现将量子通信网络技术应用于金融信息的安全传输。

在光纤量子通信骨干线路建设方面，不得不提的成果就是著名的量子传输"京沪干线"项目。该项目在 2013 年 7 月立项，由中国科学技术大学下属的科大国盾量子信息科技有限公司承建，起点为北京市，终点为上海市，贯穿山东省济南市、安徽省合肥市，全长超过 2000km，全线路密钥率大于 20kbit/s，是世界上首条量子保密通信主干网。该项目还在 2016 年底完成全线贯通和星–地一体化对接，

2017年8月底全网技术验收完成。

2017年9月29日，一个量子加密视频电话从北京打到合肥，中科院院长白春礼和安徽省省长李国英成功实现远程高清量子保密视频通话，同时白春礼在北京通过"墨子号"量子卫星与奥地利地面站的卫星量子通信，与奥地利科学院院长塞林格进行了世界首次洲际量子保密通信视频通话。

这意味着世界首条量子保密通信干线——"京沪干线"正式开通，结合"京沪干线"与量子科学实验卫星"墨子号"的天地链路，我国已构建出天地一体化广域量子通信网络雏形，洲际量子保密通信已经成功实现，未来将会以此为基础建设覆盖全球的量子保密通信网络。

◎图6-16　量子通信"京沪干线"和"墨子号"卫星基站

比起京沪干线量子通信网络项目，承担空间量子保密通信的"墨子号"量子卫星项目立项更早，在2011年12月已经立项，同时还建设了包括南山、德令哈、兴隆、丽江4个量子通信地面站和阿里量子隐形传态实验站在内的地面科学应用系统，与量子卫星共同构成天地一体化量子科学实验系统。"墨子号"是由我国完全自主研制的世界上第一颗空间量子科学实验卫星，2016年8月16日1时40分，"墨子号"量子科学实验卫星在酒泉卫星发射中心用长征二号丁运载火箭发射升空。之后4个月的在轨测试阶段中，量子科学实验卫星全面完成了卫星平台测试、有效载荷自测试和天地一体化链路测试，卫星平台和有效载荷工作一切正常，成功构建了星－地单向、星－地双向、地－星单向量子信道，系统信道效率、时间同步精度、跟踪瞄准精度均超过系统指标要求，可以满足空间量子科学实验的要求。2017年6月，"墨子号"量子卫星在世界上首次实现千公里量级的量子纠缠。

通过"墨子号"量子卫星兴隆地面站与"京沪干线"北京上地中继接入点的连接，打通了天地一体化广域量子通信的链路，世界上首次实现了洲际量子通信则是通过"墨子号"量子卫星与奥地利地面站的卫星量子通信。

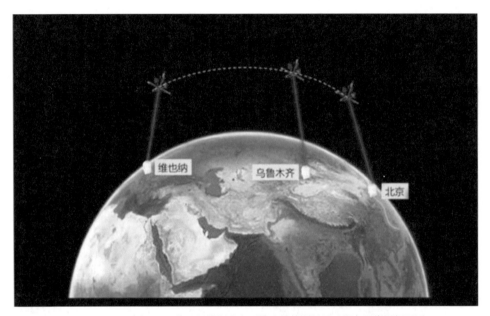

◎图 6-17　通过量子通信卫星进行北京到维也纳的洲际量子保密通信视频通话

我国未来也将以"京沪干线"为基础，推动量子通信在金融、政务、国防、电子信息等领域的大规模应用。后期，将继续启动量子保密通信骨干网二期工程，建设"武合干线""沪杭干线"等，开拓古巴、伊朗等海外市场，建设城域网工程项目，最终形成多横多纵、天地一体的全球化量子通信基础设施，建立完整的量子通信产业链和下一代国家主权信息安全生态系统，最终构建基于量子通信安全保障的量子互联网。

五、量子保密通信应用案例

量子保密通信具有长期安全性，是密码学中所谓的"完美前向安全性"。这就意味着对于所有信息安全的入侵者而言，无论在什么时候，即使他们成功获取了泄露的密钥信息，也无法对其所监听记录的发信方和收信方之间的历史流量信息进行破译。这就奠定了以量子密钥分发为技术基础的量子保密通信作为重要的密码学组件，积极地为保密通信行业的发展服务，可以预见性地说，未来在基于量子密钥分发的量子保密通信技术同现有的信息通信网络相结合，将会产生面向不同行业需求的量子安全应用，使得量子信息技术积极地产生各种社会效益，在行业的发展中流光溢彩。下面我们就举几个例子，来讨论一下量子保密通信在金融、政务、数据中心、医疗卫生、基础设施建设等各领域中国内外应用案例。

1. 量子通信在金融领域的应用

金融领域对安全性、稳定性及可靠性有着极高的要求。因此，具有高安全特性的量子保密通信成为金融领域青睐和关注的信息安全保障关键技术手段。2004年，奥地利银行利用量子通信技术传输支票信息，成为全球首个采用量子通信的银行。2020年，韩国第一大电信运营商 SK 电讯将其 5G 量子加密通信技术应用于 DGB 大邱银行的移动银行应用"IM Bank"中。此前，东芝曾携手 Quantum Xchange 为光纤计算机网络上的加密应用提供数字密钥的原型系统 QKD，将华尔街的金融市场与新泽西州的后台业务联系起来。

2021年8月，中国人民银行清算总中心在央行旗下的《金融电子化》上发布的文章显示，央行正在探索量子保密通信技术在支付系统中的应用，以应对计算能力的提高给传统加解密体系带来的威胁，并且考虑逐步推广使用量子密钥分发（QKD）技术。这篇文章还进一步说明了为何要进行量子加密及如何使用它。央行清算总中心称，支付系统作为重要的国家金融基础设施，是社会资金流动的大动脉。为了进一步保障支付系统的报文传输安全，清算总中心开发并建设了量子密钥分发系统，实现了数据中心间密钥的安全分发。使用量子密钥加密报文，显著提高了支付系统数据中心间报文传输的安全性。同时，由于各业务系统无需再单独开发密钥交换管理模块，也降低了业务系统开发成本。

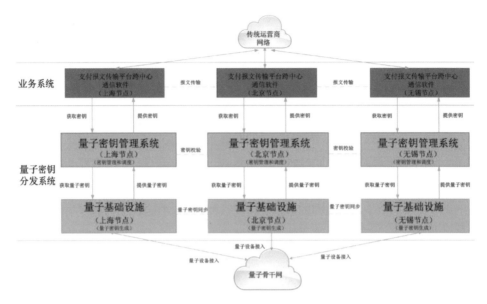

◎图6-18 央行量子密钥分发系统网络结构图

以上系统由量子基础设施和量子密钥管理系统两部分组成。其中量子基础设施部署于北京、上海和无锡三地数据中心，三地量子设备通过量子专用网络（量子保密通信"京沪干线"+ 本地量子城域网）互联，采用量子密钥分发技术实现了三地数据中心间量子密钥的生成，产生的量子密钥被上层量子密钥管理系统调用。

央行清算总中心认为，"量子密钥分发技术和传统密钥分发技术相比最大的优势在于其自身的安全性，量子密钥分发技术的安全性是传统密钥分发技术无法比拟和替代的"，待量子密钥分发技术在 PMTS–N2N 得到充分验证后，后续会逐步考虑在支付系统其他业务系统中推广使用量子密钥分发技术。

央行一直是探索科技金融的领头雁。早在 2017 年，中国人民银行就推出了"乌鲁木齐中心支行星 – 地一体量子通信应用"等项目，率先利用"京沪干线"骨干网等实现了"人民币跨境收付信息管理系统"（RCPMIS）业务数据传输加密。

值得一提的是，在中国人民银行和中国银保监会的大力支持下，在金融量子保密通信应用方面形成了形式多样的业务模式 / 类型，为金融领域链路及系统安全提供了立体量子安全防护；在银行、证券、期货、基金等方面成功开展了应用示范，包括同城数据备份和加密传输、异地灾备、监管信息采集报送、人民币跨境收付系统应用、网上银行加密等。各家金融机构近年来都开始践行"推进量子技术向实用化转化"的使命，加速推动量子安全技术应用。除了量子密钥分发技术外，2021年 5 月，中国工商银行开始将量子随机数（QRNG）应用于支付结算、资金交易等重要金融场景；7 月，阿里巴巴在其云服务器上集成了四种不同类型的量子随机数发生器，已用于支付宝。目前，已经形成了一批包括工商银行、中国银行、建设银行、交通银行等国有大型商业银行，民生银行、浦发银行等全国性股份制商业银行及北京农商行等其他商业银行在内的典型示范用户。

2. 量子通信在政务领域的应用

电子政务涉及国计民生，更关乎国家信息安全，电子政务的安全保密系统是国家信息安全基础保障的重要组成部分。量子保密通信可为分支机构多、安全性要求高的政府能门、机构及重要企事业单位提供日常办公、数据传输、视频会议等多种安全通信服务，成为保障电子政务安全运行的关键技术手段之一。

2007 年，瑞士全国大选的选票结果传送采用了量子保密通信技术；2011 年，澳大利亚堪培拉推行面向政府内部通信的政府量子网络，构建量子保密通信保障的政务应用。

在我国，在众多重大场合中已经将量子通信作为保障安全的有效手段。2009年 5 月 18 日，中国科学技术大学中科院量子信息重点实验室的郭光灿院士宣布，世界上首个量子政务网在安徽省芜湖市建成，并已投入试运行。首期建成的芜湖"量子政务网"，融合了国际上现有的三种组网技术，首次设计出具有多层次、旨在满足不同用户需求的多功能量子保密通信网络，通过该网络可以完成任意两点之间的绝对保密的通信过程，不仅可以实现保密声音、保密文件和保密动态图像的绝对安全通信，还能满足通信量巨大的视频保密会议和大量公文保密传输的需求。量子政务网采用中国具有全部知识产权的单向量子保密通信方案和设备，以及量子保密通信网络核心组网技术，标志着中国量子保密通信技术已经正式步入应用轨道。早在 2004 年，中科院量子信息重点实验室发明了新型的光学干涉环，从根本上解决了光纤传输的稳定性问题，目前，该技术方案已被国际量子密码研究的主要单位和公司广泛采用；而 2007 年发明的量子路由器，解决了量子信号在网络中自动寻址的难题，建成了世界上首个无中转、任意互通的量子密码通信网络。

2008 年，中国科学技术大学潘建伟团队在合肥市实现了国际上首个全通型量子通信网络，并利用该成果为中华人民共和国成立 60 周年国庆阅兵关键节点构建了"量子通信热线"，为重要信息的安全传送提供了保障。2012 年底，潘建伟团队的最新型量子通信装备在北京投入常态运行，为"十八大""全国两会""抗战胜利70周年阅兵"等国家重要政治活动提供信息安全保障。

2013 年，济南城域量子保密通信试验网竣工，设备性能和大规模组网能力又有了进一步的提升。2017 年 8 月，山东省济南市建成目前世界上规模最大、功能最全的量子通信城域网，为政府机关、高校等提供基于量子保密通信的电子政务、日常办公等应用服务。

2017 年，中国西部首个量子政务平台——昆明高新区量子政务网建成运行。高新区量子政务网实现了高新区各组成部门之间安全高效的网络通信，提高了高新区电子政务网络与信息安全防护水平。高新区量子政务网由高新区企业云南天衢量子科技有限公司设计、建设、调试，采用星形结构，具有网络扩展容易、网络延迟时间短、访问简单、传输误差率低、故障诊断和隔离容易等特点。在量子政务网的覆盖范围内，可以开展保密视频电话会议、保密电子公文传输、保密视频电话通信、多媒体应用、保密传真通信、园区经济运行管理分析、领导科学决策、高新区大数据安全保障等业务。

2019 年，武汉量子通信城域网建成，它是由武汉市网信办组织武汉航天三江量子通信有限公司针对武汉市政务专网系统的安全结构以及业务特点，应用量子密钥分发技术，将量子技术优势融入网络安全体系，把传统的数据加解密技术与量子密钥相结合，量子密钥在数据加密系统中使用，实现为用户数据传输提供量子密钥加密，增加数据传输的安全性，杜绝了信息泄露事件的发生。武汉量子保密通信城域网完成了 60 个市级重要数据中心和市直核心政务部门之间的量子保密专线的建设，武汉量子保密通信城域网建设包括 1 个展示中心、1 个大型集控站、1 个大型可信中继站、9 个可信中继站以及 60 个用户节点。60 个用户节点根据实际位置接入相应的可信中继站，实现了 60 个市级重要数据中心和市直核心政务部门的安全通信，提高了武汉市电子政务专网的安全等级，实现量子政务网的办公透明、廉洁、高效管理。武汉量子保密通信城域网运营至今，系统运行良好，持续为武汉市政务专务系统提供量子加密服务。对比国内其他城市同规模的量子城域网，其速度最快、质量最高，在量子通信领域实现了"武汉速度"。

3. 量子通信在数据中心和云计算领域的应用

云计算凭借在敏捷性、可扩展性、成本等方面的优势，已经成为企业信息技术转型的必然选择，云数据中心又是云计算的重要基础设施，因此，如何保障数据中心之间海量敏感数据的安全传输，已成为业界关注并亟须解决的问题。量子保密通信为数据中心的数据安全同步提供了技术思路和手段。

2014年，全球最大的独立科技研发机构美国Battelle公司提出了商业化的广域量子通信网络计划，计划建造环美国的万公里级量子通信骨干网络，为谷歌、IBM、微软、亚马逊等公司的数据中心之间提供量子通信服务。

2015年，西门子在其海牙（Hague）和祖特尔梅尔（Zoetermeer）数据中心之间建立了一条量子密钥分发线路；2015年9月，云环境灾难恢复及数据保护解决方案提供商Acronics和ID Quantique签署战略合作协议，将向Acronics的客户提供云计算量子加密服务；2016年5月17日，荷兰电信公司KPN在其数据中心之间建立了量子链路。

在我国，2015年12月，中国银行启动了上海同城和京沪异地量子保密通信应用项目，将北京主生产数据中心—上海灾备中心的核心数据进行加密传输；2017年3月29日，网商银行采用量子技术，在阿里云上率先实现了信贷业务数据的云上量子加密通信远距离传输，成为首个云上量子加密通信服务的应用。

4. 量子通信在医疗卫生领域的应用

个人医疗信息因涉及公民隐私等问题，需要提供极高的信息安全保障，因此，医疗卫生领域是量子通信极具前景的应用领域。据报道，2015年日本东芝将量子加密的基因组数据从仙台的研究机构发送至7km以外的东北大学，并计划5年内在医疗机构领域实现大规模商业化应用。

5. 量子通信在国家基础设施领域的应用

电力、能源、农业等国家基础设施关系着国计民生，具有极其重要的战略地位，高等级的安全防护是这些重要领域的必然要求。基于量子保密通信技术，建设专用的量子密钥分发网络，是为关键基础设施提供较高等级安全防护的重要手段。

目前，我国已在合肥、济南、杭州、上海、北京等地建设城域电力量子保密通信网示范工程。在大量技术验证的基础上，在全球率先形成了多种保密通信应用，如G20峰会保电指挥系统数据传输应用、国网电力数据远程灾备系统业务应用、调度和配电自动化电量采集业务应用、同城银电交易系统数据保密传输应用等。

第七章

信息宇宙：一种基于信息构建的新世界观

XINXI YUZHOU

YIZHONG JIYUXINXI GOUJIAN DE XINSHIJIEGUAN

一、"大数据时代"的新挑战

2008年9月4日，英国著名的科学杂志《自然》（*Nature*）推出了一本名为"大数据"的专刊，让人们开始注意到在这个信息时代的最新流行语。现在的社会是一个高速发展的社会，科技发达，信息流通，人们之间的交流越来越密切，生活也越来越方便，我们每天面对着海量的数据，大数据可以说是这个高科技时代最直接的产物。

2001年，在麦塔集团（META Group，现为高德纳集团）的一份研究报告中，分析员道格·莱尼（Doug Laney）首次正式提出了"大数据"（Big Data）这个概念[①]。近几年来，信息科技得到了飞速发展，从互联网到物联网，从云存储到云计算，全球的信息数据总量呈现出前所未有的爆炸式增长。多终端、多样式、多媒介的新型数据结构不断地影响着人类的思维方法。原来传统的"互联网思维"已经逐步开始被新型的"大数据思维"所取代。这种发展不仅是信息处理技术手段上的革新，还给人类带来了一种前所未有的新的思维方式、组织结构和管理方法，是一场人类认识世界过程中的巨大革命。

人类进入21世纪以来，"大数据"（Big Data）一词越来越多地被包括但不局限于信息科技从业人员在内的各领域专家学者提及。人们用它来描述和定义信息爆炸时代产生的海量数据，并用以命名与之相关的技术发展与创新。"大数据"这个词已经多次登上《纽约时报》《华尔街日报》的专栏封面，更是不断地出现在美国白宫官网的新闻中，在国内外互联网主题的讲座沙龙中，这个词是被提及最多的热词。数据正在迅速膨胀并变大，它决定着人类的未来发展，虽然很多人可能并没有彻底意识到数据爆炸性增长会给未来经济、社会、文化等方面的发展带来新的契机和隐患，但是随着时间的推移，人们会越来越多地意识到数据的爆炸式增长将彻底改变人们的生活。

正如2012年2月《纽约时报》的一篇专栏文章中所称，"大数据时代"已经降临，在商业、经济及其他领域中，人们将日益基于数据和分析而作出决策，而并

---

① Douglas, Laney. 3D Data Management: Controlling Data Volume, Velocity and Variety [J]. Gartner. Feb, 6 2001.

非依靠经验和直觉。哈佛大学社会学教授加里·金（Gary King）说：

> 这是一场革命，庞大的数据资源使得各个领域开始了量化进程，无论学术界、商界还是政府，所有领域都将开始这种进程。

随着信息技术的发展，信息数据带给这个社会的变化显而易见，比如我们现在几乎每个人的手里都有一部智能手机，它能通信、能拍照、能录音、能处理文档、能播放音频视频、能随时联网发布各种信息，它就如同无数个数据采集终端，每时每刻都产生着海量的数据；再如现在遍布大街小巷的监控摄像头，每天动态地采集着它所负责的视野范围内的一举一动，并通过互联网将它们传送到无数的终端进行处理。这些视频、音频最终都会被编码为二进制的 0 或者 1，这些不同的 0 和 1 的排列组合，就形成了需要被处理的海量数据。这些数据中包含着无数的信息，需要经过电子计算机的处理。在计算机被发明出来的半个多世纪，对这些信息的处理和计算已经全方位地融入社会生活的方方面面，信息爆炸已经积累到了一个开始引发人类思维变化的程度。它不仅使世界充斥着比以往多得多的信息，而且其增长速度也是惊人的，信息总量的变化的同时，它还导致了信息形态的质变。

在学界，对于大数据的概念并没有一个确切的定义，最早提出"大数据"的是经历了信息爆炸的学科，比如天文学和基因学。

在天文学方面，我们依靠望远镜能够观察整个浩瀚宇宙。2000 年，在新世纪伊始，一个名为"斯隆数字巡天"（Sloan Digital Sky Survey）项目启动的时候，位于美国新墨西哥州的望远镜在短短几周内搜集到的数据，就已经比天文学全部历史中收集的总数据还要多。到了 2010 年，通过该项目所得到的信息档案已经高达 1.4×2^{42} 字节。不过，在 2016 年，智利投入使用的大型视场全景巡天望远镜（Large Synoptic Survey Telescope）能够在 5 天之内就获得同样多的信息。

再说基因学，2003 年，人类第一次破译人体的基因密码的时候，成百上千的科学工作者辛勤奋斗了 10 余年才搞清楚 30 亿对脱氧核糖核苷酸的碱基对的排序。仅仅过了 10 年，在世界范围之内的基因测序仪器每 15 分钟就能够完成同样的工作。

那么，我们每天到底面对多大的数据量呢？而这每天增加的数据量又到底有多快？很多信息学家都在试图给出一个答案，但是这太难了。因为这些数据的存在方式五花八门多种多样，大家的测量对象和方法也不尽相同，但是我们可以给出一个大致的估计，让我们一起来看看科学家们估计的这个值有多大。

据美国物理学家组织网、《科学》杂志等网站在 2011 年曾做过的一个报道，当时的美国科学家们公布了一项对世界总体信息能力的研究，该研究首次按时间序列定量研究了人类掌握信息的能力，调查了从 1986—2007 年间包括书籍、图画、电子邮件、照片、音乐、视频，还包括电子游戏、电话、汽车导航和各种信件，以及电台、电视台等 60 种模拟和数字技术，基本反映了从模拟时代到数字时代的过渡。

上述研究表明，利用数字存储和模拟设备，目前人类能存储至少 295 艾比特（exabytes，1 艾比特 $=10^{18}$ 比特）的信息量，这是全世界沙粒数量的 315 倍，但还不到存储于所有人类 DNA 分子中信息量的 1%。如果把这 295 艾比特信息存储在只读光盘（CD-ROMs）上，这些光盘可以从地球堆到月球。

2002 年，世界数字存储量首次超过了模拟存储量，被认为是数字时代的开始。2000 年时 75% 的信息仍以模拟形式（主要是盒式录像带）存储，到 2007 年，以数字形式存储的信息约达到 94%。

2007 年，人类通过广播技术如电视和全球定位系统（GPS）成功发送了 1.9 泽比特（zettabytes，1 泽比特 $=10^{21}$ 比特）的信息，这相当于世界上每人每天阅读 174 份报纸；而通过电信共享信息量达到 65 艾比特，相当于世界上每人每天交流了 6 张报纸的内容。

2007 年，世界上所有的通用计算机速度为每秒执行 6.4×10^{18} 次指令，而人类大脑神经脉冲的速度也是这个数量级，如果靠人工来处理这些指令，所花时间是从大爆炸到现在的 2200 倍。

在 1986 年到 2007 年期间，全世界计算能力每年增长 58%，增长最快的信息处理能力是互联网和电话网络等双向通信领域，每年增长了 28%，存储量每年增长 23%；而电视和无线电广播等单向信息发布渠道则要少得多，每年增长 6%。世界上通过特殊应用设备（如电子微控制器或图像处理器）处理信息的技术能力，大约每 14 个月就翻一番，而通用计算机（如个人电脑和移动电话）每 18 个月翻一番，全球人均通信能力每 2 年 10 个月就翻一倍，而人均存储量大约每 3 年 4 个月增加 2 倍。

该项目的主要研究人员、南加利福尼亚大学安内伯格学院通讯与新闻系的马丁·希尔伯特指出，这些增长数字让人震撼，比 GDP、人口增长或教育水平等社会科学家常用的增长率要快得多。然而跟自然界的信息处理数量级相比，这只是微乎其微。他曾提出："与自然界相比，我们只不过是个初级学徒，自然的尺度如此巨大。世界的技术信息处理能力正在以指数级增长。"

当我们把眼光放得远，我们可以把历史上的信息量做一个对比。我们前面说过印刷术的出现让信息流通量迅速增长，那么我们看一下在 1439 年古登堡发明印刷机的时代有多大的信息量。1453—1503 年的 50 年间，大约有 800 万本书籍被印刷出来，这个数字比起 1200 年前的君士坦丁堡建立整个欧洲所有的手抄书的信息还要多。换言之，在那个时代欧洲信息存储量花了 50 年才增长了 1 倍，请注意这时候欧洲的信息占据着全世界相当大的份额。再来看如今，人类存储的信息量增长速度比世界经济的增长速度快 4 倍，而计算机数据处理能力的增长速度则比世界经济增长速度快 9 倍，如今大约每 3 年信息量就能增长一倍。

身处大数据时代，人类第一次有机会、有条件可以通过使用完整的数据采样、全面的数据挖掘进行系统的数据分析，为社会规范的制定、组织结构的变革和管理规范的创新等提供强有力的决策依据，这令以往只能靠猜测、试探、不完全归纳才能获取的知识和规律可能会面临着颠覆性的变革。

最早在麦塔集团的报告里对"大数据"的特征有着很清晰的概括。目前，人们普遍认为"大数据"的特征可以概括为在"3V"上的巨大，即信息量（Volume）巨大、传播速度（Velocity）迅速和数据多样（Variety）复杂。后来，在甲骨文公司和中国移动研究院的相关研究中对"3V"结构进行了补充，追加了第四个维度——Value，即强调了大数据的"价值"。综上，对于大数据的典型特征，目前普遍认为有以下四条：

（1）数量大。在处理大数据问题时，所涉及的信息量与传统信息学中面对的信息量在数量级上不可同日而语。大数据问题中涉及的数据量从原来以 G、T 为单位，已经发展为以 P（10^3T）、E（10^6T）或 Z（10^9T）为计量单位。

（2）多样化。在处理大数据问题过程中，所涉及数据类型极其繁多复杂，已经绝非信息技术刚刚兴起时的单一字符数据这么简单。在大数据问题中，多数信息以网页、图片、视频、音像、坐标等半结构化或结构化的信息模式存在，这些存在形式趋于数字立体化呈现，且缺乏统一的信息处理模式，因而给信息处理带来了极大困难。

（3）速度快。由于网络技术的飞速发展，大数据将要面对的数据流往往处于高速实时传输状态，而且传播速度快、维持时间短。这类数据需要快速、持续的实时处理，且处理工具亦在快速演进过程中。

（4）价值高且密度低。大数据要求数据分析精准度高，从而保证有效信息不缺失。以视频监控为例，在连续不断的监控信息流中，可能仅有 1~2 秒的数据流有重大意义，且只有在各个方位进行无死角全方位监控，才可能挖掘出有价值的图像信息。

◎图 7-1 《大数据时代》的作者维克托·迈尔－舍恩伯格

大数据的新特征预示着我们对的信息处理必须要面对新的形势。新形势下想要使之能够在人们的掌控下发挥作用，就必须采取新的信息处理方法，而在寻求新的信息处理方法过程中就必须引入与传统思维方式截然不同的思维形式。这就是人类面对来自信息时代数据爆炸的新考验。根据《大数据时代》（*Big Data: A Revolution That Will Transform How We Live, Work, and Think*）的作者、英国牛津大学教授维克托·迈尔－舍恩伯格（Viktor Mayer-Schönberger）与托马斯·拉姆什（Thomas Ramge）的分析，当传统信息处理进入大数据时代时，思维方式需要面临三个转变：

第一个转变就是，在大数据时代，我们可以分析更多的数据，有时候甚至可以处理和某个特别现象相关的所有数据，这就意味着在数据分析中用到的随机采样的传统方法将被抛弃。

我们知道，自 19 世纪以来的很长一段时间，准确分析数据背后所代表的深刻含义和规律对人类来说都是挑战，也是大多数学科研究的重要目标和对象。过去，因为记录、存储和分析数据的工具和方法不够先进，我们只能收集少量的数据进行分析处理，于是研究人员不得不把数据缩减到尽量少。我们曾一度把与数据的交流困难看成是自然的，而没有意识到这只是在当时技术条件下的一种不得已的限制。

我们举一个例子来说明一下在采样时代，我们是如何获取数据信息的。大家是否还记得在第二章介绍信息处理设备发展历程中曾经介绍 1896 年创办了 IBM 公司的前身的霍列瑞斯博士？我们介绍过，正是他开创了程序设计和数据处理之先河。而他获得如此成绩的起因，是他在 1890 年负责的美国人口普查。那我们就以人口普查为例。据说，早在古埃及时代统治者就很关心自己治下到底有多少人。古埃及的人口普查在《圣经》的《旧约》和《新约》中都有提及。而在此之后的古罗马的奥古斯都·恺撒主导实施的人口普查，提出了每个人都必须纳税，这使得约瑟夫和玛丽搬到了耶稣出生地伯利恒。而形成于 1086 年的《末日审判书》（The Doomsday Book）对当时的英国人口、土地、财产都做了一个前所未有的全面记载，这是基于皇家委员会穿越了整个国家对每个人、每件事都做了详细的记录的基础上。这其实是一件非常耗时耗力的事情，英国国王威廉一世（King Willian I）在其发起的《末日审判书》项目完成之前就去世了。尽管如此，这些实施人口普查的人也知道他们不可能准确地记录每个人的信息，只能得到一个大概情况。而"人口普查"这个词在拉丁语中是"censere"，意思就是"推测""估算"。

正是考虑到人口普查的复杂性，以及其耗时耗力的特征，在 19 世纪以前，国家统治者极少进行人口普查。古罗马在拥有数十万人口的时候每 5 年普查 1 次，而美国宪法规定每 10 年进行一次人口普查。即使是到了 19 世纪末，这种不频繁的人口普查依然很困难。比如前面提到的美国 1890 年进行的人口普查，当时预计要花费 13 年时间才能汇总数据，到那时这样的数据早已过时，而当时的税收分摊和国会代表人数的确认都是建立在人口数字基础上的，所以这种普查的意义就大打折扣。这也就促使了当时负责这个普查的霍列瑞斯博士发明了用穿孔卡片制表机来完成这次普查。在技术的加持下，不到一年时间，霍列瑞斯博士就完成了这次人口普查的数据汇总工作，可以说是尽显先进的信息处理技术的魅力。

从这个意义上说，在信息处理技术不成熟的情况下，无奈的我们只能作抽样研究。其实统计学家们曾经证明了，采样分析的精确性会随着采样的随机性增加而大幅度提高，但是它与样本本身的数量增加关系不大。有一个比较简单的解释就是，当样本数量达到某个值之后，我们从个体上得到的信息会越来越少，如同经济学中的边际效应递减一样。

所以，在采样时代，样本选择的随机性比样本的数量更重要，这就为研究人员开辟了一条收集数据的新思路，那就是做好采样的随机性。很快这种随机采样就不仅仅应用于人口普查，也在商业领域得到了广泛的应用。

随机采样取得了巨大的成功，成为现代社会、现代测量领域的主心骨，但是这只是一条捷径，是在不可能收集和分析全部数据的情况下的一种妥协，它本身仍然存在固有的缺陷，那就是在现实采样中真正做到随机性非常困难，一旦采样过程中存在任何偏见，分析结果就会相去甚远。

随着我们在前面几章中提到的，自20世纪中后期以来人类处理信息的能力越来越强，技术条件也有了非常大的提高。虽然相对于浩如烟海的数据而言这种提高后的技术仍然是有限的，而且可以说永远是有限的，但是我们可以处理的数据量已经大大增加，处理复杂数据的能力也大大提升。

在信息处理能力受限的时代，世界需要数据分析，却缺少用来分析所收集数据的工具，因此随机采样应运而生，它其实是那个时代的产物。如今，信息采集和信息处理不再像过去一样困难，现代计算机已经为全数据模式做好了技术上的准备。

当进入大数据时代，研究人员可以对所有数据进行分析，这就可以发现在随机采样时代被淹没掉的一些信息，而这种使用所有数据进行处理并不意味着它就是一项艰巨的任务，这个大数据中的"大"并不是绝对意义上的"大"，单纯对数据节点的绝对数量的追求并不代表它们就是大数据。

"全数据挖掘"就像一台超高清显微镜，通过它可以清楚地看到原来靠样本采集根本无法了解的细节信息。这些细节信息往往在关键决策中扮演着颠覆性角色，某些庞大数据之间千丝万缕、庞杂繁复的关系可以引起问题的非线性放大。在大数据时代，每一个细小的因素都被包含在研究范围之内，这使决策者无法沿着传统的线性、孤立思维路线推进下去。所谓线性、孤立的思维路线，就是像直线连接一样具有数量上的可加性和质量上的组合性，这种组合性往往只考虑与被研究物体有直接关联的信息，而不是从全局角度系统地分析所得到的全部信息。随着云计算、物联网、二维码等技术的发展，人们的社会沟通、人际互动、社交需求导致了数据结构的网络化，信息在这些网络上进行传输和发展绝非如"1+1=2"似的简单叠加，而是对这些方面的复杂网络和非线性系统研究提出了很多挑战。许多单一问题，一旦成规模发生就会引起强烈的非线性放大，从而引发"蝴蝶效应"。

第二个转变就是，在大数据时代，人们所面对的研究数据如此之多，以至于我们不再热衷于对精确度的执着追求。

当我们测量事物的能力受限时，关注最重要的事情和获取最精确的结果是可能的。但是这种思维方法仍旧只适用于掌握"小数据量"的情况，因为需要分析的数据量比较少，所以我们必须尽可能地精确量化我们能够获得的记录。其实在某些方面我们已经这么做了，比如一个小卖店在晚上打烊盘点时，可以将收款机中的所有的收入精确地计算到每一角一分，去精确地度量这个小店的收入，但是我们在计算整个国家的国内生产总值（Gross Domestic Product，简称GDP）的时候呢？恐怕我们就没办法做到如此精确了。当然精确是一把双刃剑，在精确采样的时代，收集信息的有限性意味着细微的错误会被放大，甚至有可能影响整个结果的准确性。

正是20世纪量子力学的出现打破人们对精确性描述的执着追求。过去我们之所以认为我们能够研究一个现象，是因为我们相信我们能够精确地理解它，以至于伟大的物理学家开尔文曾经说过："测量就是认知。"然而，量子力学的出现永远粉碎了"测量者臻于至善"的幻想，在量子力学之后的种种物理学事实告诉我们需要允许不精确的出现，而且这种不精确降低了容错的标准。在这样的条件下，能够让人们用于研究的数据也越来越多，利用这些数据，人们可以获得更多的信息，从而做更多的事情，这就不是大量数据优于少量数据这样简单，而是大量数据可以创造更好的结果，引起研究结果从量变到质变的飞跃。

传统的样本分析师很难接受错误的信息，在他们看来每一个错误的信息都可能会对产生正确的结果给予沉重的打击。所以他们中很多人的毕生工作都在研究如何防止和避免错误信息的出现，很多统计学家会用一套套的策略来减少错误发生的概率。但是即使只有少量的数据，这种规避错误的策略实施起来也要消耗巨大的资源。所以当人类真正的进入大数据时代时，我们面对着关于某一议题的所有信息，这种"挑三拣四"的错误数据避免工作就不可行了，除了耗费巨大之外，还因为在大规模数据的基础上保持数据收集标准的一致性显得不切合实际。

在大数据时代，我们要重新审视数据精确性的优劣。在数字化、网络化的大数据时代，传统的思维方式显得有些笨拙。执迷于精确性是信息缺乏时代的产物，在那个时代，任意一个数据点的测量情况都对结果至关重要。而如今，我们掌握的数据库越来越全面，包括了与我们面临的各种现象相关的大量的甚至是全部的数据，我们不再需要那么担心某个数据点对整套分析的不利影响，我们要做的就是要接受这些纷繁的数据中所包含的有效信息，而并不需要以高昂的代价消除那些不确定。

当我们掌握了大量新型数据时，那些精确性就不重要了，我们在这些并不精确的数据面前仍然可以掌握事情发展的趋势。大数据时代信息采集手段和方式形式多样、内容复杂，数据密度和信度具有传统信息无法比拟的庞大特性，这势必会导致信息在所涉及范围内的出现频率大大增加。而更重要的是大数据使这些采集点之间构成的数据结构关系变得复杂，从而导致在这种复杂网络中信息采集和传播模式的多样性呈指数级增加。由于这种复杂性和多样性，人们很难在最后处理时实现所有信息的格式统一。加之在复杂的信息网络中，许多隐秘、不易觉察的信息间有多种形式的相互联系，很难保证信息传播途径的单一性和单向性。简单的直线型消息通信模式将不复存在，而扩张性的广播传递方式将飞速发展。

另一方面，大数据要求数据采集是动态的，所测量的数据几乎每分每秒都有所变化，因而在如此高频的信息处理中，必然要放弃某些精确性。在很多情况下，错误在未被发现和未被及时提出时就已经参与了系统的信息处理。因此，大数据处理无法实现精确掌握，只能做到对宏观数据的方向性把握。当然，许多事实证明，这种全局性把握相对于局部孤立的精确处理更有价值，对决策制定具有更为重要的意义。

第三个转变就是，在大数据时代，我们开始摒弃传统思维下寻找各种事情背后的原因，开始关注事情之间的相关关系。换句话说，我们知道"是什么"就够了，没必要知道"为什么"。

寻找因果关系是人类长久以来形成的思维习惯，人类经过千百万年的生活生产经验，形成了对因果关系的执着，哪怕确定这因果关系很困难，或者这种因果关系用途不大，人类还是习惯性地寻求缘由。

在哲学界，关于因果关系是否存在的争论持续了几个世纪，毕竟如果我们什么事都要追求因果的话，那么我们就没有决定任何事情的自由了。如果我们做的每一个决定或者每一个想法都是其他事情的结果，而这个结果又是由其他原因导致的，如此循环往复，那么就不存在人的自由意志一说了。也就是说如果单纯追求因果关系，那么所有的生命轨迹都只是受到因果关系的控制罢了。当我们说人类通过因果关系了解世界时，指的是我们在理解和解释世界各种现象时使用了两种基本的方法：一种是通过快速、虚幻的因果关系，还有一种就是通过缓慢、有条不紊的因果关系。所以，对于因果关系在实践中所扮演的角色，哲学家们争论不休，有的认为它与自由意志相对立。

前面说过，有研究表明，人类对因果关系的探究是人类长期实践的结果，这只是我们的一种认知方式，它与每个人的文化背景、生长环境和教育水平并没有很大关系。当我们看到两件事情接连发生时候，我们会习惯性地从因果关系的角度来看待它们。

根据 2002 年诺贝尔经济学奖得主，来自普林斯顿大学的心理学家丹尼尔·卡尼曼（Daniel Kahneman）的研究，人类有两种思维模式：一种是不费力的快速思维，通过这种思维方式，我们能在几秒钟内得到问题答案；还有一种是比较费力的慢性思维，对于特定的问题，需要深思熟虑。

快速思维模式使人们倾向于用因果联系来看待周围的一切事物，这是一种对已有知识的信仰和执着。在古代，这种快速思维模式很是有用，它能帮助我们在信息量缺乏却要迅速做出反应的危险情况下，迅速做出反应从而化险为夷。

而卡尼曼指出，在平时生活中由于惰性我们很少慢条斯理地思考问题。所以快思维就占了上风。比如在北方冬天天寒地冻时，妈妈会告诉小朋友一定要戴好帽子、手套，否则会感冒。但是感冒与穿戴之间其实并没有必然而直接的因果关系。事实上，我们的快速思维模式使我们直接将其归结于我们能在第一时间想到因果关系，然而这种关系细细想来未必存在。

在大数据时代，我们无须再紧盯着事物之间的因果关系，而是应该寻找事物之间的相关关系，相关关系的核心是量化两个数据之间的数理关系。相关关系通过识别有用的关联物来帮助我们分析一个现象，而不是通过解释其内部的运作机制来分析。当然，即使是很强的相关关系也不一定能解释每一种情况，比如，两个事物看上去行为相似，但很有可能只是一种巧合。相关关系没有绝对的，有的只是可能性。

利用相关关系我们能做什么呢？最近网上有一个很有趣的小故事，以下是一个掌握大数据的比萨店客服与顾客的电话录音：

> 某比萨店的电话铃响了，客服人员拿起电话了解顾客需求。
>
> 客服：您好，欢乐比萨餐厅，请问您有什么需要？
>
> 顾客：你好，我想要一份……
>
> 客服：先生，烦请先把您的会员卡卡号告诉我。
>
> 顾客：16894387***
>
> 客服：陈先生，您好！您是住在广州南路 1 号 10 楼 1005 室，您家电话是 2778***，您公司电话是 4887***，您手机号是 158****。请问您想用哪一个电话付费？

顾客：你怎么会知道我所有的电话号码？

客服：陈先生，因为我们联机到"客户关系管理系统"（Customer relationship management system，简称 CRM 系统）。

顾客：我想要一个海鲜比萨……

客服：陈先生，海鲜比萨不适合您。

顾客：为什么？

客服：根据您的医疗记录，您的血压和胆固醇都偏高。您可以试试我们的低脂健康比萨。

顾客：你怎么知道我会喜欢吃这种的？

客服：您上星期一在国家图书馆借了一本《低脂健康食谱》。

顾客：好。那我要一个家庭特大号比萨，要付多少钱？

客服：99 元，这个足够您一家六口吃了。但您母亲应该少吃，她上个月刚做了心脏搭桥手术，还处在恢复期。

顾客：那可以刷卡吗？

客服：陈先生，对不起，请您付现款，因为您的信用卡已经刷爆了，您现在还欠银行 4807 元，而且还不包括房贷利息。

顾客：那我先去附近的提款机提款。

客服：陈先生，根据您的记录，您的银行卡已经超过今日提款限额。

顾客：算了，你们直接把比萨送到我家吧，家里有现金。你们多久送到？

客服：大约 30 分钟。如果您不想等，可以自己骑车来。

顾客：为什么？

客服：根据我们的全球定位系统的车辆行驶自动跟踪系统记录，您登记有一辆车号为 SB-748 的摩托车，而且目前您正在解放路东段的商场右侧骑着这辆摩托车。

这个故事细思极恐，不过它真实地表现出在大数据时代人们依靠相关关系而建立的决策方法。那就是通过寻找一个良好的关联关系，可以帮助我们更好地理解现在和预测未来。简单地说，如果事件 A 和事件 B 经常一起发生，我们只需注意 B 发生了就可以大概率地预测到 A 事件的发生。但是我们并不需要费尽心机地挖掘

A 与 B 之间到底有什么因果关系。

在大数据时代来临时，我们发现相关关系非常有用，不仅仅是因为它能为我们提供新的视角，这些审视的视角也许是我们以前考虑因果关系时候被屏蔽掉的。当然，因果关系还是有用的，但是它将不再被看成是意义的来源的基础。在大数据时代，即使在很多情况下，我们依然指望用因果关系来说明我们所发现的相互联系，但是，我们知道因果关系只是一种特殊的相关关系。相反，大数据推动了相关关系分析。相关关系分析通常情况下能取代因果关系起作用，即使在不可取代的情况下，它也能指导因果关系起作用。

以上提到的大数据时代人类思维方式所要面对的三方面变革，是对传统思维方式下信息处理和科学决策方法的巨大挑战，这种挑战是由大数据时代信息决策模式的客观变化而引起的。在大数据时代来临时，这些问题必然会摆在人们面前，大数据带来的思维变革是人类进入后信息时代的必经之路。因此，我们必须思考如何应对挑战，如何在人类已有思维宝库中寻找解决新问题的妙手良方。

二、从信息的观点再看物理学

面对大数据时代带来的信息处理和决策制定的新挑战，人们越发意识到打破自牛顿力学建立以来形成的经典物理学的传统思维非常重要。而到了 20 世纪末，量子力学对信息技术的加持，又让人们再一次思考，以量子力学为代表的现代物理学到底会给人们带来什么样的思维变革呢？

量子信息学从诞生到现在虽然时间不长，但是它带给人类的影响是深刻的。无数的新理论、新实验、新现象、新解释让人们对本来就众说纷纭的量子力学诠释提出了无数的新发展机遇。正如著名物理学家理查德·费曼（Richard Phillips Feynman）所说，没有人真正理解量子力学。因为想要真正理解它，可能原有的讨论经典物理学用到的各种最基本的概念都要被颠覆，而经典物理学大厦正是以这些基本概念作为最重要的立柱和基石。对于这些基本问题的质疑，已经触及到很多哲学思考，例如到底什么是实在的，自然是否可以被人类认知，测量是否具有绝对的客观性等等。人们在这些争论中不断修正着量子力学的基础，同时也在不断改造着人类对世界的认知。

加拿大滑铁卢大学圆周理论物理研究所的量子理论学家克里斯托弗·福克斯对

于量子信息给量子力学带来的复杂境况，曾说过这样一段话：

> 随便走进一个会场，就仿佛置身于一个喧闹的圣城。各个教派的牧师在这场圣战中彼此争执不休——玻姆诠释派、退相干历史诠释派、交易诠释派、自发性坍缩诠释派、环境诱导退相干诠释派、情境客观性诠释派，以及多世界诠释派，不一而足。所有人都宣称自己见到了圣光，终极奥义之光。每个人都告诉我们，如果我们将其解答奉为救世主，我们就也能得见圣光。[①]

在他看来想要真正的理解量子力学，不应该从它与经典物理学的诡异差别开始讨论，而是应该从量子信息论中重新建立对量子力学的认知，用他的话说："原因很简单，并且很充分。量子力学从来就是围绕着信息展开的，只不过物理学界先入为主的观点使很多人忘记了这一点罢了。"

比起物理学家对物理世界中蕴含的信息价值的认知，研究信息的科学家们一直都在关心信息背后的物理学。其实自从信息学诞生以来，做信息研究的科学家们的目光就始终没有离开信息技术发展所依靠的物理学基础。在 20 世纪 70 年代，计算机硬件的迅猛发展使得如何在信息处理过程中提高能量的利用效率成为信息计算领域中的重要问题。虽然比起早期的电子管计算机时代，此时电子计算机的能量利用率已经提高了数千倍，但是计算机在计算时以废热的方式浪费的能量仍然是非常巨大的。于是计算机科学家们越来越迫切地想知道如何通过理论与实验研究出以更加低能耗的物理过程来实现对信息的处理。甚至科学家们还想谋求是否可以从理论上算出计算机能耗的最小值究竟是多少。其实在最初计算机的设计思想提出来的时候，这个问题就已经被计算机发明者提出了。1949 年，冯·诺依曼提出了一个估算："对信息的每个基本操作，即每个基础的二元选择以及单位信息的每次传输，都至少消耗一定的热量。"冯·诺依曼的估算是基于热力学中非常著名的利奥·齐拉特（Leo Szilard）关于麦克斯韦妖（Maxwell's demon）的诠释做出的。

在热力学领域，能耗问题一直是人们关注的热点。在热力学第一定律问世后，

---

① Fuchs C A. Quantum Mechanics as Quantum Information（and only a little more）[J]. Physics, 2002.

人们认识到能量是不能被凭空制造出来的。于是有人提出，能否设计出一类装置，从海洋、大气乃至宇宙中吸取热能，并将这些热能作为驱动永动机转动和功输出的源头，这就是第二类永动机猜想。历史上首个比较成型的第二类永动机装置是1881年美国人约翰·嘎姆吉（John Gamgee）为美国海军设计的"零发动机"，这一装置利用海水的热量将液氨汽化，推动机械运转。但是这一装置无法持续运转，因为汽化后的液氨在没有低温热源存在的条件下无法重新液化，因而不能完成循环。在热力学第二定律的指导下，1865年，德国物理学家、数学家鲁道夫·克劳修斯（Rudolf Julius Emanuel Clausius）提出了熵（entropy）的概念。这个词来源于希腊语，原意为"内在"，即"一个系统内在性质的改变"，克劳修斯认为"熵"代表了在一个可逆过程中，输入热量相对于温度的变化率。此外，克劳修斯还将热力学第二定律表述为：

在孤立系统中，实际发生的过程总是使整个系统的熵增加。

在这之后，克劳修斯又把孤立体系中的熵增定律扩展到了整个宇宙。他认为，宇宙的能量保持不变，宇宙的熵将趋于极大值。伴随着这一进程，宇宙进一步变化的能力越来越小，一切机械的、物理的、化学的、生命的等等多种多样的运动逐渐全部转化为热运动，最终达到处处温度相等的热平衡状态。在整个宇宙中热量不断地从高温转向低温，直至一个时刻不再有温差，宇宙总熵值达到极大。这时将不再会有任何力量能够使热量发生转移，宇宙处于死寂的永恒状态，此即"热寂论"。

◎图7-2　麦克斯韦妖示意图

　　"热寂论"的提出给宇宙描绘了一个悲凉的前景，它告诉我们宇宙没有未来。为了破解"热寂说"的悲观情景，英国物理学家、数学家詹姆斯·克拉克·麦克斯韦（James Clerk Maxwell）派出了麦克斯韦妖。麦克斯韦妖就是在 1871 年由英国物理学家詹姆斯·麦克斯韦为了说明违反热力学第二定律盒子有存在的可能性而设想的。他的原始构想如下：想象一个绝热的盒子，里面只有空气，中间被一道绝热的后隔板分为两半。隔板上有一道活动的隔板，当一个空气分子从任一侧接近时会迅速做出开闭，从而让分子通过隔板进入另一侧或者不让其通过留下来。在隔板两侧分子交流过程中，需要保持隔板两侧气压相等。在这个过程中箱子两边是不会产生温度差的。而在分子物理学中，分子无时无刻不在做激烈的无规则运动，分子在碰来撞去的过程中，速度就越来越快，当分子运动速度加快了，宏观上显示出的气体温度就越来越高。所谓温度，就是由气体分子的平均速度决定的。当盒子两边的温度相同，那就意味着隔板两侧分子的平均速度相等，即运动快的分子和运动慢的分子数目相同。

　　而就在这个时候，麦克斯韦妖出场了。麦克斯韦妖是麦克斯韦假想的一种小生灵，它有一个特别的能力，就是能分辨出一个单独的空气分子的运动速度。下面让它来控制这个隔板开关，而不是让分子自由地通过。它虽然让通过隔板的双方分子数目相等，但是它规定只允许速度快的分子从左边隔室进入右边，同时只允许速度比较慢的分子从右边的隔室进入左边。

　　这个小妖精出现之后，比起原本随机进出的隔板开关，似乎并没有额外的努力或者消耗更多能量，但是产生了截然不同的结果。随着麦克斯韦妖掌控隔板的开关，盒子右侧的隔室快分子逐渐增加，气体温度也逐渐升高；而盒子左侧隔室慢分子不断积累，则温度逐渐下降。所以仅仅运用这个妖精，就可以使盒子左右产生温差，这明显违反了热力学第二定律。

　　凭借这些，麦克斯韦妖就成功地逆转了原本受到热力学第二定律支配的程序。这怎么可能呢？这个麦克斯韦妖在很长时间一直困扰着物理学家们。对麦克斯韦妖进行真正的围剿要等到信息论的出现。1929 年，美籍匈牙利科学家利奥·西拉德（Leo Szilard）发表了一篇至关重要的论文，论文题目是《关于热力学系统中因为智能生物介入所造成的熵降低》（*On the Reduction of Entropy in a Thermodynamic System by the Interference of an Intelligent Being*），文中提出另一个版本的麦克斯韦妖，日后被称为"西拉德引擎"。他指出，麦克斯韦妖之所以能形成违反热力学第二定律的效果，是因为它具备辨别分子快慢的智慧以及分辨分子状态的相关知识，要想实现这个功能需要麦克斯韦妖拥有一个重要的东西，那就是信息。

西拉德指出信息在麦克斯韦妖的问题里扮演的重要角色。麦克斯韦妖必定将在获取分子运动速度这个信息中会额外地消耗能量。在麦克斯韦妖的脑海中要把这些分子的速度信息整合起来会消耗能量，从最根本的角度来看，信息其实不过是信息记忆库（大脑或者计算机）中的某一种有序状态，当我们拥有的信息越来越多的时候，信息记忆库就更具有格式化和组织化，而这种表征信息混乱和有序程度的量其实就是热力学中的"熵"，信息越多，结构越有序，熵也就越低。

想要得到这个保有更多信息的低熵状态给予了"西拉德引擎"做功的能力，而想得到这种低熵状态需要消耗能量。这就是前面我们说的，在得到或者擦除信息时，是需要能量的，也就是说麦克斯韦妖要想得到分子速度的信息必须消耗能量，这样就增加了熵，而且，熵的增量比麦克斯韦妖为了平衡熵而失去的量还多。根据冯·诺伊曼的计算，每个逻辑操作理论能耗公式为改变一个比特的能量为 $kT\ln2$ 焦耳，其中 T 是计算机电路的热力学温度，k 是玻尔兹曼常量。其实在西拉德关于"西拉德引擎"功耗计算中，就得到了麦克斯韦妖每得到一个比特关于分子位置的信息时，西拉德引擎就输出了 $kT\ln2$ 焦耳的功。这种算法在 20 世纪 70 年代被广泛接受，但是随着人们对量子信息的研究，现在它已经被证明是错的。

指出冯·诺依曼错误的就是前面几章中我们提到的率先提出量子隐形传态和量子密钥分发协议的本内特在 IBM 的导师罗尔夫·兰道尔（Rolf Landauer），他发现了信息学和物理学两个领域之间的一个基本联系，即计算能量消耗的理论下限的物理原理——兰道尔原理（Landauer's Principle）。其具体表述为："任何逻辑上不可逆转的信息操作过程，如擦除一个比特的信息或合并两条计算路径，一定伴随着信息处理设备或其环境的非载信息自由度的相应熵的增加。"

1961 年，兰道尔尝试证明冯·诺依曼给出的信息处理耗能公式，却发现大多数逻辑操作其实并不增加熵。它根据兰道尔原理在室温（20℃，即 293.15K）时，兰道尔极限表示大约 0.0175eV，相当于 2.805ZJ 的能量。理论上，在兰道尔极限下工作的房间温度计算机存储器可以以每秒 10 亿比特（1Gbps）的速度改变，能量在存储介质中以仅 2.805 万亿分之一瓦特的速度转化为热量，也就是说，只以每秒钟 2.805pJ 的速度。到了 1972 年，本内特进一步证明了熵增可以通过一台以可逆方式执行计算的计算机来避免。此外，兰道尔还写了一篇著名的论文详细分析了信息理论的物理基础，这篇论文的题目就是《信息是物理的》（*Information is Physical*）[1]。这篇文章中提到，信息不是不具体的抽象，而总是与物理载体相联系，因而也必须遵循物理定律。兰道尔在其另一本著作中提到[2]：无论信息是表现在石板上的刻记，还是打孔卡片上的孔洞，抑或是加载在中微观粒子上的自旋态，它都不可能摆脱某种物理载体而独立存在。针对兰道尔的研究，1981 年，本内特进一步分析了各式各样或者真实存在或者抽象假想的计算机。他的研究表明，麦克斯韦妖控制"门"使分子从一格进入另一格中的耗散过程，并不是发生在衡量过程中，而是发生在妖的对上个分子判断"记忆"的去除过程，且这个过程是逻辑不可逆的。他最后确认了，许多计算可以不耗费任何能量就能够完成，而热量耗散也只能在擦除信息时才会发生。擦除信息是一种不可能的逻辑操作。例如当图灵机的读写头清除纸带上的某一方格上的信息，或者电子计算机清除一个电容器时，这个比特的信息就损失掉了，然后热量也必然消耗掉了。对应到西拉德的假想实验中，麦克斯韦妖在观察或者选择一个分子式时，无需付出熵的代价；只有在消除记录，也就是在麦克斯韦妖擦除上一个观察结果，为下一次观察腾出空间时，熵才增加。

关于麦克斯韦妖的争辩并未随着西拉德、兰道尔等人的研究成果而停止。物理学家对于麦克斯韦妖的追踪，一路紧盯，一直追到量子力学统治的微观世界之中。在量子力学里，一旦提到对某一分子的位置与速度进行测量，必然会碰到我们能获得多少信息的问题，这个问题对于经典物理很简单，但对于量子力学很复杂。在量子力学中最让人费解的海森堡的不确定性原理（Heisenberg's Uncertainty Principle）就是一个例子。它告诉我们，在量子力学统治的微观世界中，对信息的测量本身扮演着重要的角色。就像是麦克斯韦妖想要识别分子是快分子还是慢分子，不再像以前的"识别"那么简单，在量子力学中这种"识别"就需要观察者与被观察对象进行某种相互作用，而这种作用往往会对系统产生影响。比如我们永远无法同时精确得知一个粒子（或空气分子）的位置及运动速度，客观世界的客体对于认知它们的测量主题十分敏感，测量总会得到有点儿模糊（fuzzy）的结果。许多物理学家指出，正是因为这种"模糊性"最终得以保全热力学第二定律。

---

① Landauer R. Information is Physical [C] . Workshop on Physics & Computation. IEEE, 1992.
② Landauer R. Information is Physical, But Slippery [M] . Springer London, 1999.

本内特提出，在信息学上，香农的理论出奇的成功使得人们误认为信息学就是个纯粹的数学过程，却往往忽略了信息处理中所涉及的物理层面的东西，而量子理论让人误认为，计算的每一个步骤都不可避免地要付出热力学代价。但是，随着电子工程师在芯片设计中越来越接近原子层次，他们越发担心量子效应会干扰到经典物理学中原本明确分区的 0 和 1 的状态。这也正如前面几章所提到的，是量子信息科学诞生的客观原因之一，也是量子力学带给信息科学技术发展的重要影响。

1982 年，美国物理学家查尔斯·本内特（Charles Bennett）把解答谜题的拼图拼到了一起。他意识到，麦克斯韦妖实质上是一台信息处理机器：它需要记录和存储单个粒子的信息，以决定什么时候开门和关门；它还需要定期擦除这一信息。根据兰道尔原理，擦除信息导致的熵增量会大于对粒子进行分类导致的熵的减少量。在这个实验中的麦克斯韦妖需要为更多信息腾出空间，这不可避免地导致了无序度的净增加。

到了 21 世纪，思维实验的问题已经解决，而真实世界的实验却开始了。最重要的进展就是，通过对量子光学的研究，今天我们可以在实验室里真正地造出一个麦克斯韦妖。

2007 年，科学家们使用以光为动力的门将麦克斯韦妖的想法在现实世界中展示了出来；2010 年，另一支团队设计出一种方法，利用麦克斯韦妖的信息具有的能量来"引诱"一颗珠子往高处滚动；而在 2016 年，科学家们把麦克斯韦妖的想法应用到了两个含有光而不是气体的腔室中。

牛津大学的物理学家伏拉科·维德罗尔（Vlatko Vedral）作为这项研究的共同作者之一，宣布他们的研究人员最终成功地给一块非常小的电池充上了电，他宣告说："我们转换了物质和光的角色。"

与此同时，一些科学家也在思考，是否可以通过不那么费力的方式，利用信息从一个类似的系统中获取有用的功。2021 年 2 月，《物理评论快报》（*Physical Review Letters*）[①] 上发表的一项研究似乎找到了这样一种方法。这项工作把麦克斯韦妖变成了一个"赌徒"。

奥地利维也纳量子光学和量子信息研究所的物理学家冈扎罗·曼扎诺

[①] G. Manzano, et al. "Thermodynamics of gambling demons," Phys. Rev. Lett. 126, 080603（2021）.

（Gonzalo Manzano）所带领的团队开展了一系列研究。他们想知道是否有办法在不需要信息的情况下，实现类似麦克斯韦妖的功能。和此前一样，他们设想了一个具有两个腔室和一扇门的系统。但在这个方案中，这扇门会自己打开和关闭。有时粒子会随机地自行分隔，导致一个腔室更热、另一个更冷。这个麦克斯韦妖只能观看这一过程以及决定什么时候关闭系统。理论上，这一过程可以导致温度产生微小的不平衡。如果这个小妖足够聪明，知道什么时候终结实验，从而锁定这种温度不平衡的状态，这就像一个手气火热的聪明赌徒知道什么时候该离开赌桌，结束这场赌局一样，这样就可以得到一台有用的热机。

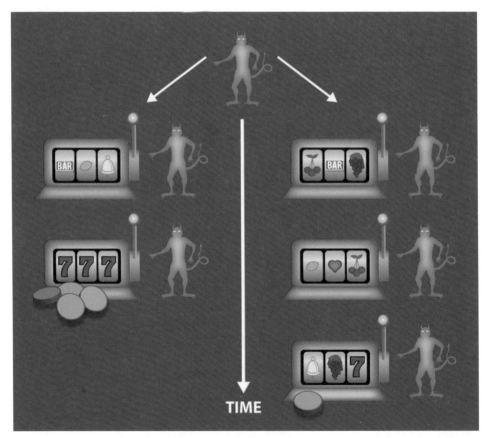

◎图 7-3　量子物理学家对麦克斯韦妖的最新研究——"赌徒妖"

意大利国际理论物理研究中心的物理学家埃德加·罗尔丹（Édgar Roldán）评价这项研究说："我们想要表达的是，我们不需要像麦克斯韦妖那么复杂的装置来获得热力学第二定律所说的功，我们可以更轻松一些。"事实上，目前研究人员已经在一个纳米电子器件中实现了这样的"赌徒妖"。

这样的想法可能会在设计更高效的热力系统（比如冰箱）中得到应用，甚至是在研发更先进的计算机芯片时派上用场，这种应用可能会触及如何让信息处理能耗逼近兰道尔原理所决定的基本极限。

不过，即便是接受最严格的审视，我们的宇宙法则暂时也还是安全的。发生改变的是我们对于宇宙中信息的理解，还有我们对麦克斯韦妖的欣赏：最初它是一个烦人的悖论，如今却成为一个宝贵的概念，帮助我们探明物质世界和信息之间精彩夺目的联系。

前面我们谈到兰道尔提到了信息是物理的，他们也正是遵循着这个原则试图寻找信息背后的物理基础，这是量子力学同信息学结合形成的量子信息论带领人类用物理学的方法更加具象地去理解抽象的信息学。而量子信息论带来的另一个思路，就是用信息的视角重新审视物理学，尤其是量子力学。在这方面研究中，最为著名的人物不得不提到美国著名物理学家约翰·阿奇博尔德·惠勒（John Archibald Wheeler）。惠勒 1911 年出生于美国佛罗里达州的杰克逊维尔，在 1933 年获得约翰斯·霍普金斯大学（Johns Hopkins University）博士学位，之后，在丹麦哥本哈根大学尼尔斯·玻尔的指导下研究核物理。1938 年至 1976 年，惠勒在普林斯顿大学担任物理学教授。在这里，他与爱因斯坦结识，并再度与玻尔合作研究核物理。

惠勒在引力论、相对论和宇宙学方面有着深度的研究。1967 年，在纽约的一次会议中，惠勒首先提出黑洞概念，他认为这是巨大星体死亡时形成的一个特殊的时空奇点，由于高质量密度与强引力，使这一时空点具有非常奇异的性质。在以后的研究中，他又陆续提出"虫洞"（Wormhole）"真子"（Geons）和"量子泡沫"（Quantum Foam）等概念，它们都成为宇宙学研究中的重要术语。除此以外，惠勒还与玻尔合作，揭示出核裂变的机制，他不仅参与了曼哈顿工程，还是美国第一个氢弹装置的主要设计者。在晚年，惠勒更是爱因斯坦研究统一场论的重要伙伴。经惠勒之手，培养出了包括著名物理学家费曼在内的几代美国物理学家。他先后指导过 50 多位博士生，他们绝大多数成为美国甚至世界各个前沿学科领域的著名专家，仅在美国宇宙和天体物理领域中，从事一线研究的相当一部分专家都是他的学生。他对量子力学哥本哈根解释做了非常深入的探究和发展，被人称为"哥本哈根学派的最后一位大师"。

◎图 7-4　哥本哈根学派的最后一位大师——惠勒（1911—2008）

惠勒留给人们很多名言，我们后面会选择一些逐一给大家介绍。在这些名言中，可能最为大家熟悉的是关于他发现并命名的物理学新名词"黑洞"，那就是著名的"黑洞无毛"（Black holes have no hair）。它就是说，从黑洞外部能够观察到的只是黑洞的质量、电荷和自旋，其他的信息都观察不到，这里的其他信息就是惠勒所谓的"毛"。这个观点后来在 1973 年被斯蒂芬·威廉·霍金（Stephen William Hawking）、布兰登·卡特（Brandon Carter）等人严格证明了"黑洞无毛定理"（No-hair Theorem），其完整表述为"无论什么样的黑洞，其最终性质仅由几个物理量（质量、角动量、电荷）唯一确定"。惠勒在评价"黑洞无毛"时说道：

　　黑洞给我们的启示是，空间可以像纸那样压缩成一个无穷小的点，时间是可以像被扑灭的火焰那样消亡的，而我们视为"神圣"不可侵犯的物理定律则被证明并非如此。

许多物理现象的发现将信息推向了前台，但其中最惊人的当数黑洞。不过，在一开始，黑洞似乎与信息毫不相干。

黑洞的构想源自爱因斯坦的广义相对论，虽然他并未能在有生之年目睹黑洞成为研究的焦点之一。爱因斯坦在 1915 年就指出，光会受引力作用，时空结构也会在引力作用下弯曲，而当有足够的质量压缩在一处，就像在致密星体中那样时，坍缩就会发生，并在自身引力作用的强化下，持续收缩，没有限度。由此可能得出的结论看上去是如此奇怪，以至于直到将近半个世纪后，人们才开始严肃加以对待。任何物质遇到黑洞，只能进入而不能逃出。其中央是奇点，密度无穷大，引力无穷大，时空曲率无穷大。其时间坐标和空间坐标相互进行了交换。并且由于没有光或任何信号能够从其内部逃逸，所以它们是名副其实的不可见之物。惠勒在 1967 年首次使用了"黑洞"一词来描述它们。天文学家通过观察黑洞的引力作用，确实找到了一些候选对象，但对于其中到底是什么，人们就无从知晓了。

最开始，天体物理学家们对黑洞的研究集中在落入黑洞的物质和能量上。但后来，人们发现最为困扰他们的其实是信息的问题，这就是著名的"黑洞信息悖论"。最早提出这个悖论的是斯蒂芬·霍金，他在 1974 年通过结合量子力学和广义相对论的理论讨论引力坍缩问题。他提出由于事件视界附近存在量子涨落，黑洞应当会辐射出粒子。这导致黑洞会缓慢地蒸发。但问题在于，这种黑洞辐射（Hawking Radiation）是以量子效应理论推测出的一种由黑洞散发出来的热辐射，毫无特征，索然乏味，仅是单纯的热量。然而，落入黑洞的物质本来是携带信息的，这些信息原本存在于其结构、组织和量子态中。这时，只要丢失的信息存在于事件视界之内而不为我们所知，物理学家就不会为其所困扰。他们可以说，这些信息不可获得，但也并未消失。

霍金预言黑洞将慢慢蒸发的同时，科学界就立即意识到这将导致一个信息丢失的二难问题：黑洞抹去全部信息与描述微小尺度上空间和物质的量子理论抵触。

根据量子力学，量子态的演化是具有幺正性的，即任何过程都可以时间反演，信息是不灭的。决定论的物理学定律要求，一个物理系统在某一瞬间的状态会决定其在下一瞬间的状态，我们可以从初态来推演出末态，在这个过程中信息没有丢失；并且在微观层面，这些定律是可逆的，即通过反演可以从模态理论上推出初态，因为信息是守恒。这就意味着即使是"黑洞"也必须能够存储落入其中的信息。

但是如果引入广义相对论来讨论黑洞中的信息时，问题就复杂了。假设理想状态的粒子 A（质量为 M_1）被黑洞 B（质量为 M_2）捕获。这时候黑洞质量变为 M_1+M_2。随着时间的流逝，黑洞不断蒸发，当黑洞蒸发出质量为 M_1 的光辐射 C 后，黑洞的质量又回到了 M_2，即这个黑洞回到了原来的初始状态 B，也就是恢复到捕获量子系 A 以前的状态。

我们来分析这个过程，初始状态是从粒子 A 和黑洞 B（质量为 M_2）开始的，而终止状态是一个热辐射 C 和一个质量为 M_2 的黑洞 B。A 可以演变为 C，但是 C 反演为 A。但这正是佯谬之所在。粒子 A 所具有的结构信息都在这个演变过程中丢失了。

当然，我们可以给出一个较为粗糙的解释：在某种条件下，物质将会崩塌为体积无限小而密度无限大的奇点。在这一点的引力大到了没有任何物质能够逃逸的程度，因为奇点无限小，所以它不可能有任何结构，也就没有任何方法来保存信息。这就导致进入黑洞的粒子的任何信息必将永远丢失。一个苹果堕入了黑洞视界而消失，那么从黑洞中蒸发出的光辐射中并不带有这个苹果的半点结构信息。所以我们是无法从黑洞蒸发出的辐射来知道落入黑洞的到底是苹果还是香蕉，这就违背了量子力学的状态时间反演属性，从而形成黑洞信息悖论。

◎图 7-5　1997 年参加打赌的三名科学家

这一悖论提出后，一直萦绕在科学家头脑中，不得破解。1997 年霍金还与加州理工学院量子信息与物质研究所所长、理论物理学家约翰·普雷斯基尔（John Preskill）立下了一张赌约：

鉴于斯蒂芬·霍金和基普·舍恩坚定相信黑洞信息将被黑洞吞噬永远在外部世界消失，即使黑洞蒸发也无法再现信息。而约翰·普瑞斯基尔坚定认为信息的结构将通过黑洞蒸发而再现。因此普瑞斯基尔提议，霍金和索恩接受一个赌注：输者向胜利者提供一部百科全书，从百科全书中可以随意再现信息。

斯蒂芬·霍金

基普·舍恩

约翰·普瑞斯基尔

加利福尼亚州 Pasadena.

1997 年 2 月 6 日

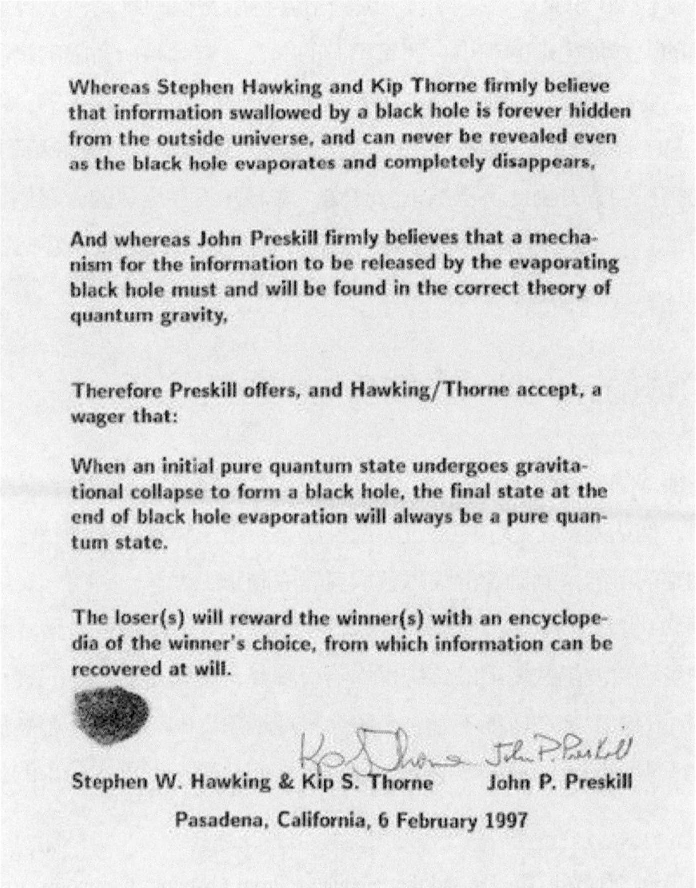

Whereas Stephen Hawking and Kip Thorne firmly believe that information swallowed by a black hole is forever hidden from the outside universe, and can never be revealed even as the black hole evaporates and completely disappears,

And whereas John Preskill firmly believes that a mechanism for the information to be released by the evaporating black hole must and will be found in the correct theory of quantum gravity,

Therefore Preskill offers, and Hawking/Thorne accept, a wager that:

When an initial pure quantum state undergoes gravitational collapse to form a black hole, the final state at the end of black hole evaporation will always be a pure quantum state.

The loser(s) will reward the winner(s) with an encyclopedia of the winner's choice, from which information can be recovered at will.

Stephen W. Hawking & Kip S. Thorne   John P. Preskill

Pasadena, California, 6 February 1997

◎图 7-6　当时三人签名的赌约

这个著名的深奥争论在科学史上有着重要的地位，因为如果霍金是正确的，那么将摧毁一个最基本的物理学原则，时间将不可能反演！霍金相信被黑洞吞噬的一切将永远消失在外部宇宙中，他还提出一个有趣的结论："信息可能是进入了另一个宇宙，只是我现在还不能给出数学证明。"[①] 而普瑞斯基尔打赌，一个物体所携带的信息将不会随着落入坍缩的恒星而被摧毁，实际上信息能够重新获得。

直至 2004 年，时年 62 岁的霍金根据自己的计算得出了"黑洞信息佯谬"的结论，他承认自己赌错了。他愿赌服输，但却在赌注上耍赖，他向普雷斯基尔抱怨："我在英国很难找到一本《棒球百科全书》，不然用《板球百科全书》代替吧。"普雷斯基尔当然不买账，最后霍金还是如约送去了一本《完全棒球：终极棒球百科全书》。

他承认，他 30 年来一直坚持的"黑洞不会将所吞噬的物质再次释放出来"的理论是错误的，并提出新的观点：随着黑洞的消亡，它会将所吞噬的物质再次释放出来，但是这些物质是在被撕碎到不可能辨认的形式下被释放出来的。他将量子不确定性的一种表述（即费曼提出的路径积分表述，又称为"历史求和"）应用到了时空结构的拓扑中，并由此得出结论。其实，黑洞并不是全黑的，它们也给出了信息。霍金写道："之所以会出现混淆和悖论，是因为过去人们是从经典物理学时空只有单一拓扑结构的角度来考虑的。"

三、从"延迟选择实验"到"可参与的宇宙"

惠勒在很早的时候就开始萌生了信息思想，并在量子论与信息论的结合上投入大量的精力。他认为量子力学中通过测量了解某一量子体系的物理特性，这跟信息论中对不确定的可能性到确定的信息获取有异曲同工之妙。

惠勒从 20 世纪 50 年代开始就非常沉迷于量子物理的哲学内涵。尤其是对量子体系的测量导致波函数坍缩的传统哥本哈根解释，惠勒是最早正式提出"量子测量理论中描述的客观实在可能不是一个整体物理现象"的科学家。惠勒认为，物理实在是独立于观测和人的意识本身的，它只是人们从量子世界中分享的某种信息，

---

① Quoted in Tom Siegfried. The Bit and the Pendulum. From Quantum Computing to M Theory—The New Physics of Information [M]. New York: Wiley and Sons 2000, 203.

并进而认为量子测量问题实际上是一种信息展现和传递的过程。

惠勒对于量子力学与信息获取之间的关系有其独到的观点，他在其自传《约翰·惠勒自传：真子、黑洞和量子泡沫》（*Geons, Black Holes, and Quantum Foam*）中提到，无论极小尺度世界具有何种不确定性，也无论扰动究竟是如何混乱，我们对于自然的无知还是必须寄托于彻底明确、毫不模糊的观察结果——也就是我们的直接观察或仪器测量的观测结果。他在 1983 年同提出量子不可克隆定理的祖瑞克（W. H. Zurek）汇编完成了一本专门讨论量子测量的书《量子理论与测量》（*Quantum Theory and Measurement*）。该书分 6 个章节，从量子测量的原则问题、测量操作的解释、"隐变量"与"现象"的对抗及其并协性、场的测量、量子理论的不可逆性，以及量子极限导致的测量精密度等角度分别选取了 70 余篇 20 世纪 30~80 年代诸多科学家的经典论文汇编成册，系统地展示了物理学界诸多流派对量子测量问题的不同解释，全面地展现了作为现代物理学最为艰深课题之一的量子测量的历史发展过程。

惠勒本人对量子测量的看法，集中表现在其在 1978 年提出的一个著名的思想实验——延迟选择实验（Delayed-Choice Experiment）之中。这个实验是基于量子力学著名的"电子双缝干涉实验"的基础上的。我们先来看看这个实验。

根据量子力学的相关描述，电子这类基本粒子，可以同时具有"粒子性"和"波动性"，于是科学家们就精心设计了"电子双缝干涉实验"：让电子束从两个相互平行的狭窄缝隙中通过，然后这些电子会落在后面的探射屏上，通过对电子在探射屏上产生的现象进行观察，科学家就可以验证"波粒二象性"的正确性。

 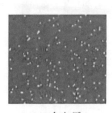  

| 7个电子 | 100个电子 | 3 000个电子 | 70 000个电子 |

◎图 7-7　不同电子数目时得到的电子干涉图像

实验结果大致如图如示，它完美地证明了量子力学相关理论的正确性。在此之后，随着科技的发展，人们渐渐具备了操控单个电子的能力，于是就有好奇的科学家想把"电子双缝干涉实验"做到更加精致。他们让电子一个一个地通过"双缝"，然后在某一个电子通过"双缝"时候，观察它是从哪个缝通过的。科学家们试图通过一些手段和仪器，来看清楚单个电子到底是怎么样通过"双缝"的。

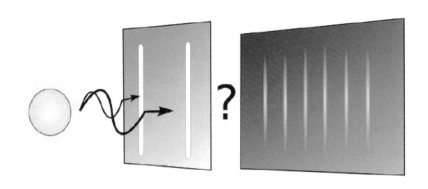

◎图7-8　电子双缝干涉实验中的路径问题示意图

但实验结果却让科学家大跌眼镜，因为实验结果表明，即使是电子已经通过了"双缝"，它还是会根据观测者的行为，来决定自己的状态！也就是说，存在观测者的时候，它们是"粒子性"，而假如对它们不做观测，它们又无一例外地呈现出"波动性"。

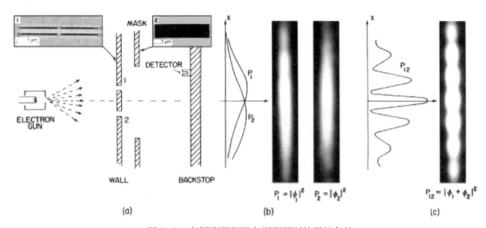

◎图7-9　有探测器和没有探测器时的干涉条纹

简单地讲，就是存在观测者的时候，电子只会呈现出"粒子性"（如图中的b），而一旦没有观测者存在，它们绝对是呈现出"波动性"（如图中的c）。这些单个发射出去的电子，就像是一个个无所不知的精灵一样，它们会根据观测者的行为，来决定自己的状态。

为了搞清楚这个问题，科学家想出一个办法，那就是在电子通过双缝之前不去做任何观测，然后等到电子通过了"双缝"之后，再马上打开观测设备进行观测。不得不说，这是一个好主意，因为电子通过了"双缝"之后，它以什么样的方式通过"双缝"已经成为了既定的事实，是不可能改变的。但实验结果表明，即使是电子已经通过了"双缝"，它还是会根据观测者的行为，来决定自己的状态！即存在观测者的时候，它们是"粒子性"，而假如对它们不做观测，它们又无一例外地呈现出"波动性"。

通过这个现象，我们发现，观测者"现在的行为"居然可以改变电子"过去的状态"！这种不可思议的事情，就是这么真实地存在着。电子双缝干涉实验强烈地暗示了：我们所处的世界与我们平常感觉到的完全不一样。这个实验让人们充分感受到了实验者的观测与否对实验结果的深远影响。

对于这个诡异的现象，量子力学的哥本哈根诠释给出了明确的阐释。它认为描述量子体系的物理状态的波函数实际上可以用玻恩的概率波函数来阐释。概率波是一种能够预测某些实验结果的数学构造，它的数学形式类似物理波动的描述。概率波的概率幅，取其绝对值平方，则可得到可观测的微观物理现象发生的概率。应用概率波的概念于"双缝实验"，物理学家可以计算出微观物体抵达探测屏任意位置的概率。

除了光子的发射时间与抵达探测屏的时间以外，在这两个时间之间任何其他时间，光子的位置都无法被确定。为了要确定光子的位置，必须以某种方式探测它；可是，一旦探测到光子的位置，光子的量子态也会被改变，干涉图样也因此会被影响。所以，在发射时间与抵达探测屏时间之间，光子的位置完全不能被确定。

一个光子，从被太阳发射出来的时间，到抵达观察者的视网膜，引起视网膜的反应的时间，在这两个时间之间，观察者完全不知道，发生了什么关于光子的事。或许这论点并不会很令人惊讶。可是，从双缝实验可以推论出一个很值得注意的结果：假若用探测器来探测光子会经过两条狭缝中的哪一条狭缝，则原本的干涉图样会消失不见；假若又将这探测器所测得路径信息摧毁，则干涉图样又会重现于探测屏。这引人思考的现象将双缝实验的程序与结果奇妙地联结在一起。而约翰·惠勒对这个实验的进一步加工，让这个问题变得更加不可思议，甚至颠覆了人们对宇宙发展历史的认知。

　　事情发生在 1979 年，这一年是爱因斯坦诞辰 100 周年，普林斯顿召开了一次纪念爱因斯坦的讨论会。在会上，约翰·惠勒提出了一个相当令人吃惊的构想。他说，我们可以通过对粒子流进行控制，使得粒子流很弱，甚至可以做到让粒子一个一个地射入装置，并进行多次重复实验来得到测量结果，在这过程中依然能够显示出干涉效应。这表明，微观粒子的波动性不是大量粒子聚集的性质，单个粒子依然具有可以穿过双缝进行干涉而体现出波动性。于是，对于一个经典物理学家而言永远无法理解的"悖论"出现了：一方面，对于经典物理学家来说，单个粒子是不可分割的，是一个实实在在存在的实体；而另一方面，这个单个粒子在双孔实验中通过双孔并展现出波动性才能体现出的干涉条纹，又是客观存在的。因此，惠勒认为，对于微观粒子，不能用对待经典物理的态度来讨论它，在量子力学统治的微观领域里谈论粒子的运动轨道是没有意义的。这个结论对量子的空间轨迹描述提出了质疑，而他的延迟选择实验，更是对粒子的时间发展轨迹提出了挑战。

　　其实早在 1978 年，惠勒就在他的《量子力学的理论基础》一书中提出了这个假想实验的思想。1979 年，他在研讨会上针对这个实验给出了一个具体的方案。这个实验可以证明在量子水平上"此时此刻所作出的事情，对以前发生的事件会产生不可忽视的影响"。

　　实验设计的非常巧妙，我们可以把惠勒的装置想象成棒球场。他设置了本垒、一垒、二垒、三垒四个部分。在这个实验中惠勒用涂着半镀银的半透镜来代替双缝。一个光子像一个棒球一样通过四个部分，而在半透镜面前，这个棒球显出不一样的特性，它有一半的可能性是穿通半透镜，一半可能性是被半透镜反射，而到底是哪一种，这是一个量子随机过程，它跟电子双缝干涉实验中，电子到底是选择通过双方形成干涉，还是

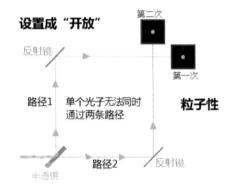

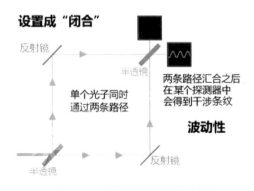

◎图 7-10　惠勒延迟选择实验示意图

选择其中一个单缝进行叠加，这两种选择在本质上是一样的。惠勒在一垒和三垒的位置上放着可以全部反射光线的普通平面镜，它的作用是改变光路方向；而在本垒和二垒的位置上放上刚才说的那种半透镜，让这个镜子与光子入射途径成45°角，那么一半光可能直飞，另一半光可能被反射成90°角。此外，二垒的镜子还可以在开关的操控下，要么降低到地面以下，让光线沿着自己原来的方向射出去；要么升高与光线射入方向呈45°角，这又会造成光子的自我干涉。

第一个实验的时候，我们降下二垒的半透镜，让通过二垒的光线可以直射出去。当光子投手投出一个光子棒球后，由于在本垒有一个半透半反的透镜，所以光子可能有两条路径可以走：可能的路径1是被这个镜子反射90°角，向上直奔一垒，然后在设置在一垒的全反平面镜作用下反射90°角向二垒方向射出去；可能的路径2是透过这个镜子，径直奔向三垒，然后在设置在三垒的全反平面镜作用下反射90°角向上到达二垒方向射出去。我们在二垒的左外场和右外场分别放两个探测器，它们可以记录下是否有迎着自己的方向射来的光子。根据我们前面讨论的概率，当光子很多的时候，它们会记录到：50%的光子棒球会被左外场的记录仪记录，同样的有50%的光子棒球会被右外场的记录仪记录。这就好像是在量子双缝干涉中，光会扩散到两个不同的区域，形成干涉条纹，显示出量子模糊性。

现在我们升起放在二垒的半透镜，让它与其他镜子一样高，我们看看会发生什么。一开始，跟前面的情况一样，从本垒投出的光子棒球到达一垒的和三垒的一样多，但是在一垒和三垒发生反射后，两束光都到达了二垒的半透银镜。如果让这面镜子形成某种特定的方向，它就可以使来自一垒和三垒的所有光都射向某一个方向，这时如果右外场的探测仪有信号，左外场的探测仪没信号；或者这时候左外场的探测仪有信号，右外场的探测仪就没信号。这个结果与前一个在二垒没放半透镜的情况得到的结果完全不同：光出现在左外场的概率为100%，出现在右外场的概率为0。这就是说，光被集中在一个地方，并没有扩散到某个区域，就像是一个真正的棒球一样。

总而言之，如果我们不在二垒处插入半反射镜，光子就沿着某一条道路而来，反之，它就同时经过两条道路。

问题是光的传播需要时间，它们的移动也不是瞬间能够完成的。而最后光子在二垒处呈现出的状态，取决于是不是要在二垒处插入半透镜。那么我们想象这样的一个情形：我们通过技术手段严密地控制光子投手，让它可以一个一个光子地发射光线，那么它们显然形成不了一列连续的光波，而只是一个独立的波包。我们再进一步假设，站在二垒附近的观察者会在原始的光子实际通过了第一块反射镜（或者是在一垒的，或者是在三垒的，当然也可能是同时通过一垒和三垒），在到达二垒之前，按下控制二垒那面镜子的开关，来决定是否要在二垒设置这面"决定大局"的镜子。这样一来，最后光到底是只通过一垒或者三垒，还是同时通过一垒和三垒，即光子在这个实验中表现出波动性还是粒子性，完全是在光子出发后才决定的，惠勒将这种情况起了一个名字，叫作"延迟选择"。

我们再来认真地思考这个实验，我们假设这个光子是一个有思想的光子，那么它（当然如果这时候它有思想，也许应该用"他"更合适）被光子投手发射出来，他本来的想法是打算同时通过两条路径，最后在二垒产生一个华丽的干涉图样。但是，就在他被发射出来不久，他还在寻找着他该走的路径时，实验者突然改变了主意，升起了在二垒的那个半透镜。大家可以想象一下，这时候这个光子在想什么呢？其实我们也不知道，但是我们知道的是，他再也不会在二垒展示出他的干涉条纹了，他只能要么打在左外场的感应器上，要么打在右外场的感应器上，产生粒子性的结果。但是一个有趣的问题是，这种转变是在什么时候发生的？而那个已经被释放出来的光又是怎么"知道"他必须要改变自己的性质呢？实验者的那个举动是如何将信息传递给光子，让他作出判断的？如果这一切都是有可能的，那么是不是意味着我们对量子态的测量不仅可以沿着时间正向进行操作，还可以沿着时间反向操作呢？这个问题细思极恐。

我们可以在事情发生后再来决定它应该怎样发生！虽然听上去古怪，但这却是哥本哈根派的一个正统推论。惠勒引用玻尔的话来解释这个现象，"任何一种基本量子现象只在其被记录之后才是一种现象"，我们是在光子上路之前还是途中来做出决定，这在量子实验中是没有区别的。历史不是确定和实在的——除非它已经被记录下来。更精确地说，光子在通过第一块透镜到我们插入第二块透镜之间"到底"在哪里，是个什么，是一个无意义的问题，我们没有权利去谈论它，它不是一个"客观真实"！

惠勒用那幅著名的"龙图"来说明这一点：龙的头和尾巴（输入输出）都是确定的、清晰的，但它的身体（路径）却是一团迷雾，没有人可以说清。这个龙图也可以用费曼的路径积分观点来理解：龙的头和尾巴对应于测量时的两个点，在这两点测量的数值是确定的。根据量子力学的路径积分解释，两点之间的关联可以用它们之间的所有路径贡献的总和来计算。因为要考虑所有的路径，所以，龙的身体就将是糊里糊涂的一片。而这种模糊，说到底其实就是量子力学中对于信息的不确定。

在惠勒的构想提出 5 年后，马里兰大学的卡洛尔·阿雷（Carroll O Alley）和其同事当真做了一个延迟实验，其结果真的证明，我们何时选择光子的"模式"，对于实验结果是无影响的，

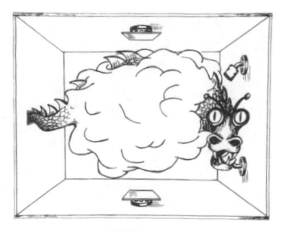

◎图 7-11　惠勒的龙（Field Gilbert 画）
扫描自 Niels Bohr: A Centenary Volume（Harvard 1985），p151.

这和玻尔预言的一样，和爱因斯坦的相反！与此同时，慕尼黑大学的一个小组也作出了类似的结果。

在这些实验物理学家中，阿兰·阿斯派克特（Alain Aspect）的实验是比较有代表性的。阿斯派克特是法国奥赛（Orsay）理论与应用光学研究所的一位实验物理学家。他首先成功地完成了惠勒版的双缝实验检验，并在《物理评论通讯》（*Physical Review Letters*）发表了这一实验的结果。阿斯派克特的延迟实验具有非凡的开创性，成为迄今为止对量子力学基础做出最有决定性意义的实验检验之一。接着阿斯派克特又成功地完成了对贝尔理论的实验检验。20 多年来，他和他的研究组多次取得了量子水平下的实验检验成果，成为这一领域中的佼佼者。由于成绩卓著，他获得了 2010 年度的沃尔沃物理学奖，更于 2013 年 10 月 7 日，获得尼尔斯·玻尔金质奖章。

20 世纪 80 年代，阿斯派克特与来自菲律宾的格朗吉尔（Grangier）等人合作，利用惠勒的方案，开始尝试实验研究。一开始，他们按照惠勒的第一个建议，在两条光路上，各自装置了检测器 D1 和 D2，如果有光子通过，检测器将发出"咔"的一声。实验结果发现，确实如惠勒所预言，"两个检测器只是轮流发响，却从来不同时发出响声"，由此证明光子在本垒的半透镜上，要么发生反射，要么发生透射，两者取其一，由此显示出光子的粒子性，也证实了玻尔在互补性原理中所说的："当实验是用于证实粒子性时，粒子就将出现粒子性的特征。"

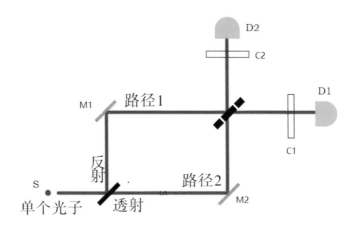

◎图 7-12　阿斯派克特验证惠勒延迟选择实验的示意图

　　为了证实单光子也具有波动性，他们对惠勒的延迟实验做了一些改进，除了在二垒的地方放一个半透镜外，他们还在两条光路上，分别又补装了两个镜片 C1 和 C2，利用镜片把光再次汇集起来，进行检测。当把一个个光子分别送入实验装置时，经过长时间观察，结果检测器 D1 和 D2 不仅可以同时发出响声，而且还分别得到了干涉花纹，由此证明了光子的波动性。如此又证实了玻尔的预言："当要看到波动性时，即使单个光子，也能呈现出波动性。"于是他们宣称证实了玻尔互补原理的有效性，即：粒子的波动性与粒子性从来都不是同时存在的，这取决于观察者想要看到哪种性质。

　　阿斯派克特小组的话音还没有落地，另一个研究组却得到了不同的结果，他们声称"同时"观察到了粒子的波动性和粒子性，这是由三位印度物理学家完成的，领导实验小组的是印度加尔各答玻色研究所的科学家霍姆（Home）。

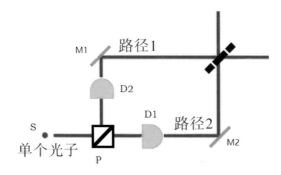

◎图 7-13　霍姆小组的实验示意图

他们把分光片 A 取走，换上另外一种分光器 P，它是由两块直角棱镜拼成的，在它们相对的斜面之间，留有一层极薄的间隙。这个间隙是整个实验装置的关键，如果间隙厚度是零，两块棱镜组合成一块方形棱镜，光将直接透射出去而没有分光；如果间隙很大，两个三棱镜将只有第一个起作用，光从这个棱镜的直角面进入，在斜面上全反射，拐 90° 以后从另一直角面射出，也不会发生分光；现在令间隙极小，小到一部分光子在没有"发觉"这个间隙时，就穿了过去，此时就有统计性的概率出现了。这个间隙越小，穿越的概率越大，这说明穿越过去的光子将与它的波动性特征相联系，而反射光子将与它的粒子性特征相联系。实验小组发现，当他们把间隙的厚度缩小到波长的 1/10 时，恰好一半反射，一半透射。因而证实了可以在同一个实验中，同时呈现光子的波动性与粒子性。

然而，有人对霍姆小组的实验结果持不同意见，他们认为即使在这个实验中同时出现了粒子性与波动性，那也是多个或大量的光子实验所显现出来的结果，对于单个光子而言，它完全可能或者呈现波动性，或者呈现粒子性，因此在单个光子的水平上，仍然只能观测到波动性和粒子性两者之一，这个实验尚不足以证实波动性和粒子性可以同时呈现，当然也就不能由此断定玻尔的互补性原理失效了。

该如何认识电子、光子和其他粒子的这些奇异的量子行为呢？它们有时呈现粒子性，有时呈现波动性的这一事实，常令人们疑惑它们究竟是什么。英国物理学家保罗·戴维斯（P. C. W. Davies）和朱利安·布朗（Julian Brown）曾在一部合写的书《原子的幽灵》（*The Ghost in the Atom*）中说，玻尔的互补性原理是久经考验的原理，他们认为"在解释量子理论的本性和意义时，没有一个人能比玻尔所给出的图像更好了"。上述实验就明确地证明了这一点。我们只能任凭电子或光子"自由自在"地做出"它们自己的选择"。

惠勒和阿斯派克特的实验除了为玻尔的互补原理提供了有力的证据之外，我们还是回到关于时间先后的问题讨论。我们将这个实验倒过来看，实验中对二垒位置的半透镜进行的操作，似乎改变了光子在本垒到二垒之间运动行为的"历史"。光子沿着某一条路径运动，反映出它的粒子性；光子同时沿着两条路径运动，反映出它的波动性。无论它显示出什么性质，都是"先前"的事情，而实验者在二垒对半透镜的操作都是"后面"的事情，"后面"发生的事情，影响着光子"先前"的行为。惠勒在接受戴维斯采访时，曾经谈起这个延迟实验，他说：

我们可以一直等到光子几乎走完全部行程时，才实际叫它选择同时走一条还是两条路径，我们能够叫它在最后一刻（估计实际上是很短的时间），才决定是否放进去半透镜，因此，看起来好像正是这最后瞬间做出的决定，对已经完成大部分行为的光子的过去产生了影响，这似乎是违背因果原理的。

值得注意的是惠勒提出的思想实验并没有限制光子需要通过的光学实验系统的尺度，也就是说光子理论上通过的距离可以达到几米、几千米，乃至几亿光年，都不会影响最后的结论。惠勒就进一步把延迟选择实验从一个棒球场延伸到了一个极其遥远的超高光度的天体中，比如以一个类星体（正在形成的高能星系）作为本垒，在一个宇宙空间进行量子推迟选择实验。他假设在一个十亿光年的尺度范围内，在几个星体上设计光路设备，再通过能够使空间弯曲引发光的弯曲的引力透镜效应，把类星体发出的光引向充当二垒的地球，从而使得我们能够在地球上对遥远星空中发出的光进行测量，并可以在地球上通过一些操作来决定光线的运动行为。我们就可以让来自两个方向的星体光在一个方向上彼此产生干涉现象，并完全抵消，而另一个方向则完全不会产生这种现象。从学理的角度而言，我们可以说每一

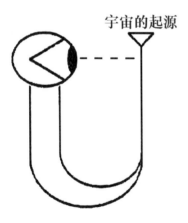

刻光子从星体中发射出来抵达地球的十几亿年的旅程里，都是同时跨越两个不同银河系，而它们的经过路径却是在经过几十亿年的旅程后在即将被测量前才被确定。我们的观测行为不仅让我们获取了光子的"历史"信息，也同时"决定"了其部分的历史事实。于是"宇宙的过去历史会由我们现在的测量来决定"。①

此外，惠勒还在他的自传中描绘了一个"参与性宇宙"（The Participatory Universe）的模型，他认为就任何有限时段而言，并非所有的潜在性（potentiality）都已经转变为事实

◎图7-14 惠勒提出的参与性宇宙模型

① WHEELER J A, FORD K W. Geons, black holes, and quantum foam: a life in physics [M]. New York; W. W. Norton & Company. 1998. 中译本：《约翰·惠勒自传：物理历史与未来的见证者》[M]. 蔡承志，译. 汕头：汕头大学出版社，2004，435.

（actuality）。宇宙中还有存在无限的概率云，这些潜在的都还没有在宏观世界里经过测量过程而形成既定事实。我们能够确定的是，在宇宙中的不确定性多过确定性。我们对于宇宙的了解，或者说对宇宙可知的部分的了解，都是基于少数片段观察的结果。他构想了一个大写字母的"U"字形的宇宙图解，大写的 U 的右上的端点代表宇宙大爆炸发生时刻，沿着右边纤细段往下并转为向上的过程象征着我们追踪宇宙由小到大的演化经历，其间也有充足的时间让生命与心智蓬勃发展。终于，在大写的 U 的左上的端点出现了观察者的眼睛，当它今日观察宇宙诞生初期时，就能够决定自宇宙诞生之日，即至今一百多亿年前发生的事情。观察者现在的行为所决定的过去可能是非常遥远的过去，甚至远到人类还没有诞生的宇宙早期。这说明，宇宙的历史，可以在它实际发生后才被决定究竟是怎样发生的！这样一来，宇宙本身由一个有意识的观测者创造出来也不是什么不可能的事情。虽然宇宙的行为在道理上讲已经演化了几百亿年，但某种"延迟"使得它直到被一个高级生物所观察才成为确定。我们的观测行为本身参与了宇宙的创造过程！这就是所谓的"参与性宇宙"模型。

四、新的世界观："一切来源于量子比特"

惠勒的延迟选择实验以及他提出来的"参与性宇宙"模型表明，最后的观察者的观察行为，可能会对非常遥远的过去，乃至于对人类还没有诞生的宇宙早期的某些量子过程做出选择决定，甚至整个宇宙的演化历史都不是确定的和实在的——除非它的信息早已经被记录了下来。这种观点似乎让我们对原本的那个宇宙演化的客观发展产生了动摇。

延迟选择实验集中地把量子力学对传统物理实在观、因果观、决定论等问题的挑战展现了出来，引发了对何为存在、何为量子、何为宇宙这些深层次问题的探讨。而这一切的核心点就是科学家们对"测量"的解释。惠勒之所以能够提出宇宙的存在及其历史都是由测量来决定的，这里的测量，并不必然是指人类或者人类所设计的仪器的测量，并不必要将生命纳入"测量方程"。这里所谓的"测量"，是指一种让不确定性崩溃，从而成为确定性的不可逆行动。这个行动发生于量子世界与经典世界的交汇点上，它让可能发生的事件（例如多重路径、干涉形态、扩散概率等）通过它的作用变成某种真实发生的事件（可能是计数器的显示、视觉细胞的反应、某种物质的合并等等）。将诸多可能发生的概率事件得到最终确定的事实，这个思想与香农给出的信息概念相一致，换句话说，这种对客观世界的测量实际上就是在消除不确定性，其实质就是获取"信息"，这也是惠勒晚期提出的"一切来源于比特"的思想来源。

惠勒在他的自传《真子、黑洞和量子泡沫：约翰·惠勒自传——物理历史与未来的见证者》(Geons, Black Holes & Quantum Foam: A Life in Physics)①一书中曾经把自己研究物理学的历程划分为三个时期：第一个时期是，自其开始投入物理学研究之后到 20 世纪 50 年代早期，他坚信"万物皆粒子"(Everything Is Particles)，那个时期他尝试以最基本的最轻的粒子（即电子与光子）来构建所有的基本物质；第二个时期是从 1952 年起一直到其事业生涯晚期，被他称之为"万物皆为场"(Everything Is Fields)，这段时间惠勒致力于广义相对论和中立的研究，形成了由场理论建构的世界观；第三个时期则是在其 86 岁之后，他开始抱持一个全新的观点，即"万物皆信息"(Everything Is Information)，当其越发探究量子世界与人类所能理解的我们所居的经典世界的各种神秘现象，他就越发看清一个可能性，即逻辑与信息二者所扮演的角色才是物理学理论的基石。

惠勒的这种转变其实相当具有代表性，一些学者将信息时代中的这种转变形象地称为一场"从 A 到 B 的革命"。这里的"A"代表的是英文单词"Atom"，就是原子，它是物质的代表，可以说几千年来，物质一直是物理学研究的最主要对象；而"B"代表的是英文单词"Bit"，即比特，它是信息的单位。也就是说，信息时代以前的世界是以物质性的原子为代表作为人们认识世界的研究基础，而进入了信息时代，人们开始更加专注研究具有信息性的比特了。

量子信息与量子计算的发展，其本质上就是这种从物质走向信息的典型案例。正如 2009 年希伯来大学的多里特·阿哈罗诺夫 (Dorit Aharonov) 所指出：

> 量子计算机，从根本上说，是一场革命。这场革命爆发的标志就是"肖尔算法"。但革命之所以出现的原因，除去量子计算机预示的令人振奋的实用前景外，还在于它们重新定义了什么样的问题是容易的，什么

---

① WHEELER J A, FORD K W. Geons, black holes, and quantum foam: a life in physics [M]. New York; W. W. Norton & Company. 1998. 中译本：《约翰·惠勒自传：物理历史与未来的见证者》[M].蔡承志，译.汕头：汕头大学出版社，2004.

样的问题是困难的。[1]

这个评价赋予量子计算独特的威力，也让科学家们开始意识到量子计算随着技术的发展会变得极其难以操控。如果人们想从一个特定的量子系统中获取他们想要的信息，就必须通过某种特定的方式对量子体系进行观测，即进行量子测量。但根据量子力学的基本假设，这种测量必然会干扰到该系统的量子性质，这也是量子力学最为神奇的一面。

在量子信息统治的时代，量子计算机对量子比特进行的并行操作，就如同是还没有打开盖子之前的"薛定谔猫"，它处理这些呈指数增长的各种复杂运算数据时，我们是不能看的；而当我们一旦试图去了解这个错综复杂的操作时，那些蕴含丰富信息的量子比特就会按照一定的概率退化成经典比特。这表明想要依托量子体系来表征量子信息的技术是极其脆弱的。欲知计算结果如何，只有等到量子操作结束。

量子信息如幻似梦，却又稍纵即逝，似乎很难像印刷在书本上的知识那样稳定地存在，更不会像远古时期人们刻录在石碑上的信息难以磨灭。正如本内特所说："许多人可以阅读同一本书，并得到相同的信息。但在试图告诉别人你做的梦时，你对梦的记忆就变了。到最后，你会忘记那个梦，而只记得你对梦的描述。"反过来，量子擦除是一种真正的撤销："可以说，甚至上帝也会忘掉先前之事。"量子信息让人们开始关注比物质更重要的世界，而这个世界似乎不如物质世界那么令人放心地去研究，它的飘忽不定让人们在信息的世界面前显得没那么自信。

但是不可否认的是，信息论从它被香农提出以来，已经对这个世界和人类的思想产生了前所未有的影响，如果说今天还有人不承认信息的重要性，那么这个人肯定言不由衷。当今的时代，信息已经深入人类生活的方方面面，甚至有人说获取信息已经是人类的基本生理需求。可惜的是这一切的创造者香农本人，没能见证自己栽下的种子开出的这朵奇葩。香农在 2001 年去世，在他的晚年，阿尔兹海默症困扰着这位开启信息时代的巨人，这使得他对于数字革命，乃至量子信息革命的新近成就浑然不知。他的一生几乎贯穿了整个 20 世纪，而他的贡献也彻彻底底地重新定义了这个世纪的人们对世界面貌的认知。他是信息时代的开创者之一，人工智

---

[1] Dorit Aharonov. panel discussion "Harnessing Quantum Physics" 18 October 2009, Perimeter Institute, Waterloo, Ontario; and e-mail message 10 February 2010.

能、赛博空间、网络通信这一系列改变人类生活的新概念，都部分源自他的创造，尽管他后来已经无从得知。1987 年，他在接受最后一次采访时提到自己正在思考关于镜子房的想法：

> 我试图找出所有可能的合理的镜子房设置，这样如果你从一个房间中央朝各个方向看，你会发现空间被分隔成了许许多多的房间，而你出现在每个房间里，以至于无穷，同时又不会出现任何矛盾。也就是说，你四下张望时，不会发现什么不妥之处。

本内特曾经评价道："要是香农现在还在，我敢说他一定会对引入了量子纠缠的信道容量感到十分激动。"而在量子信息蓬勃发展的今天，量子物理学家们"将香农公式扩展后得到的形式，能以相当优雅的方式同时涵盖经典信道和量子信道。事实证明，经典信息论的量子扩展已经得出了一个更清晰、更强大的计算和通信理论"。

为量子信息科学未来发展指明方向的是约翰·惠勒。他列出了一份适中的待办事项列表，留给下一代物理学家和计算机科学家完成。我们列举几个，希望能够引发大家的思考：

（1）如何将弦论和爱因斯坦几何动力学的量子版本，从经典的物理语言翻译成信息的比特语言？

（2）如何才能充分发挥想象力，逐一梳理数学（包括数理逻辑）的每一样强大工具，从而从整体的角度来处理对世界的描述，并尝试着将这种技术引入比特的信息世界？

（3）如何从计算机程序的演进中发掘、整理和展示每一个能揭示物理学层层递进结构的特征？

（4）"比特"一词作为意义的确立的基本单位，其实缺乏明确清晰的定义。如果有一天我们知道了如何通过组合海量数目的比特而得到我们所谓的"存在"，那时我们就会更好地理解我们所谓的"比特"以及所谓的"存在"到底是什么。

这些问题，一步一步地引导着人们开始尝试着用信息的观点来重新审视世界。于是就有了人们对惠勒的两个著名流行语的再认识，而这种思考引发了关于信息本体论的讨论。

我们先来看惠勒的第一句流行语是："一切皆为信息"（Everything is information）。它是从"本体论"的角度来谈论信息之于世界存在的意义的。回应我们在前言和第一章中关于"信息"概念的讨论，想要在"信息"的概念基础上建立新的本体论世界观，就必须准确把握信息时代中对于"信息"这一概念的再认识。在惠勒的表述中，信息是世界所有存在的唯一存在形态，这里的信息已经不再是人们熟悉的"信件""口信""声音""影像""新闻""图表""坐标"等具体信息的表现形式，而是对它们进行了简化、精炼、抽象，最后以比特进行统一的度量。在经历这一切的加工之后，人们发现那个抽象的"信息"几乎无处不在。香农的理论在信息与不确定性、信息与熵、信息与混乱和有序之间建立了桥梁。他最终出现了现在人们赖以计算和处理的数据信息。人们也真正地从被动地认识信息、接收信息转变为创造信息、处理信息，人类社会也真正地从物质至上的时代进入了信息之上的时代。1964 年，就在电子计算机和赛博空间（cyberspace）的概念刚刚提出的时候，著名思想家马歇尔·麦克卢汉（Marshall Mcluhan）就评价道："人类曾经以采集食物为生，而如今他们重新要以采集信息为生，尽管这看上去有点不和谐。"

惠勒说"一切皆为信息"，这里的信息是一种倡导信息一元论的本体论承诺，简单地说就是将信息作为世界存在方式的唯一形态，用一个现代哲学上很时髦的观点来说就是"信息主义"或者叫"唯信论"，英文叫作"Informationism"。信息主义的世界观对信息的看法，就像是机械主义世界观对力的看法一样，无所不包、无所不能。如果说机械主义世界观中，有多少现象就有多少力，如生命力、亲和力、权力等等，那么在信息主义者眼中，世界万物的种种现象都可以归结为信息，如宇宙信息、自然信息、生命信息等等。对于信息主义中的信息解释，最核心之处就在于认为信息不依赖于物质、能量而存在，在信息主义者眼中，信息是可以独立自存的东西，甚至它本身就是其他东西存在的来源（这个我们后面从本源解释中再行讨论）。

"信息主义"或者说"唯信论"的认识，我们可以将其同"物理主义"形成对比：物理主义拒绝"信息"的概念，认为信息概念是多余的，没有它也可以说明一切现象。而唯信论者则是拒绝一切物质的地位。这种思想明显与传统哲学中要么崇尚"唯物主义"，要么崇尚"唯心主义"不同，甚至有些人认为信息主义存在的天职就是消灭唯物主义和唯心主义之间的对立，认为信息主义是把心智、物质、意义等现象统一在一个专门的理论之中。

为了便于理解，我们还回到惠勒关于物理的例子上。惠勒说："宇宙及其包含的一切可能来自无数的'是－否'选择实验……我们可能永远也不能理解量子这个奇怪的事情，直到我们理解了信息是如何构成了世界。"如今，我们这个世界之所以能够顺利运行很大程度上就依赖着信息的发展，它已经渗透到各个科学领域，而且每天都在改变着各门学科的面貌。最开始是利用继电器来控制机械，那是将数学与电气工程相联系；后来有了对信息的通信和计算，形成了计算机和通信科学；再后来连生物学也成了一门研究信息、指令和编码的信息科学。随着基因技术的开发，人们已经开始研究基因密码中的信息，开始研究神经网络中的信息，开始研究细胞发育中的信息等等。英国著名演化生物学家、动物行为学家理查德·道金斯（Richard Dawkins）说："处于所有生物核心的不是火，不是热气，也不是所谓的'生命火花'，而是信息，是文字，是指令……如果你想了解生命，就别去研究那些生机勃勃、动来动去的原生质子，去从信息技术的角度着手吧。"

还有一个大家最为熟悉的例子，那就是实体货币向数字货币的转化，我们熟悉的"货币天然是金银"的说法目前已经越来越变得不重要了。人们越来越发现，货币已经逐渐发生了从实体货币到货币符号再到数字比特的转变，而金融经济学也渐渐地变成一门信息科学。

可以预见，在不久的将来，会有愈来愈多的领域向信息学靠拢，诸如人工智能、大数据、赛博格等都会越来越多地应用于各种学科、各个领域，最终它们都会逐步成为信息本体的统治领域。

我们再来看惠勒的第二句流行语："万物来源于比特"（It from bit）。它是从"本源论"的角度来讨论信息对于认知世界的意义。它讲的是世界上的任何事物——包括任何粒子、任何力场，甚至时空连续体的本身，都来源于信息。这为我们提供了一种方式来解读有关量子力学中的"观察者悖论"。量子力学的一切实验都需要测量才能获知，而任何实验的结果会因为它是否会被观测到而受到影响和重视，甚至被决定。在量子力学中，观察者不仅观察实验结果，而且也是实验的一部分，他们也在不停地产生新的信息，这些信息最后都是以离散的比特或者量子比特的方式展现出来。惠勒曾经很隐晦地写道："我们所谓的实体（reality），就是对一系列的'是'或'否'的追尾综合分析后，才在我们的脑海中形成概念和结果。所有的实体之物，在起源上都是信息理论意义上的，而这个宇宙是个观察者参与其中的宇宙，那这宇宙的来源也必然为信息。"

信息以比特的形式表述，这个信息由观察参与者——通过交流——建立意义，从过去一直到数十亿年（billeni-um）后的未来，如此多的观察参与者，如此多的比特，如此多的信息交流，得以建立起我们所说的存在，这种万物生于比特的存在观，有可能从这个我们略有所知的物理世界，推广到解释我们几乎一无所知的实体（entity）。也就是说，物质不是世界的本质，信息才是世界的本原，信息是世界的原初存在形式，信息不需要以物质为载体；相反，物质是信息的派生物，世界先有信息，后有物质。

那么，作为信息的比特是万物的唯一来源吗？惠勒认为虽然不能这么说，但也否认不了万物源于比特的说法。"万物源于比特，不错；但是这个世界的其余部分也有贡献，这个贡献通过适当的实验设计可以减少，但是不能消除。无关紧要的累赘（nui-sance）吗？不。整体所显现的证据是相互关联的吗？是。对'有物源于比特'这个概念构成反驳吗？不。"于是归根到底，"所有的物理实体，所有的物，都来自比特"，比特是意义建立中的基本单元，"把不可思议的巨大比特数结合起来得到我们所说的存在"。在万物源于比特的观念还没有被广为接受的今天，他不无殷切地将期望寄予未来："是否会有一天，我们把时间和空间以及所有其他在物理学上得以区分的物理性质——乃至存在本身——理解为类似于一个自成信息系统（self-synthesized informa tion system）的自生成器官？"甚至还有这样的断言：信息，作为物质世界三要素"物质、能量和信息"之最活跃的一员，将以其不完全附属于物质、能量的特殊面目展现在人们面前。

以上这些看法使惠勒成为最早宣称"现实的世界并非完全是物质的世界"的著名物理学家之一。他认为人们对宇宙的把握取决于观察行为，因而也取决于人的意识本身。其观点实际就是："有"生于信息，信息是万物的本源；信息是"有"和"无"之间的中介。这种观点是典型的信息一元论的本体论。

附录一

量子保密通信
"京沪干线"简介

LIANGZI BAOMI TONGXIN

JINGHUGANXIAN JIANJIE

"京沪干线"是连接北京、上海，贯穿济南和合肥，全长2000余千米的量子通信骨干网络，并通过北京接入点实现与"墨子号"的连接，是实现覆盖全球的量子保密通信网络的重要基础。

2013年7月，在没有任何国际先例可循的情况下，由国家发展改革委立项，全球首个远距离量子保密通信干线——"京沪干线"建设项目正式启动。该项目由中国科学院统一领导，中国科学技术大学作为项目建设主体承担，建设连接北京、上海的高可信、可扩展、军民融合的广域光纤量子通信网络。整个项目建设周期42个月。

2014年2月17日，量子保密通信"京沪干线"技术验证及应用示范项目合作协议签约仪式在山东省济南市举行。在签约仪式上，中国科学院副院长丁仲礼表示，中科院将继续发挥自身优势，进一步加强在新兴前沿研究领域上的探索，希望在量子信息等相关领域的工作能够为山东省经济社会发展做出贡献。

2015年8月，上海到杭州的光纤量子通信干线已经通过审批，该通信干线的速度将10倍于光纤量子通信干线"京沪干线"。

2016年11月，由中国科学技术大学牵头承建的国家量子通信骨干网"京沪干线"项目合肥至上海段顺利开通。这条长达712公里的线路是目前全球已开通的最长量子保密通信骨干网络，将为长三角地区的金融、政务等行业提供高安全通信服务。

2017年9月29日，世界首条量子保密通信干线——"京沪干线"正式开通。当日，结合"京沪干线"与"墨子号"的天地链路，我国科学家成功实现了洲际量子保密通信。

"京沪干线"建成后，开展了长达2年多的相关技术验证和应用示范以及大量的稳定性测试、安全性测试及相关标准化研究。结果表明，"京沪干线"可以抵御目前所有已知的量子黑客攻击方案，网络的密钥分发量可以支持1.2万以上用户同时使用。

建设期间，"京沪干线"项目组突破了高速量子密钥分发、高速高效率单光子探测、可信中继传输和大规模量子网络管控监控等系列工程化实现的关键技术，于2017年8月底在合肥完成了全网技术验收。

这条干线实现了高可信、可扩展、军民融合的广域光纤量子通信网络，以及一个大尺度量子通信技术验证、应用研究和应用示范平台，推动了量子通信技术在国防、政务、金融等领域的应用，带动了相关产业的发展。目前，京沪干线的用户数量和应用领域也在不断扩大，正逐步提高我国军事、政务、银行和金融系统的安全性。

目前的商用产品通过光纤可以实现距离一百多千米的诱骗态量子密钥分发。要实现京沪干线这么长距离的密钥分发，就需要增加中继节点。相邻的中继节点间进行量子密钥分发，用户密钥可以通过各对相邻中继节点间的量子密钥加密传输。在中继节点"可信"时，即中继节点的量子密钥保证安全保密时，利用"一次一密"的加密传输方法，就可以保证用户密钥传输的安全。这称为"可信中继技术"。

在实际建设中，保障可信中继安全的方案是根据需求来制定的。对于高级别的应用，可以采用与现有体制相同的方式，把可信中继节点设在专人值守的机房中，结合人员管理和技术手段来保障"可信"。对于商用通信应用，可以采用很多技术保障无人值守中继节点的安全可信，如中继节点的密钥"落地即密"技术、密钥分拆中继技术、中继密钥迭代变换技术等。一方面保障无人值守下的中继节点足够可信，另一方面消除中继节点密钥泄露造成的风险。总的来说，对于各级别的应用，可信中继的安全保障都可以做到有效和可靠。

在量子密钥分发组网方面，由于所有量子通信协议都需要经典信道的辅助，所以量子通信网络中仍然需要使用传统的路由器、交换机还有光传送网设备等来组建一个用于传输辅助密钥生成的经典通信网络。在"京沪干线"这样的量子保密通信网络中，经典网络的组网功能主要不是对量子信号做交换和路由，而是实现任意两个用户间的密钥协商。用户之间进行密钥协商的信令、数据等都需要通过经典通信网络传输，因此还必须使用经典网络的组网技术和设备，当然这些协商信息都可以公开而不会影响量子密钥的安全性。量子信号层面上的组网，不通过路由器和交换机实现，而是以点对点的量子密钥分发为主。

"京沪干线"的建设也带动了整个量子通信产业链的发展。特别是在核心元器件国产化和相关标准制定方面，目前单光子探测核心芯片已经实现国产化。美国一直提防中国发展量子密钥分发技术，在2017年8月15日更新的针对信息安全类商品的出口管制清单中，明确将"专门设计（或改造）以用于实现或使用量子密码（量子密钥分发）"的商品列入，正式限制向中国政府类用户出口量子密钥分发相关商品或软件。

"墨子号"量子
科学实验卫星简介

MOZIHAO LIANGZI

KEXUE SHIYAN WEIXING JIANJIE

"墨子号"量子科学实验卫星是中国科学院空间科学战略性先导科技专项于2011年首批确定的五颗科学实验卫星之一。它的科学目标是由中国科学技术大学潘建伟院士提出的，旨在建立一个卫星与地面实验室之间的远距离量子科学实验平台，并在此平台上完成空间大尺度量子科学实验，以期取得量子力学基础物理研究重大突破和一系列具有国际显示度的科学成果，并使量子通信技术的应用突破距离的限制，向更深的层次发展，促进广域乃至全球范围量子通信的最终实现。同时，该项目将为广域量子通信各种关键技术和器件的持续创新以及工程化问题提供一流的测试和应用平台，促进空间光跟瞄、空间微弱光探测、空地高精度时间同步、小卫星平台高精度姿态机动、高速单光子探测等技术的发展，形成自主的核心知识产权。

"墨子号"卫星首要的科学目标就是进行卫星与地面之间的高速量子密钥分发实验。量子保密通信技术已经从实验室演示走向产业化，在城市里，通过光纤建构的城域量子网络通信已经开始尝试实际应用。我国在城域光纤量子通信方面已取得了国际领先的地位，在城市范围内，通过光纤构建城域量子通信网络是最佳方案。但要实现远距离甚至全球量子通信，仅依靠光纤量子通信技术是远远不够的。

量子通信中单光子是最为常用的量子信息的物理载体，这主要是因为光子的物理性质相对稳定，且便于利用电磁场对光子的物理状态进行操作。而利用光子作为量子信息的物理载体进行通信，最为直接的方式是通过光在光纤或者近地面自由空间中形成量子信道进行信息传输。如何实现安全、长距离、可实用化的量子通信，是该领域的最大挑战和国际学术界几十年来奋斗的共同目标。

在外太空，真空环境对光的传输几乎没有衰减，同样也没有退相干效应。因此，若能将单光子或纠缠光子对传出大气层，配合星载平台技术和光束精确定位技术，就有可能实现自由空间的远距离量子通信。利用外太空几乎真空，因而光信号损耗非常小的特点，通过卫星的辅助可以大大扩展量子通信距离。同时，由于卫星具有方便覆盖整个地球的独特优势，因此利用卫星进行量子通信是在全球尺度上实现超远距离实用化量子密码和量子隐形传态最有希望的途径。

2003年，中国科学技术大学潘建伟率先提出量子科学实验卫星计划这一在国际上没有先例的设想。中科院力排众议，支持潘建伟团队先期开展地面验证试验。

2005年，潘建伟团队在世界上第一次在相距13千米的两个地面目标之间实现自由空间的量子纠缠态密钥分发和量子通信实验。这个实验明确表明光量子信号可以在穿透等效厚度达到 10 千米的大气层后，其量子态能够有效保持，这就能够确保在地面站和卫星之间的星 – 地量子通信的可行性。

2007 年，该团队在长城上实现了 16 千米高损耗大气信道的量子态隐形传输，这是国际上第一个远距离自由空间量子隐形传态实验，这个实验实现了四个贝尔基形态的量子完全测量和主动么正变换。这一实验和基于卫星平台的量子通信实验研究共同为真正实现地面与卫星之间的量子通信实验积累了相关的技术经验。

2008 年，潘建伟团队在中国科学院上海天文台对高度为 400 千米的低轨道卫星进行了星 – 地之间的量子信道传输特性验证实验，实验验证了星 – 地间量子信道的传输特征，首次完成了星 – 地单光子量子信号的发射和接收。英国《自然》（Nature）杂志以"量子太空竞赛"为题专门报道了奥地利科学院院长塞林格（Anton Zeilinger）与他的学生、中国科学技术大学的潘建伟之间在卫星量子通信领域的竞争。文中指出："在量子通信领域，中国用了不到 10 年的时间，由一个不起眼的国家发展成为现在的世界劲旅；中国将领先于欧洲和北美率先进入量子信息技术的领先行列。"

2009 年 12 月，中国科学院空间科学先导专项参加战略性先导科技专项实施方案评议会，将量子卫星纳入其中，并在 16 个建议专项中名列前三名。

2011 年 1 月，中国科学院发布《关于量子科学实验卫星工程立项的批复》，量子卫星项目正式纳入中科院空间科学先导专项，并得以启动。

2011 年 12 月 23 日，量子科学实验卫星工程启动暨动员会在京召开，标志着量子科学实验卫星正式进入工程研制阶段。量子卫星 2011 年 12 月立项，是中科院空间科学先导专项首批科学实验卫星之一。

2012 年 12 月，量子卫星转入初样研制阶段，"墨子号"卫星开始成形。

2014 年 12 月 30 日，量子科学实验卫星通过初样转正样阶段评审，正式转入正样研制阶段。

2015 年 12 月 6 日，量子科学实验卫星系统与科学应用系统完成星 – 地光学对接试验，验证了天地一体化实验系统能够满足科学目标的指标要求。

2016 年 2 月，量子通信实验卫星系统联调联试顺利完成，系统中各部分的协调匹配性得到了实验验证。

2016 年 7 月，量子卫星"墨子号"和长征二号丁运载火箭从上海研发基地运往酒泉卫星发射中心，完成星箭吊装。

◎图 B-1　关于世界首颗量子卫星"墨子号"发射成功的新闻报道

2016 年 8 月 16 日凌晨 1 时 40 分，我国在酒泉卫星发射中心用长征二号丁运载火箭成功将世界首颗量子科学实验卫星"墨子号"发射升空。

科学家在量子卫星上搭载了自主研发的"四种武器"，分别为量子密钥通信机、量子纠缠发射机、量子纠缠源和量子试验控制与处理机。卫星项目突破了一系列的关键技术，包括同时与地面站的高精度星 – 地光路对准、星 – 地偏振态保持与基矢矫正、高稳定星载量子纠缠源、近衍射极限量子光子发射、卫星平台姿态控制、星载单光子探测、天地高精度时间同步技术等等。

根据卫星特点和实际需求，在卫星工程研制上设置了工程总体和六大系统，即卫星系统、运载火箭系统、发射场系统、测控系统、地面支撑系统和科学应用系统。中国科学院上海微小卫星创新研究院负责研制卫星及卫星平台，中国科学院上海技术物理研究所联合中国科学技术大学研制有效载荷，中国科学技术大学负责科学应用系统研制，中国科学院国家空间科学中心负责地面支撑系统的研制运营。

量子纠缠源，它只有机顶盒的大小，作用却非常关键，它能够产生纠缠光，这是量子卫星在空中做各种实验的源头。平时实验室里纠缠源的体积非常巨大，研究人员不仅把它做到了小型化，还通过一系列的创新让它实现了满足空间环境要求，这在国际上也是首创。量子密钥通信机与量子纠缠发射机可以与地面站建立双向跟瞄链路，实现光信号的传递。其中，量子密钥通信机在卫星姿态机动指向地面站的基础上，进行小范围跟踪，实现与地面站的线路对接，并可产生发射量子密钥信号、接收地面站的量子隐形传态信号以及发射一路纠缠光子对。量子纠缠发射机可通过自带二维转台机构实现与另一个地面站的大范围光链路对接，进行另一路纠缠光子的发射。量子实验控制与处理机进行量子科学试验任务的流程控制，时间同步，实现密钥分配实验密钥基矢比对、密钥纠错和隐私放大等数据处理，最后提取最终密钥，此外实现纠缠实验和隐形传输接收的数据分析处理。

"墨子号"卫星为太阳同步轨道卫星，轨道高度为 500 千米，在这样的高度卫星以接近第一宇宙速度的速度高速飞行，它发出的光子需要准确投到地面接收装置中，这需要非常高的对准精度。该卫星轨道的选取可以保障科学实验在地球阴影区域进行，以及每天相对恒定的实验轨数。这颗卫星质量不大于 640 千克，平均能耗小于 560 瓦特。为了实现建立一星同时对应两个地面站的量子链路，卫星平台具备姿态机动对站指引功能，精度优于 0.5°。卫星平台由结构分系统、姿态控制分系统、星载计算机、热控分系统、测控分系统以及数据传输分系统等组成，为有效在和提供实验平台需求，包括供电、姿态调整指向、指令与状态遥感、科学数据传输等部分。

为了配合"墨子号"卫星的实验，科学家们在地面建设了适用于多个科学实验卫星之间的科学应用系统，包括 1 个控制中心，即设在合肥的量子科学实验中心；还有 4 个量子通信地面站，即乌鲁木齐南山、青海德令哈、河北兴隆、云南丽江量子通信地面站；还有 1 个平台，即西藏阿里量子隐形传态实验平台。卫星与地面站共同构成天地一体化量子科学实验系统。

"墨子号"卫星在两年的设计寿命期间，将进行四大实验任务——星 – 地高速量子密钥分发实验、广域量子通信网络实验、星 – 地量子纠缠分发实验、地星量子隐形传态实验。实验大致分为三类：第一类是进行卫星和地面之间的量子密钥分发，实现天地之间的安全通信，如果 4 个地面站任何两两之间都可以实现安全的通信，即可实现组网；第二类相当于把量子实验室搬到太空，在空间尺度检验量子理论；第三类是实现卫星和地面千公里量级的量子态隐形传输。天地量子科学实验非常复杂，对天地实验设备的要求也异乎寻常地高。比如量子纠缠源，它只有机顶盒的大小，作用却非常关键，它能够产生纠缠光，这是量子卫星在空中做各种实验的源头。平时实验室里纠缠源的体积非常巨大，研究人员不仅把它做到了小型化，还通过一系列的创新让它实现了满足空间环境要求，这在国际上也是首创。

2017 年 1 月 18 日，世界首颗量子科学实验卫星"墨子号"在圆满完成 4 个月的在轨测试任务后，正式交付中国科学技术大学使用。

2017 年 6 月 15 日，中国科学家在美国《科学》杂志上报告说，中国"墨子号"量子卫星在世界上首次实现千公里量级的量子纠缠，这意味着量子通信向实用迈出一大步。

2017 年 8 月 12 日，"墨子号"取得最新成果——在国际上首次成功实现千公里级的星－地双向量子通信，为构建覆盖全球的量子保密通信网络奠定了坚实的科学和技术基础。至此，"墨子号"量子卫星提前、圆满地完成了预先设定的全部三大科学目标。

2017 年 9 月 29 日，世界首条量子保密通信干线"京沪干线"与"墨子号"科学实验卫星进行天地链路，我国科学家成功实现了洲际量子保密通信。这标志着我国在全球已构建出首个天地一体化广域量子通信网络雏形，为未来实现覆盖全球的量子保密通信网络迈出了坚实的一步。

2018 年 1 月，在中国和奥地利之间首次实现距离达 7600 公里的洲际量子密钥分发，并利用共享密钥实现加密数据传输和视频通信。该成果标志着"墨子号"已具备实现洲际量子保密通信的能力。

2020 年 6 月 15 日，中国科学院宣布，"墨子号"量子科学实验卫星在国际上首次实现千公里级基于纠缠的量子密钥分发。该实验成果不仅将以往地面无中继量子密钥分发的空间距离提高了一个数量级，并且通过物理原理确保了即使在卫星被他方控制的极端情况下依然能实现安全的量子密钥分发。国际学术期刊《自然》于北京时间 6 月 15 日在线发表了这一成果。

量子卫星对精准控制的要求也前所未有的高。量子卫星系统总设计师朱振才介绍，量子卫星飞行中，携带的两个激光器要分别瞄准两个相距上千公里的地面站，向左向右同时传输量子密钥，且卫星上的光轴和地面望远镜的光轴要始终精确对准，就好比卫星上的"针尖"对地面上的"麦芒"。科研团队进行了各种实验，考验超远距离"移动瞄靶"能力，最终突破了星－地光路对准等关键技术，通过平台和载荷两级控制的方式，对准精度可以达到普通卫星的 10 倍。

激光器一站对一站有人做过，但一颗卫星对准两个地面站国际上还从来没有过。如果成功的话，在国际上也是首次实现这么高精度的跟踪和地面站配合。

在"墨子号"发射以后，潘建伟提到下一步还计划发射"墨子二号""墨子三号"。"单颗低轨卫星无法覆盖全球，同时由于强烈的太阳光背景，目前的星 – 地量子通信只能在夜间进行。要实现高效的全球化量子通信，还需要形成一个卫星网络。"未来，一个由几十颗量子卫星组成的"璀璨星群"，将与地面量子通信干线"携手"，支撑起"天地一体"的量子通信网。

到 2030 年左右，中国力争率先建成全球化的广域量子保密通信网络。在此基础上，构建信息充分安全的"量子互联网"，形成完整的量子通信产业链和下一代国家主权信息安全生态系统。第一个开放的项目是与奥地利科学院合作，实现北京和维也纳之间的洲际量子保密通信，之后将和更多国家合作开展量子信息技术方面的研究。继量子卫星之后，潘建伟团队还计划开展空间站"量子调控与光传输研究"项目，研究星间量子通信技术等，同时进行量子密钥组网应用等研究，为下一步卫星组网奠定技术基础。

参考文献

1. 刘刚 . 信息哲学探源 [M] . 北京：金城出版社，2007. p. 97.

2. [英] 罗杰·彭罗斯 . 通向实在之路宇宙法则的完全指南 [M] . 王文浩，译 . 长沙：湖南科学技术出版社，2008.

3. [英] 克莱格 . 量子纠缠 [M] . 重庆：重庆出版社，2011.

4. [英] 吉姆·巴戈特 . 量子迷宫历史理论诠释哲学 [M] . 北京：科学出版社，2012.

5. [英] 布莱恩·考克斯，杰夫·福修 . 量子宇宙一切可能发生的正在发生 [M] . 重庆：重庆出版社，2013.

6. [以色列] 保罗·戴维斯著 . 上帝与新物理学 [M] . 徐培，译 . 长沙：湖南科学技术出版社，2005.

7. [美] 雅默 . 量子力学的哲学——量子力学诠释的历史发展 [M] . 秦克诚，译 . 北京：商务印书馆，1989.

8. [美] 梅拉妮·米歇尔 . 复杂 [M] . 长沙：湖南科学技术出版社，2011.

9. [美] 玻姆 . 整体性与隐缠序：卷展中的宇宙与意识 [M] . 上海：上海科技教育出版社，2013.

10. 宗泽亚 . 日清战争 1894–1895 [M] . 北京：世界图书出版公司 . 2012.

11. [美] 维纳 N. 控制论（或关于在动物和机器中控制和通信的科学）[M] . 北京：科学出版社，1962. p.133.

12. [美] 温伯格 S. 终极理论之梦 [M] . 长沙：湖南科学技术出版社，2007，第 3 版 .

13. [德] 莫里茨·石里克 . 自然哲学 [J] . 陈维杭，译 . 北京：商务印书馆，

1984.

14. ［德］赖欣巴哈 H. 量子力学的哲学基础［M］. 侯德彭，译. 北京：商务印书馆，1965.

15. ［比］雷昂·罗森菲耳德. 量子革命：雷昂·罗森菲耳德文选［M］. 戈革，译. 北京：商务印书馆，1991.

16. 肖峰. 重勘信息的哲学含义［J］. 中国社会科学，2010，（4）：32-43.

17. 张永德. 量子信息物理原理［M］. 北京：科学出版社，2006.

18. 张永德. 量子力学［M］. 北京：科学出版社，2002.

19. 曾贵华. 量子密码学［M］. 北京：科学出版社，2006.

20. ［美］惠勒. 宇宙逍遥［M］. 北京：北京理工大学出版社，2006.

21. ［美］阿布拉罕·派斯. 尼耳斯·玻尔传［M］. 戈革，译. 北京：商务印书馆，2001.

22. ［德］洪德 F. 量子理论的发展［M］. 甄长荫，徐辅新，译. 北京：高等教育出版社，1994.

23. Capurro R, HJØRLAND B. The concept of information［J］. Annual Review of Information Science and Technology, 2003, 37（1）: 343-411.

24. Carson J R. Notes on the Theory of Modulation［J］. Proceedings of the Institute of Radio Engineers, 1922, 10（1）: 57-64.

25. Fisher R A. Theory of Statistical Estimation［J］. Mathematical Proceedings of the Cambridge Philosophical Society, 1925, 22（5）: 700-725.

26. Nyquist H. Certain factors affecting telegraph speed［J］. The Bell System Technical Journal, 1924, 3（2）: 324-346.

27. Kupfmuller K. Uber die Dynamik der selbsttatigen Verstarkungsregler［J］. Elektrische Nachrichtentechnik, 1928, 5（11）: 459-467.

28. Wiener N. Cybernetics, or, Control and communication in the animal and the machine［M］. 2nd. M.I.T. Press, 1965.

29. Wiener N. The Human Use of Human Beings : cybernetics and society［M］. Houghton Mifflin, 1950.

30. Shannon C E. A Mathematical Theory of Communication［J］. Bell System Technical Journal, 1948, 27（3）: 379-423.

31. Szilard L. Uber die Entropieverminderung in einem thermodyna-mischen System bei Eingriffen intelligenter Wesen.[J]. Zeitschrift Fur Physik, 1929, 53（11）：840-856.

32. Shannon C E. A Mathematical Theory of Communication[J]. Bell System Technical Journal, 1948, 27（3）：379-423.

33. Turing A M. On Computable Numbers, with an Application to the Entscheidungsproblem[J]. Proceedings of the London Mathematical Society, 1937, s2-42（1）：230-265.

34. Church A. Review: On Computable Numbers, with an Application to the Entscheidungsproblem by A. M. Turing[J]. The Journal of Symbolic Logic, 1937, 2（1）：42-43.

35. "Lord Kelvin, Nineteenth Century Clouds over the Dynamical Theory of Heat and Light", reproduced in Notices of the Proceedings at the Meetings of the Members of the Royal Institution of Great Britain with Abstracts of the Discourses, Volume 16, p. 363-397.

36. Zbiden H, Brendel J, Gisin N, et al. Experimental test of nonlocal quantum correlation in relativistic configurations[J]. Physical Review A, 2001, 63（2）：022111.

37. Diffie, W. The first ten years of public-key cryptography[J]. Contemporary Cryptology the Science of Information Integrity, 1988, 76（5）：560-577.

38. Douglas,Laney.3D Data Management: Controlling Data Volume, Velocity and Variety[J]. Gartner. Feb, 6 2001.

39. Fuchs C A. Quantum Mechanics as Quantum Information（and only a little more）[J]. Physics, 2002.

40. Landauer R. Information is Physical[C]. Workshop on Physics & Computation. IEEE, 1992.

41. Landauer R. Information is Physical, But Slippery[M]. Springer London, 1999.

42. Manzano G, et al. "Thermodynamics of gambling demons," Phys.

Rev. Lett. 126, 080603（2021）.

43. Quoted in Tom Siegfried. The Bit and the Pendulum. From Quantum Computing to M Theory: The New Physics of Information [M], New York: Wiley and Sons 2000, 203.

44. Wheeler J A, FORD K W. Geons, black holes, and quantum foam: a life in physics [M]. New York: W. W. Norton & Company. 1998. 中译本:《约翰·惠勒自传：物理历史与未来的见证者》[M]. 蔡承志，译. 汕头：汕头大学出版社，2004. pp. 435.

45. Dorit Aharonov. panel discussion "Harnessing Quantum Physics" 18 October 2009, Perimeter Institute, Waterloo, Ontario; and e-mail message 10 February 2010.

46. Zheng S B. Teleportation of atomic states via resonant atom‐field interaction [J]. Optics Communications, 1999, 167（1‐6）: 111–113.

47. Zheng S B, Guo G C. Teleportation of atomic states within cavities inthermal states [J]. Physical Review A, 2001, 63（4）: 044302.

48. Zukowski M, Zeilnger A, Horne M A, et al. "Event-eady-detectors" Bell experiment via entanglement swapping [J]. Physical ReviewLetters, 1993, 71（26）: 4287–90.

49. Zurek W H. Pointer basis of quantum apparatus: Into what mixture doesthe wave packet collapse? [J]. Physical Review D Particles & Fields, 1981, 24（6）: 1516–25.

50. Zurek W H. Environment-induced superselection rules [J]. Physical ReviewD, 1982, 26（8）: 1862–80.

51. Zurek W H. Decoherence, einselection and the existential interpretation（the rough guide）[M]. 1998.

52. Wootters W K, ZUREK W H. A single quantum cannot be cloned [J]. Nature, 1982, 299（5886）: 802–803.

53. Wheeler J A. On the Mathematical Description of Light Nuclei by the Method of Resonating Group Structure [J]. Phys Rev, 1937, 52（11）: 1107–1122.